I0475061

Gerardo Sánchez

"VIH"=SIDA,
UNA GRAN MENTIRA

MEDICINAS QUE MATAN
INTERESES PODEROSOS
NEGOCIO MULTIMILLONARIO

RESUMEN

Se promulgó un hallazgo médico, violando el protocolo científico de investigación. Ni Gallo, ni Montagnier aceptaron haber purificado el VIH y encima se enjuiciaron. No existe evidencia científica de la existencia del VIH. Las pruebas de detección no son específicas para el VIH. Los tratamientos anti-retrovirales son altamente tóxicos y deterioran el sistema inmune. Los laboratorios conocen de la inespecificidad de las pruebas. Las pruebas de detección varían de país en país, de laboratorio en laboratorio. Hay miles de seropositivos que nunca padecen Sida. Existen muchos casos de SIDA que resultaron seronegativos. No pueden hacer una vacuna. Hay miles de médicos e investigadores que ponen en riesgo sus carreras por sacar a la luz la verdad.

*Existe un principio que se resiste a
toda información, que se resiste a
toda argumentación, que nunca
deja mantener al hombre en una
ignorancia perenne... el principio
de desestimar lo que no se ha
investigado.*

Dr. Herper Spencer, PhD

*Sabemos que errar es de humanos
pero la hipótesis "VIH"/SIDA
es un error diabólico.*

Dr. Kary Mullis, PhD
Premio Nobel de Química 1993

INTRODUCCIÓN

Usted sabe realmente, como yo, lo que está ocurriendo en el mundo actualmente; un total caos, desorden, violencia, formas de brutalidad extrema, tumultos que terminan en guerra, terrorismo en todas sus manifestaciones, todos manifiestos tanto en las conductas sociales, políticas, religiosas como científicas. Todo ello hace que nuestras vidas sean extremamente difíciles, confusas y llenas de contradicciones. La destrucción es absoluta.

Vivimos en una sociedad profundamente dependiente de la ciencia y la tecnología, mayoritariamente dominada por el dinero, y en la que nadie sabe nada de estos temas. Ello constituye una fórmula segura para, que unos pocos, la lleven al desastre.

Este no es un libro para poyar teorías o filosofías de ningún tipo, es un documento apoyado en hechos reales y datos verídicos científicos de última mano. Lo que vamos a hacer, usted y yo, es examinar los hechos como son, de cerca, palpables, objetivamente sin fanatismo y dogmatismos.

Si quiere descubrir, vamos a explorar juntos pausadamente, pacientemente, con detenimiento. Así hacen los buenos científicos, que miran a través de un microscopio y ven exactamente la misma cosa, porque los hombres de ciencia usan un microscopio en el laboratorio, tiene que mostrarle lo que ven a otros científicos, de manera que todos vean exactamente lo mismo, lo que es. Eso es lo que vamos a hacer usted y yo.

No se aprende de acuerdo al temperamento, el condicionamiento, o la creencia particular de cada uno; sólo pensando lo que realmente es, se aprende.

La vida es seria y hay que dedicarle completamente la mente y el corazón, esa misma atención hay que dedicarla a fenómenos de la sociedad humana como lo es el VIH y el SIDA, pues hay tanta confusión en el mundo, tanta corrupción religiosa, política y científica que a veces caemos en hoyos profundos insalvables injustificadamente, arrastrados por esa confusión. Es mucha la injusticia y pobreza en lo interno del individuo como en lo externo y esto se refleja en la familia y en la sociedad. Cualquier hombre serio e inteligente y no sólo sentimental y emocionalmente rico, al leer este libro verá la realidad de que algo anda mal y que tiene que cambiar necesariamente por el bien de la especie humana..

El cambio es una revolución completa a veces difícil de ejecutar, dada la naturaleza del ser humano. Nunca debe quedar en la tentativa porque entonces se continúa corrompiendo la estructura social, religiosa, política y científica, conllevando inevitablemente a la destrucción total.

Somos la sociedad, somos el mundo, y si no cambiamos el rumbo de muchas cosas radicalmente, entonces no hay posibilidad ninguna de cambiar el orden social.

El SIDA no es resultado de un virus llamado VIH que nadie ha visto jamás, es el resultado de una tremenda agonía, angustia y dolor mental, psicológico y moral, del sufrimiento inmenso, de las brutales guerras, de la violencia, del hambre, la malnutrición, la desnutrición, las drogas, el alcoholismo, la insalubridad dispersa por el planeta y, sobre todo, de las truculentas ambiciones de unos pocos poderosos que, siendo los menos, poseen las grandes fortunas del planeta mientras que miles de millones no tienen ni donde caerse muertos y están siendo exterminados en un secreto a voces con una fórmula llamada "VIH"=SIDA. Estos son los latinos pobres en Latinoamérica y EE. UU., los negros en África y EE.UU., los drogadictos, los alcohólicos, y los que padecen de inmunodeficiencia; una enfermedad tan vieja como el hombre mismo y que ahora se ha convertido en una "amenaza" para género humano, causada por un virus fantasma.

Según la definición oficialmente aceptada y difundida: "El SIDA es el Síndrome de Inmunodeficiencia Adquirida. Es diagnosticado a aquellas personas que son seropositivas, es decir, que han dado positivo a unos tests que de forma indirecta pretenden detectar la presencia del supuesto VIH (Virus de la Inmunodeficiencia Humana) y que además presenta los síntomas de algunas de las actualmente 29 enfermedades ya conocidas pero que oficialmente se utilizan para diagnosticas SIDA. Así pues los seropositivos, independientemente de que estén sanos o enfermos, son portadores del supuesto virus que ataca las defensas del organismo, destruyendo el sistema inmunitario".

Sin embargo multitud de científicos de primera fila (entre ellos dos premios Nóbel), están cuestionando duramente la versión oficial, exigiendo que sean demostradas científicamente cada una de las afirmaciones y teorías que se han lanzado con espectaculares ruedas de prensa pero sin haberse seguido los protocolos de trabajo procedentes ni haber sido publicado artículo alguno en ninguna revista científica sobre la afirmación "VIH=SIDA" y sin ni siquiera haber demostrado que el "VIH" existe, presentando las cuatro fotos requeridas ni habiendo contrastado investigación alguna.

Cada vez más y más científicos de diversas especialidades están llegando a conclusiones diferentes a la oficial sobre el SIDA, su posible causa y por tanto su tratamiento. Sin embargo toda información científica, médica o periodística que se aparte de la versión oficial, es sistemáticamente silenciada.

Muchos de estos científicos afirman que el SIDA mantiene una industria que mueve cantidades astronómicas de dinero en patentes, en la industria de los tests, en la industria farmacéutica cuyas grandes multinacionales financian la investigación oficial del SIDA, existiendo intereses económicos incluso en organizaciones humanitarias por la lucha contra el SIDA que se convierten en organizaciones colaboradoras de la industria del SIDA y corresponsables de su mantenimiento.

¿Existe realmente un engaño a toda la humanidad respecto a la verdad del SIDA? Si es realmente mortal ¿por qué algunos afectados, que se han desbancado del tratamiento del AZT y otros fuertes fármacos, han superado tal enfermedad? ¿Realmente tiene interés la ciencia en curar el SIDA y el cáncer o está sometida a presiones mayores a causa del gran negocio que supone? ¿Por qué en los debates abiertos sobre el SIDA, no se presentan nunca defensores de la versión oficial del SIDA? ¿Por qué se encarceló al Dr. Hamer, justo cuando empezaba a desvelar importante información en torno a la verdad sobre el SIDA, el cáncer y los tumores?

¿Por qué nadie se presentó a recoger los diversos premios que se ofrecen, por ejemplo la asociación COBRA con 1,000,000; el periódico Diario 16 con otro millón de pesetas, en España; la revista inglesa CONTINUM con 1,000 libras esterlina y la asociación alemana MUM con 1,000 marcos alemanes, a quien traiga las revistas científicas, documentos, experimentos, etc., que prueben concluyentemente que existe el "VIH" (Virus de la Inmunodeficiencia Humana)? ¿Existe realmente el virus? ¿Qué intereses económicos se esconden realmente detrás del SIDA?

Es muy fácil afirmar a través de los medios de comunicación de masas y sin demostrar científicamente lo que se afirma, que el SIDA es una enfermedad del siglo XX incurable originada por un terrible virus desconocido y recetar carísimos y mortíferos fármacos que, lejos de ni siquiera aliviar la verdadera enfermedad que se padece, son mortales a medio plazo por su alta toxicidad y por su capacidad de destrucción de las células al bloquearles su sistema de reproducción, provocando de esta manera inmunodeficiencia; precisamente lo que pretendían curar.

¡Cuán cierta es aquella frase: "el negocio de la salud comienza con el ginecólogo y termina con el enterrador!". Afortunadamente cada vez más existe un despertar de conciencia más colectivo en torno a la medicina natural. Si a mí me preguntaran si se ha curado una persona del SIDA, le respondería con toda sinceridad que, por desgracia he visto algunas personas acercarse a la muerte hasta abrazarla, debido a que ya estaban muy intoxicados de medicamentos, pero también tengo algún amigo, al que se le pronosticó un SI DA irreversible, que tras dejar la medicación, cuidarse en la alimentación y con plantas medicinales, siendo meticuloso y constante, practicando una vida sana y cuidando que su organismo tuviese siempre los aportes vitamínicos y minerales, aumentando así sus defensas de forma natural, vive desde hace años con toda normalidad habiendo superado el peor de los síntomas del SIDA: el psicológico.

Es decir: créase que tiene un año de vida y observe el cambio profundo que se produce en usted. Llegarás a morir de verdad. A eso se le llama a veces "el enfermo imaginario", o el efecto nocebo que es el efecto contrario al efecto placebo. La muerte de un ser querido nos afecta hasta tal punto que podemos llegar a contraer diversas enfermedades y dolencias, igual que una noticia impactante nos puede producir un shock. De la misma manera a la persona que se acerca a una clínica a realizarse un análisis, si se le notifica "usted tiene el SIDA y le quedan x años o meses de vida", el im-

8

pacto es tan fuerte que todo el metabolismo reacciona con miedo, angustia y terror. Y ésta es una de las razones que contribuyen a la destrucción de las defensas del individuo y a la consiguiente proliferación de las enfermedades. Se enciende una luz roja de alerta en el cerebro y todo el organismo está pendiente de dicha preocupación.

Creo sinceramente que es muy grave y de gran responsabilidad la sentencia de un médico. Es como si un cura en el confesionario dijese a un feligrés que debido a sus grandes pecados está irremisiblemente condenado y sin posibilidad de salvación.

Lo que usted leerá aquí es una advertencia para todos, especialmente las personas diagnosticadas VIH+, su familia y sus amigos.

Este libro es el fruto de mis investigaciones privadas, estudio de artículos científicos de prestigiosas autoridades en la materia, publicaciones científicas, consultas personales a doctores y especialistas, relatos, testimonios y las vivencias de personas que he conocido. Es información basada en hechos. Es mi experiencia. Un libro que no pretendo presentar como un documento acusatorio sino como un trabajo contributivo al despertar de la verdad ante la realidad presente en la historia de la humanidad durante los siglos XX y XXI, una época en que las diferencias entre los ricos y pobres se torna más abismal cada día.

Tal vez no alcance a vivir lo suficiente para presenciar los tiempos en que el horrible error científico-social "VIH"=SIDA sea replanteado y la ciencia reconozca la verdad de esta invención funesta que sólo puede ser calificada como genocidio. Sin embargo tengo la convicción de que la verdad, como siempre, tarde o temprano, saldrá a la luz emancipadora que reinvidique la muerte de los inocentes víctimas del SIDA.

Por todo lo planteado en este libro se hace necesario el relpanteamiento científico del VIH y el SIDA. Sería este el único medio razonable para lograr la solución de esta tragedia, de lo contrario el genocidio no tendrá fin.

El Autor

9

PRÓLOGO

Nadie ha observado jamás los síntomas obligados que serían de esperar tras una de las llamadas infecciones virales VIH, tales como los que se producen habitualmente en el sarampión o en la rubéola. En los pacientes con SIDA no se encuentra jamás el virus VIH. Los principales linfocitos implicados en el Síndrome de Inmunodeficiencia Adquirida (SIDA) serían los linfocitos T. Así, pues, tan solo habría uno de cada 10,000 que hubiera fagocitado un fragmento del virus, un virus del que no se ha encontrado ningún fragmento completo en ningún paciente de SIDA. ¿Quién busca el 10,000avo linfocito T? ¿Qué le identifica? Son el puro producto de una imaginación desenfrenada.

El virus VIH (Rum & Seit Nro. 39) en 1984 ha sido reconocido por el Ministerio de Salud de los Estados Unidos como causante del SIDA y la patente del SIDA ha sido depositada y homologada antes, incluso, de que se viese publicado el primer estudio americano sobre el SIDA. ¿Quién tenía tanta prisa, y quién se esconde detras de ello? ¿Por qué la prensa en su totalidad se ha apuntado al carro sin el menor espíritu crítico?

Partiendo de que no existen síntomas específicos del SIDA, queda abierto el camino al diagnóstico médico arbitrario. Si un paciente no es seropositivo, pero presenta, por ejemplo, un cáncer, un reumatismo articular, un sarcoma, una neumonía, si tiene diarrea, sufre demencia, micosis, tuberculosis, fiebre, una erupción por herpes, toda clase de síntomas neurológicos o de deficiencias, toda va bien, no hay de qué preocuparse, ya que son enfermedades conocidas completamente normales, según las concepciones vigentes hasta el momento y pueden ser curadas. Pero basta que esa misma persona sea seropositiva para que todos los síntomas se conviertan de repente en el SIDA. Cabría incluso decir que son *metástasis del SIDA*, mensajeras de la muerte rápida y atroz del infortunado paciente con SIDA. Por supuesto, los médicos a favor de la eutanasia les dan al condenado a muerte el beneficio de la jeringuilla eléctrica (ya que de cualquier manera no hay nada que hacer por él puesto que el SIDA es mortal).

Es igualmente muy extraño que el SIDA, que se supone es una enfermedad viral, tenga un comportamiento totalmente diferente de todas las demás enfermedades virales. En efecto, siempre se ha admitido que éstas han quedado vencidas si el test de anticuerpos es positivo.

Pero, el hecho más extraño de todos, que todos los investigadores han mencionado como de pasada, aunque sin incitar a ninguno de ellos a sacar la menor consecuencia, es que: ¡sólo se convierte en víctima del SIDA quien sabe que es seropositivo o cree serlo! ¿No resulta extraño que nadie se haya puesto todavía a estudiar más a fondo este fenómeno, que es sin embargo absolutamente sorprendente? Conocemos en efecto, poblaciones enteras a las que no les sucede nada a pesar de resultar en un 100% seropositivo. Y aunque seropositivo, los chimpancés, que son monos antropoides, no presentan jamás el menor síntoma susceptible de parecerse al SI DA.

Desde la condena de Galileo por el inquisidor Papa Urbano VIII, en el año 1632, pasando por el escorbuto, la pelagra, el beriberi, el síndrome de SMOM, o la fiebre del legionario, y llegando al "VIH/SIDA", se ha comprobado universalmente que los científicos se equivocan y dogmatizan para justificar y ocultar sus errores. Y cuando se asocian los dogmas científicos con la corrupción científica; quien paga es la salud de los pueblos.

En los Estados Unidos, oficialmente, cada año se dan doce millones de enfermedades venéreas. De éstos, tres millones en adolescentes antes de los veinte años de edad. Entre esos mismos adolescentes, además de los tres millones de enfermedades venéreas, hay un millón de embarazos indeseados y trescientos mil abortos anualmente. Pero, "sólo" –un caso es una gran desgracia- cuarenta mil casos de SIDA anuales, de los que "solamente" 417 corresponden a los adolescentes, éstos calificados de alto riesgo. Cabe preguntarse, ¿es el VIH la causa de una enfermedad contagiosa, transmisible sexualmente y, por lo tanto, venérea? En Estados Unidos las matemáticas dicen que no.

Los médicos destruyen la salud, los abogados destruyen la justicia, los gobiernos destruyen la libertad, los líderes religiosos destruyen la espiritualidad, los medios de difusión destruyen la información y, cada uno de nosotros se destruye a sí mismo.

¿Qué pasaría si todo lo que usted supone conocer, o le han dicho sobre el supuesto VIH y el SIDA, no fuese verdad? ¿Es el VIH/SIDA un negocio para acabar con los homosexuales, los drogadictos y ciertos habitantes del tercer mundo?

Dos homosexuales norteamericanos de gran relevancia, Randy Shilts y Heinrich Kramer, en la década de los setenta, comenzaron a actuar políticamente a nivel de ciertas organizaciones gay (homosexuales) para advertirle a la población homosexual que su estilo de vida, reflejado en su comportamiento abusivo del sexo y las drogas, le podrían traer a la comunidad homosexual fatales consecuencias, si seguían por el camino iniciado en la década de los setenta, cuando comenzó la llamada "liberación sexual" y el abuso indiscriminado de las drogas recreacionales. La promiscuidad (algunos gays tienen hasta dos mil quinientos contactos sexuales al año con personas diferentes), el uso indiscriminado de drogas de todo tipo, el alcohol, las técnicas sexuales de moda como el "rimming" (sexo orogenital) el "fisting" (dedos, manos y muñecas dentro del ano), ciertas prácticas zoofílicas (especialmente ratónes sin uñas dentro del ano) y, sobre todo, el uso indiscriminado de los "poppers" o nitritos, que en forma de emanación se absorben con la respiración antes del acto sexual para relajar el esfínter anal y prolongar el orgasmo, estaban llevando a sus practicantes, la inmensa mayoría de los homosexuales de la época, a un desenlace fatal. Kremes avisó: "este comportamiento nos está llevando al matadero; los "foggots" (maricones) tenemos algo más que hacer y decirle al mundo que enviarles el mensaje de que pasamos los días jodiendo unos con otros". Krames también apuntó: "¿Por qué no se dedican a luchar por su derecho a estar casados, en vez de pelear por legitimizar la promiscuidad?". Larry Krames, fundador de las organizaciones "Gay Men's Health Crisis" y "AIDS Coalition To Uleash Power" (ACT UP) y candidato al Oscar de la Academia por su guión cinematográfico "Women un Love", película que también produjo y que le valió el Oscar como protagonista femenina a la actriz Glenda Jackson. Larry fue autor de la pieza teatral de gran éxito "The Hormal Herat" y junto con Randy Shilts, autor del libro "And the Band Play On", que dio origen al guión de la película que lleva el mismo título en español "La Banda Dejó de Tocar", son los genuinos historiadores de los más verídicos y reales testimonios de cómo empezó la tragedia del SIDA, en Europa y en América, a partir de las desviaciones de las comunidades homosexuales, a las que tanto criticaron aún siendo ambos homosexuales.

Es muy difícil que una persona ajena a los conocimientos de las ciencias biológicas, pueda aceptar lo que explica este libro. Es más, incluso para los profesionales de estas ciencias también es muy difícil aceptar que hay otra versión, con argumentos contundentes, para explicar la otra versión del "VIH/SIDA". La razón es muy sencilla: el lavado de cerebro que todos los días nos están haciendo los medios de comunicación junto con la propaganda callejera visible en cualquier para de autobús, que financian las industrias generadas por el SIDA a nivel internacional. A los alemanes de la época de Hitler y a los falangistas, fascistas y nazis de todo el mundo, les era imposible pensar que sus líderes no tuvieron razón, ya que el lavado de cerebro a que fueron sometidos les habían aniquilado cualquier posibilidad de razonamiento. El pueblo y los intelectuales de la era fascista obedecían los dogmas y las consignas de los líderes como lo hacen ahora la inmensa mayoría de los ciudadanos comunes y los profesionales médicos, en todo el mundo. Los conceptos científicos más absurdos que se pudieran haber imaginado en la historia de las ciencias biológicas, que niegan los principios más elementales de la inmunología y del método científico, han sido impuestos académicamente a nivel internacional desencadenando una desinformación universal para hacer que, eruditos y profanos, comulguemos diariamente con ruedas de molinos paulovianas, inducidos por la monotonía hipócrita de los rezos y las letanías que, como creencia fundamental, tiene las siguientes ecuaciones: VIH + SIDA = Muerte. Dogmas científicos + Corrupción = Terrorismo científico; fórmula perfecta del más sofisticado y legalizado de los terrorismos: El terrorismo científico, que no es el de "cuello blanco almidonado y corbata", sino el de "bata blanca". Ya sea de laboratorio o de cónsultorio médico.

Es bueno dejar constancia de que siempre hay excepciones y que entre los científicos y los gremios médicos hay personajes que luchan, casi estérilmente, contra sus dirigentes gremiales a los que es casi imposible convencer de sus errores, porque perderían la credibilidad pública, ortodoxa, bíblica y ancestral, y eso, especialmente las organizaciones médicas, nunca lo permitirán. La hipócrita ética médica basada en el código de Hipócrates, "el hipócrita". (Hipócrates les negó asistencia médica a los ejércitos de Altajerges porque eran sus enemigos). Esta legalizando la iatrogenia, o iatrogenia, o mala práctica médica. Los gremios médicos, los grandes consorcios propagandísticos, las organizaciones científicas con sus órganos de difusión y las revistas científicas de más prestigio internacional, son demasiado soberbios y poderosos para aceptar que cometieron un error. Tienen que prepararse para dar una explicación a sus mentiras y eso les llevará mucho tiempo para inventar una excusa que les saque las patas del barro, sin que sufra su prestigio inmaculado. Posiblemente, tanto tiempo como le llevó a la Iglesia Católica aceptar a Galileo el hecho irrefutable de que la tierra gira alrededor del sol. La Iglesia para redimir a Galileo y abolir su excomunión, se tardó desde 1632 hasta 1980, nada menos que 438 años. Entre tanto habían quemado al hereje y aragonés Miguel Servet por haber descubierto la llamada circulación menor del cuerpo humano –la que oxigena la sangre en el trayecto entre el corazón y los pulmones-, lo que suponía contradecir la versión sagrada que tenía la Iglesia sobre el cuerpo humano, obra divina que sólo podrían disecar e interpretar los representantes de Dios en la tierra, oráculos de sabiduría universal que destruían la razón y la lógica de los hechos con la fe de los dogmas. Tal como sucede ahora con la versión universal y oficial del "VIH/SIDA".

Los gremios médicos de todo el mundo orquestaron junto con las autoridades sanitarias de los EE.UU., representadas por el CDC de Atlanta (Center for Disease Control), el gobierno de Reagan y su ministra de sanidad Margaret Heckler, el más grande de los genocidios, el día 23 de abril de 1984. Posteriormente, entraron como sus más poderosos aliados, las industrias farmacéuticas transnacionales. El más sofisticado poder político del mundo asociado, como siempre, con el más decisivo de los poderes, el omnipotente y corruptor poder económico. Su perro guardián y arma publicitaria fue y es: la dócil Organización Mundial de la Salud (OMS), que utilizó el terrorismo científico, a nivel internacional, como argumento convincente para imponer la mentira del "SIDA" entre todos los indefensos ciudadanos del planeta tierra, sobre los que cayó la maldición de un genocidio sólo comparable a las locuras de Hitler. Genocidio que está clamando por un juicio tipo Nuremberg para hacer justicia por tanta muerte y dolor causados innecesariamente a inocentes ciudadanos de todo el mundo.

Una de las mentiras más grandes de la historia de la humanidad, la del VIH/SIDA, se forjó alrededor de un virus fantasma. Los protagonistas más relevantes de esta tragedia han sido y son los homosexuales, como víctimas, y sus médicos, como victimarios. Estos galenos son protagonistas porque, contra todas las normas de la ética médica, han sentenciado y sentencia a muerte a sus propios pacientes, ejercitando monstruosamente la más irresponsable de las iatrogenias, o malas prácticas médicas. Entre las víctimas, además de los homosexuales, se encuentran los drogadictos, los hemofílicos y millones de habitantes de ciertas regiones del tercer mundo, especialmente los de África, que han pagado con sus vidas y el dolor de sus deudos, el precio de una locura que no tiene parangón en la historia de la humanidad.

Los ejércitos se manejan con órdenes verticales. Nadie como los soldados de los ejércitos militares y los clanes médicos para obedecer órdenes y cumplirlas sin pensar y, mucho menos, razones. Los médicos son obreros de la ciencia militarizados y automatizados como robots, que reciben órdenes de las autoridades sanitarias agrupadas masónicamente a nivel mundial a través de la Organización Mundial de la Salud. Las su agrupaciones de especialidades médicas, a nivel mundial, reciben órdenes que emanan de las revistas científicas que, a su vez, sobreviven gracias a la propaganda que reciben de las transnacionales farmacéuticas y, en definitiva, son las que dan las órdenes y manipulan los descubrimientos científicos de acuerdo a sus intereses inconfesables, como en el caso del "SI DA", en donde las drogas legales cumplen funciones mortales como si se tratase de una guerra química al estilo Iraq. A propósito: ¿de dónde recibe Iraq y otras naciones, la materia prima, la tecnología y dónde entrenan a los científicos, para elaborar sus arsenales químicos y biológicos?

Para dar la batalla por la subida de sus acciones en la Bolsa de Nueva York, nada como aleccionar a sus súbditos médicos con dogmas científicos producidos en los oráculos que manipulan las revistas científicas de más "prestigio" mundial que, por supuesto, es-

15

tán vedadas a los pocos contestaros y rebeldes opuestos a sus crímenes, a quienes se tilda de locos e ignorantes. Los dogmas científicos aceptados con fe ciega por los gremios médicos de todo el mundo, le permiten a la industria farmacéutica, desde la cúpula de la pirámide en donde está entronizada, ordenar que se receten tóxicos, ya que "es mejor recetar un tóxico –carísimo-, que recetar nada" a alguien o a quien se le ha sentenciado a muerte porque se le ha diagnosticado falsamente un virus fantasmal como el VIH. En los dogmas médicos y los religiosos no se aceptan ni el razonamiento, ni la discusión. Quien no está de acuerdo con ellos, o está loco, o es un ignorante. Los principios de la Inquisición, una de cuyas máximas expresiones fue plasmada en su ira contra Galileo y su tesis copérnica sobre el movimiento de la tierra alrededor del sol. El Papa Urbano VIII, en el año 1632, obligó a Galileo a retractarse de que el hombre y el planeta tierra no eran el centro del mundo y giraban alrededor del sol, bajo la amenaza de morir en la hoguera. Las tesis dogmáticas tipo Inquisición, todavía no han sido abolidas en el campo de las ciencias médicas y biológicas, a pesar de que ya estamos a finales del año 2004, y en plena era de la biología molecular. Una vez más, la historia se repite. Los dogmas médicos sumados a la corrupción científica han creado un tribunal que sumarían sus actuaciones imponiendo un implacable boicot contra los herejes que se atreven a razonar y reclamar una explicación científica aceptable de la hipótesis oficial del VIH/SIDA, que ninguna organización médica, ni científica, han sido capaces de dar en ninguna parte del mundo, por la sencilla razón de que no existe tal explicación.

Lo más indignante de todo esto es el terrorismo científico que se le ha impuesto a personas inocentes tales como los necesitados de transfusiones, las madres multíparas y sus bebés, y el ciudadano común al que le han coartado la libre satisfacción de su instinto sexual, tan necesario para un ser vivo como el instinto de alimentación. Impunemente los inquisidores del año 2009 se han permitido entrar a organizar el más íntimo de los rincones de todo ser libre: su alcoba.

En las dictaduras científicas, como en las dictaduras políticas, siempre han existido colaboradores calificados de tontos inútiles. Es sorprendente cómo *la mayoría* de los medios de comunicación de todo el mundo, han sido los tontos útiles en este genocidio que ha producido beneficios económicos multimillonarios a la industria del SIDA que tan próspera surgió en el planeta tierra a partir de 1984.

El periódico neoyorquino *The Wall Street Journal*, de fecha 1 de mayo de 1996 y el *Philadelphia Inquirer* en un llamado a la prensa de todo el mundo dijeron que "los medios han fallado en decirles a sus lectores la verdad sobre la hipótesis del VIH/SIDA. Y sospechamos que tendremos que pagar una pena por ello. Un castigo que nos merecemos".

Desde que Edwar Janner y Luis Pasteur, en el siglo pasado, abrieron la puerta a la era de los gérmenes, la causa de cualquier problema de salud explicable para el momento, ha sido achacada a un virus, o una bacteria. Decía el venezolano doctor Enrique Tejera, el médico investigador que en la Amazonia descubrió la tierra de la que se obtuvo la *terramicina*: "los virus son un invento de los médicos para justificar su ignorancia". Cuando uno va a consultar al médico y no le encuentra una explicación lógica a sus males, la respuesta invariablemente es: "lo que usted tiene es un virus que anda por ahí...", casi siempre atacando al sistema digestivo o al respiratorio. La ciencia, a lo largo de su historia, siempre ha cometido errores similares, pero ninguno de la magnitud que se está cometiendo con el VIH/SIDA".

Este tema, como otros muchos de fácil explicación y base de la materia que estamos discutiendo, se aclarará con lujo de detalles a lo largo de esta historia. ¿Cómo le parecería si supiese que la prensa internacional, incluidos el diario El País, de Madrid en octubre de 1993 y el The New York times, en marzo de 1992, trataron de ladrón, ratero y farsante al doctor Robert Gallo, el "descubridor" del, llamado por el oficialismo, virus del SIDA, o sea el VIH, que para estas fechas todavía no se ha aislado en un laboratorio, por lo tanto, ni siquiera existe? Como respuesta a la pregunta se puede asegurar que nunca habrá una vacuna contra el VIH/SIDA, por más que Robert Gallo la prometió para el año 1986 y el presidente Bill Clinton para el 2007.

¿Cómo le parecería descubrir que la prensa internacional se enteró del "descubrimiento del VIH" antes que las revistas científicas? ¿Sabía que los medicamentos utilizados en la "cura" del SIDA son todos tóxicos, venenosos y que todavía no han curado ni a una sola persona? Los laboratorios Glaxo compraron a la industria farmacéutica Borroughs, propietaria del venenoso AZT, por casi quince mil millones de dólares ($15,000,000,000.00).

¿Le sorprende enterarse que más de treinta millones de personas son "VIH positivas", no están enfermas y gozan de buena salud porque no toman ninguna medicina tóxica, ni les preocupa el tema? Por ejemplo, el 22% de los indígenas yanomami del Amazonas son positivos al test del VIH desde hace más de cuarenta años y no se enferman de SIDA, ya que no toman antirretrovirales, que son carísimos e inalcanzables para ellos y, además, no están preocupados, ya que ni se enteraron del asunto. Esto se dio a conocer como resultado de una investigación científica, hecha por la Universidad de Nebraska, EE.UU., con sangre de los yanomamis conservada por el Instituto Venezolano de Investigaciones Científicas, y publicada en la revista *The Lancet*, a finales del año 1985.

Mientas entro en materia, el lector puede meditar sobre algunos de los siguientes puntos, que serán parte de los temas centrales de este libro.

¿Es el estilo de vida y el medio ambiente la verdadera causa del SIDA ya que un virus que no existe, no puede ser la causa?

Millones de inocentes mueren en un genocidio que produce miles de millones de dólares.

No hay ni una sola publicación científica que demuestre que el VIH es la causa del SIDA.

Los hechos comprobados confirman que, entre otras causas, el abuso de las drogas recreacionales y farmacéuticas, como el AZT y sus similares, causan SIDA.

Si los investigadores no saben cuál es la causa del SIDA, ya que ni siguiera han aislado el virus, nunca encontrarán la cura.

Solamente en EE.UU. se han despilfarrado más de 100 mil millones de dólares con el VIH/SIDA. Todavía no hay una vacuna, ni un tratamiento que lo cure. A eso se han agregado 2 mil millones más adicionales a partir del 2001. Nadie, en veinte años, se ha curado con los inhibidores de la transcriptasa revertida (AZT y similares), o los inhibidores de las proteasas.

El 85% de los casos de SIDA en Europa y América se dan en los hombres. ¿Es el SIDA una epidemia feminista? En EE.UU. las enfermedades venéreas aumentan (12 millones de casos cada año) y el SIDA disminuye (24 mil casos en 1997) ¿Es el SIDA una enfermedad infecciosa, contagiosa, de transmisión sexual, o venérea? En EE.UU. las matemáticas dicen que no. El SIDA nunca ha sido una enfermedad apocalíptica, ni venérea, ni infectocontagiosa. Los condones protegen contra las enfermedades venéreas, pero no con-tra la causa principal del SIDA: las drogas, la angustia y el hambre.

El tenista Arthur Ashe tomó AZT y murió. El basquetbolista Magic Jonson no lo toma y vive sano (Time, 12 de febrero, 1996) y sigue sano en el 2004. Sin embargo en 2007 comenzó a emplear estos fármacos y ya ha comenzado a presentar males que afectan su salud.

El AZT, como anticancerígeno que es, y para lo que fue diseñado, mata las células que crecen y se multiplican. Un feto y un bebé son un conglomerado de células que crecen y se multiplican permanentemente. Darles AZT a una futura madre y a su bebé es un crimen.

Robert Gallo, "descubridor" del supuesto VIH, le robó el "virus" a Luc Montagnier (El País, Oct. 1996). Ahora son socios que se reparten una buena porción de las ganancias de la industria del SIDA de la que ellos fueron pioneros.

La revista Time, del 8 de marzo de 1992, publicó que el 90% de casos de SIDA se encuentran entre los homosexuales, los negros y los países del tercer mundo. Por lo tanto, el grupo inglés "Gays Against Genocida" (Homosexuales Contra el Genocidio) parece que tiene razón.

La prueba del VIH, para saber si una persona es positiva o negativa, es todo un fraude y una mentira con relación a la causa (VIH)-efecto (SIDA), o hipótesis VIH/SIDA ya que puede reaccionar con ciertas proteínas que se encuentran en el ADN de cualquier glóbulo blanco estresado o manipulado. Por lo tanto, los falsopositivos son incalculables, ya que son muchas las causas por las que se estresa el sistema inmunológico en el que los glóbulos blanco son los protagonistas.

Dr. Ángel Gracia

"VIH"=SIDA, UNA GRAN MENTIRA

¿EXISTE EL VIH? ¿EL SIDA ES ALGO NUEVO?

Existen en estos momentos en el mundo dos posturas aparentemente irreconciliables entre la clase médica. La primera, mayoritaria, alega que el responsable del SIDA es un retrovirus bautizado como VIH; la segunda, niega la existencia de tal retrovirus y considera al SIDA un maquiavélico invento para vender fármacos inútiles en un montaje económico de incalculables magnitudes.

Muchos han sido silenciados al ser considerados, -actores de documentos de similar enfoque a éste-, disidentes de la explicación oficial del SIDA, apoyados en argumentos que están dispuestos claramente en las líneas que siguen. Algunos programas radiales han sido boicoteados, así como en la TV. Pues bien, es esa actitud preponderante y soberbia la que no se entiende, porque si los llamados disidentes están totalmente equivocados, ¿qué impide a los defensores de las tesis oficiales rebatir públicamente sus argumentos? ¿Qué les impide mostrar las fotografías que solicitan del virus? ¿Por qué nadie responde a las interrogantes planteadas? ¿Qué ocultan las autoridades sanitarias y los responsables políticos?

Un caso que fue silenciado sutil e indirectamente, debido a la imposibilidad de actuar libre, honestas y objetivamente fue la renuncia de Mark Pierpont, Coordinador del Programa de Prevención sobre el VIH/SIDA del Estado de la Florida, EE.UU., en carta que hizo pública, fechada el 3 de junio de 1999, dirigida a la Sra. Robin Keene, en la cual decía textualmente: "Tas meses de lucha y de intensa investigación, lamento no poder continuar cumpliendo los requerimientos y mandatos por la Salud Pública para cubrir este puesto con buena conciencia. Como sabe, durante el año pasado, he investigado material científico que pone en cuestión las bases mismas de la respuesta de la Salud Pública al SIDA. Después de una cuidadosa evaluación, considero que no puedo continuar promoviendo la Educación sobre el VIH/SIDA, ni la aplicación de los tests del VIH como ordena el Departamento de Salud del Estado de la Florida. Además no puedo presentar la educación sobre el SIDA de acuerdo a las instrucciones de la Salud Pública. Si lo hiciese, estaría violando mi propia conciencia puesto que estas instrucciones reconocen y promueven una única opinión científica respecto a la causa del SIDA. Después, -sigue escribiendo en su carta Mark Pierpont- de una cuidadosa investigación, es lamentablemente cla-ro que ha existido un cisma en la investigación sobre el SIDA desde el políticamente cargado anuncio del Dr. Robert Gallo al mundo, de que el VIH es la causa del SIDA (1984). Desgraciadamente, sólo una parte de los datos científicos han sido puestos al alcance del público. Esta parte es, con mucho más poderosa, respaldada por los depósitos financieros de las agencias del Gobierno Federal, como los CDC y los NIH, que financian la mayoría de las campañas de información y de los programas de investigación. Esta ciencia dominante es promocionada e incluso manipulada por los gigantes farmacéuticos, que tienen un motivo obvio de beneficio. El sistema de Salud Pública y las compañías farmacéuticas son la principal fuente de información sobre el SIDA para los proveedores de cuidados de salud, y limitan su información a tan solo una parte del debate científico, ignorando e incluso suprimiendo la investigación científica contraria. Ayudado por unos medios de comunicación complacientes, el Servicio de Salud Pública ha hecho todo para silenciar las opiniones científicas contrarias, y en consecuencia – concluye Pierpont- han negado a la población su funda-mental derecho a un consentimiento informado".

El asunto, es mucho más complejo de lo que imagina.

Los hechos son la verdad. La denuncia es la consecuencia de la investigación de los hechos. Investigando el SIDA se descubren hechos irrefutables que la mayoría de los investigadores no mencionan.

¿Qué impide a los defensores de las tesis oficiales rebatir públicamente sus argumentos ante aquellos que, muchos llaman disidentes, porque han realizado investigaciones independientes que ponen en peligro estas tesis? ¿Qué les impide mostrar las fotografías que solicitan del virus? ¿Por qué nadie responde a las interrogantes planteadas? ¿Qué ocultan las autoridades sanitarias y los responsables políticos de nuestros países? Los llamados disidentes piensan como yo.

En los documentos que tratan sobre el VIH no hay, al igual que no hay en ninguna literatura científica, prueba de que lo que se dice que representa a las "entidades VIH" sean en realidad entidades de origen vírico. La prueba del aislamiento y la existencia de un virus (además de la prueba biológica de que las partículas aisladas sean infecciosas) requieren la evidencia de una foto del virus aislado, en la que aparezcan las presuntas partículas en los tejidos infectados.

También es necesaria una foto de las proteínas del virus, separadas por tamaños y fotografiadas directamente en un gel natural, lo cual es de gran importancia de cara a la utilización de las proteínas del virus en un test de anticuerpos. Y, finalmente, se necesita una foto del material genético separado por tamaños en un gel que, así mismo, tiene que ser fotografiado directamente, sin utilizar para ello técnicas de detección indirectas.

Un virus dado, como agente infeccioso, es, frente a las partículas celulares, una entidad biológica estable de fácil aislamiento, lo que significa que está separada de todas las demás moléculas y entidades biológicas porque siempre tiene el mismo tamaño, forma y peso, y una cierta densidad, por tanto.

Un virus aislado, para probar su existencia, tiene que, en primer lugar, ser fotografiado. Para lo que se necesita una fijación química y un seccionamiento ultra fino ya que los virus son estables y pueden ser fotografiados directamente, incluso en la sangre, donde se dice que está probada la presencia de millones de VIH por mililitro, utilizando en test de "carga viral", no hay ninguna foto de tal entidad.

El Secretario del Consejo General de Colegios Médicos de España, Antonio Entisne, declaró textualmente que ese organismo no dispone "de la documentación necesaria que demuestra que ha sido aislado el VIH, causante del SIDA". Con respecto a esta declaración la revista española "Más Allá de la ciencia", en un editorial, preguntaba ¿cómo pudo decir el Consejo General de Colegios Médicos de España, entidad que aglutina a toda la clase médica en ejercicio, a través de su Secretario, el Señor Entisne, que ese órgano no tenía documentación que demuestre que el VIH no ha sido aislado y sea el causante del SIDA? ¿Cómo puede explicarse –continúa el editorial- que toda la documentación que al efecto podía aportar el señor Francisco Parras, Secretario del Plan Nacional contra el SIDA en España, fueran unas cuantas fotocopias de un li-bro norteamericano? ¿Qué está pasando? ¿Por qué los responsables sanitarios españoles se han negado a debatir públicamente la explicación que ofrecen del SIDA y las terapias que aplican, con quienes –muchos de ellos médicos e investigadores de prestigio- disienten abiertamente de tales argumentos?

¿Cómo se justifica que, estando abierta la polémica, habiéndose reconocido que no hay terapia efectiva para combatir el SIDA, se imponga a todos los presuntamente enfermos, la medicación y tratamientos que las autoridades dicen? ¿Cómo es posible que a alguien que probablemente morirá irremisiblemente –según esos mismos médicos- se le niegue el derecho a ser tratados con fármacos o métodos alternativos? ¿Qué se oculta –intereses económicos incluidos- detrás de esa inaceptable actitud?

Esta cuestión ha sido aceptada recientemente por el Parlamento Alemán con relación al caso de una demanda interpuesta sobre la existencia del VIH. Justo unos días antes, en el primer juicio mundial sobre asesinato por VIH en la ciudad alemana de Göttingen, el tribunal dejó libre a la persona acusada ya que la corte no pudo sostener el cargo de *severa amenaza de muerte*. Debido a esta sentencia el VIH ha dejado de ser una severa amenaza para la vida, y no digamos una sentencia de muerte.

Los laboratorios de investigación farmacéutica presentados por la Federación Internacional de la Industria de Medicamentos (FIIM) intensificará su colaboración con la Organización Mundial de la salud (OMS) en la lucha contra la pandemia del SIDA –se informó el 7 de febrero de 1994 en el Diario Médico de España, y continuaba diciendo- y según ha informado la OMS, ambas partes han expresado su voluntad de aprovechar todas sus competencias para acabar con el SIDA y el VIH...... ¿Y qué se ha hecho hasta ahora? Enriquecerse las grandes multimillonarias farmacéuticas y por supuesto los grandes laboratorios de fármacos como Wellcome que se ha hecho el agosto a base de "asesinar" a la humanidad con el famoso AZT, ese terrible fármaco que se inventó para curar el cáncer, pero que en los años 60 se retiró del mercado debido a su efecto tan letal y destructivo, pero que los señores de la Wellcome se las han ingeniado para volver a introducir en el mercado.

Y no es que yo dude de la buena intención de la FIIM y de la OMS en su tarea de combatir el SIDA, pero cuando uno ve tantos intereses creados en torno a la salud entran todos los males y lo único que uno puede hacer es tomarse una infusión de hipérico y tila y relajarse.

Si bien es cierto que todos los laboratorios andan tras la gallina de los huevos de oro o sea un medicamento o vacuna que cure el SIDA, también es cierto que el rumbo que llevan no es el verdadero, ya que están intentando luchar contra un enemigo que aparentemente no existe, o por lo menos ningún médico, científico, ni organización ni laboratorio alguno, incluida la Wellcome, han demostrado la existencia de tal virus. Que el SIDA es una realidad, todos lo sabemos, pero la forma agresiva que se tratan esas 32 enfermedades que lo constituyen, nos está llevando a peligrosos experimentos con la salud humana. Pongamos un claro ejemplo: El AZT (Azidotimidina o Retrovir), se ha indicado sistemáticamente a los pacientes del SIDA, incluso, y esto es grave, a los seropositivos como prevención, aunque hoy en día se cuestiona debido a sus grandes efectos secundarios y a su capacidad para controlar la enfermedad. Claro que no cuesta mucho imaginarse el beneficio económico que obtiene un laboratorio por patentar una vacuna para el SIDA que se aplicaría a toda la población probablemente de forma obligatoria. Quizá si la FIIM y la OMS invirtieran sus esfuerzos y dedicaran la mayor parte de sus presupuestos al estudio de las causas de este síndrome se encontrarían con sorpresas. Por ejemplo investigando sobre la incidencia y repercusiones a nivel del sistema inmunitario de las vacunas masivas en niños que todavía no tienen este sistema desarrollado, la supresión sistemática de cuadros agudos de naturaleza defensiva (por ejemplo la fiebre con antitérmicos) la utilización indiscriminada y masiva de antibióticos, el consumo y uso de alimentos como el azúcar blanco (importante blanqueador de la acción bactericida de los leucocitos, etc.) Cada vez son más, gracias a Dios, los que realmente despiertan y velan por la salud de la humanidad, los que se preocupan y muestran a plena luz las mentiras monstruosas de las grandes multinacionales manipuladoras de la salud. Ya lo decía el médico naturista chileno Manuel Lezaeta: "La sabiduría se encuentra en la naturaleza, no en los laboratorios".

Las fotos que se han mostrado en relación con el VIH no son fotos de entidades o virus aislados, sino de partículas fijadas químicamente e incrustadas en sus células o líquidos y después seccionadas de modo ultra fino. En realidad, las fotos de VIH muestran un trasvase celular de partículas diseñado para transporte intra y extra celular, bien conocido por todos los biólogos celulares. Pero esas partículas no pueden ser aisladas porque están diseñadas únca-mente para el contexto celular y no como un virus capaz de aban-donar el contexto celular o incluso el organismo.

Un virus es una forma acelular de organismo, no posee bioquímica para autor reproducirse y necesita células vivas para auto replicarse con su ayuda. Un virus consiste únicamente en unas cuantas proteínas, su material genético y a veces lípidos. No es un germen vivo, por lo tanto nadie puede matarlo ni atenuarlo, términos equivocados utilizados por médicos, científicos o biólogos por ignorancia o para desinformar, cuando estos personajes hablan de vacunas de "virus vivo", "virus muerto" o "virus atenuado". (Vea SIDA, S. Lanka, PhD, Web: Free News).

Para probar biológicamente que un virus ha sido aislado, el paso más importante es caracterizar sus proteínas. Para ello, los virus aislados son destruidos y sus proteínas distribuidas por tamaños mediante una técnica llamada *Gel electrophoresis*. Las proteínas se vuelven visibles y se fotografían directamente. Esta es una condición "sine qua non" cuando se va a utilizar las proteínas víricas en un test de anticuerpos, por ejemplo el test *"Estern Blot"*.

En el caso del VIH, esa foto de un gel proteínico no existe. Si la presencia, la identidad y la naturaleza de las proteínas que utilizan en un test de anticuerpos no han sido demostradas anos, nadie es capaz de concluir que la "posibilidad" bajo tales condiciones tenga ningún significado clínico, por no hablar de la afirmación de que tal test prueba la existencia de un virus.

Un resultado positivo en un test de VIH no puede tener ningún significado científico ni clínico. Y se sabe desde hace tiempo que hay más de 50 enfermedades, vacunas, condiciones específicas, etc., que provocan una reacción positiva en ese test del VIH.

Para completar la prueba de aislamiento y la existencia de un virus, -explica el Dr. Stefan Lanka, PhD, Doctor en Ciencias Naturales, Biólogo y Virólogo alemán- ha de mostrarse la naturaleza y el tamaño de su material genético. El material genético de un virus dado, ya sea ADN o ARN, fácilmente distinguible, siempre tiene la misma longitud y es extraído de los virus aislados y distribuidos por tamaños mediante la técnica denominada *Gel Electróphoresis*.

Con dicha técnica, el material genético siempre aparece en un lugar determinado del gel, denominado técnicamente "una banda" y, al igual que las proteínas, tiene que ser fotografiado directamente, pudiendo incluso ser usado para una experimentación posterior.

Esa foto del material genético del VIH que, en este caso se dice que debe ser ARN, tampoco existe. Las denominadas secuencias genéticas víricas, que son usadas en las mediciones de "carga vírica", pero que nunca fueron aisladas fuera de un virus, o que no tienen nada que ver con un virus, no detectan nada excepto fragmentos de ARN celular en la sangre. Su construcción puede hacerse más lenta o inhibirse mediante medicación citotóxica (tóxica para las células).

En lugar de aislar un virus, los investigadores del VIH están trabajando con proteínas celulares y materiales genéticos de ciertas células en condiciones muy especiales. Nunca ha aparecido un virus VIH en esos experimentos, ni en las publicaciones científicas. Todas las características asociadas al VIH son, por lo tanto, únicamente características de esas células: sus proteínas y sus materiales genéticos bajo condiciones especiales, incluyendo partículas de transporte celular, que también han sido presentadas como de origen vírico.

En error básico que subyace desde 1970 en la equivocada concepción del supuesto VIH y demás virus, consiste en que un proceso curativo, la entonces recién descubierta actividad de transcripción inversa, fue interpretado como indicador de la presencia de, los de otra forma indetectables, "retrovirus", en vez de replantearse el dogma central de la genética, que postula como imposible la transcripción inversa del material genético mensajero, el ARN, en el material genético de la vida, el ADN, explica el Dr. Kary Mullis, Premio Nobel de Química 1993.

Lo sorprendente es que los experimentos de control en la investigación del VIH, especialmente en la detección y aislamiento del VIH, que en todas las publicaciones sobre el VIH habrían revelado rápidamente los conceptos erróneos, nunca han sido publicados. Como el VIH no existe, no puede ser causante de los diversos daños que se engloban dentro del concepto de SIDA. Los doctores Heinrich Kremer, Alfred Hässig y el grupo que ha trabajado entorno a Elena Papadopulos han analizado la gran cantidad de datos que hay sobre el SIDA y desarrollado algunas explicaciones para las enfermedades erróneamente agrupadas bajo el término SIDA, en las que, -y esto es de gran importancia- si se siguen regímenes de tratamientos y terapias no agresivos- se obtienen mejores resultados.

El Dr. Kary Mullis, Premio Nobel de Química 1993, por crear la técnica PCR (Reacción en Cadena de la Polimerasa) y Profesor de la Universidad de Berkeley, California, USA, explica:

"(...) Cuando me encontraba realizando un análisis del Virus de Inmunodeficiencia Humana (VIH), ya sabía bastante de análisis de cualquier cosa con ácido nucléico, porque había inventado la PCR. Por eso me contrataron."

"Por otra parte, el Síndrome de Inmunodeficiencia Adquirida (SIDA) era algo de lo que no sabía demasiado. De este modo, cuando me encontré escribiendo un informe sobre nuestros progresos y objetivos para el proyecto patrocinado por los National Institutes of Health, me di cuenta de que no conocía la referencia científica para apoyar la declaración que acababa de escribir: "El VIH es la Probable Causa del SIDA".

"Así que me volví al virólogo de la mesa de al lado, un tipo serie y competente, y le pregunté por esa referencia. Dijo que no necesitaba ninguna. Yo no estuve de acuerdo. Pese a que es verdad que ciertos descubrimientos o técnicas científicas están tan bien establecidas que sus fuentes ya no se aluden en la literatura científica contemporánea, ése no parecía ser el caso de la conexión VIH/SIDA. Para era mí notable que el individuo que había descubierto la causa de una enfermedad mortal y hasta ahora incurable, no fuese continuamente aludido en las publicaciones científicas hasta que la enfermedad estuviese curada y olvidada. Pero, como pronto aparecería, el nombre del individuo –que sería seguro materia de Premio Nobel- no estaba en boca de nadie".

"Por supuesto, esta simple referencia debía estar en alguna parte ahí afuera. De lo contrario, decenas de miles de funcionarios y reconocidos científicos de diversas procedencias, que intentan aclarar las trágicas muertes de un considerable número de homosexuales y/o consumidores de drogas intravenosas de edades comprendidas entre los 25 y 40 años, no habrían permitido que su investigación se limitase a una estrecha vía de estudio. No todo el mundo pescaría en la misma charca a menos que estuviese completamente verificado que el resto de charcas estaban vacías. Tenía que haber un informe publicado, o quizá varios, que juntos indicasen que el VIH es la posible causa del SIDA. Tenía que haberlo."

"Hice indagaciones usando la computadora pero no encontré nada. Por supuesto, puedes perderte información importante con las búsquedas por ordenadores sólo con no introducir las palabras clave concretas. Para estar seguro de una conclusión científica, lo mejor es preguntar a otros científicos directamente. Esa es una de las cosas para las que sirven esos congresos en lugares lejanos con bonitas playas".

"Como parte de mi trabajo, iba a muchos encuentros y congresos. Adquirí el hábito de acercarme a cualquiera que diese una charla sobre SIDA y pregunté qué referencias debía citar para esa cada vez más polémica declaración: "El VIH es la causa del SI DA"."

"Después de 10 o 15 encuentros en un par de años, empecé a preocuparme cuando vi que nadie podía citarme la referencia. No me gustaba la fea conclusión que se estaba formando en mi mente: la campaña entera contra la enfermedad considerada con creces como la peste del siglo XX, estaba basada en una hipótesis cuyos orígenes nadie podía recordar. Eso desafiaba tanto al sentido científico como al común."

"Finalmente, tuve la oportunidad de interrogar a uno de los gigantes de la investigación del VIH y del SIDA, el Doctor Luc Montagnier, del Instituto Pasteur, cuando dio una charla en San Diego. Esta sería la última vez en que sería capaz de realizar mi pregunta sin mostrar cólera. Me figuré que Montagnier conocería la respuesta. Así que se la planteé".

"Con una mirada de perplejidad condescendiente, Montagnier dijo: "¿Por qué no cita el informe de los *Centers for Disease Control* (CDC, Centros para el Control de Enfermedades)?"

"Yo contesté –continúa explicando el Dr. Mullis- "No se refiere realmente al tema de si el VIH es o no la probable causa del SIDA, ¿o, sí?".

"No", admitió, sin duda preguntándose cuánto tardaría en marcharme. Buscó ayuda en el pequeño círculo de personas a su alrededor, pero todos estaban como yo, esperando una respuesta más concluyente y que nadie conocía".

"¿Por qué no cita el trabajo sobre el VIS (Virus de Inmunodeficiencia Simia)?", ofreció el buen doctor".

"También he leído eso, Dr. Montagnier –contesté, explica Mullis- "Lo que les pasó a esos monos no me recuerda el SIDA, además, ese informe fue publicado sólo hace un par de meses. Yo estoy buscando el informe científico original con el que alguien demostró que el VIH causa el SIDA en los seres humanos".

"Esta vez, como respuesta, -continúa el Dr. Mullis- el Dr. Montagnier se dirigió hacia el otro lado de la habitación para saludar a un conocido".

"No hemos podido encontrar ninguna buena razón por la cual la mayoría de la gente sobre la tierra cree que el SIDA es una enfermedad causada por un virus llamado VIH. Simplemente no hay evidencia científica alguna que demuestre que eso es cierto.".

"Tampoco hemos sido capaces de descubrir por qué los médicos recetan una droga tóxica llamada AZT, por citar alguna, a personas que no tienen otro mal que la presencia de anticuerpos al VIH en su cuerpo. De hecho, no podemos entender por qué ningún ser humano debería tomar esa droga o cualquier otra similar, cual-quiera que fuese la razón que se aduje se."

"Sabemos que errar es de humanos –concluye el Dr. Mullis-, pero la hipótesis VIH/SIDA es un error diabólico". (Fuente: "Inventing the AIDS Virus", del Dr. Peter Duesberg.)

¿QUÉ ES EL VIH? ¿QUÉ ES EL SIDA?

El VIH es una construcción de explicaciones seudo racionales que se introdujo posteriormente para explicar los daños apreciados en los homosexuales y para ocultar las causas reales de lo que se agrupa bajo la denominación de SIDA.

VIH=SIDA es un inadmisible diagnóstico artificial y tal construcción no puede ser explicada en términos clínicos. Uno sólo es capaz de explicarlo y entenderlo cuando observa detenidamente la regla de construcción de sus inventores. Sólo entonces es posible describir científica y prácticamente las diferentes causas de las enfermedades y la distribución para las anteriormente independientes 29 enfermedades que se ocultan bajo el término colectivo de SIDA.

Esto no es posible si los investigadores se adhieren a la definición oficial de SIDA; las enfermedades y causas aisladas tienen que ser analizadas por separado. El VIH=SIDA como epidemia infecciosa de masas que se transmite mediante el contacto sexual desprotegido o mediante un contagio directo de la sangre, es la percepción de una alucinación colectiva. Y se necesita una investigación sociológica para comprender por qué ha aparecido.

No existe prueba alguna de que el VIH cause el SIDA o cualquier otra enfermedad. La creencia de que el SIDA es causado por un virus no es un hecho, es una hipótesis no probada.

¿Qué es un virus? Es un organismo compuesto principalmente de un ácido nucleico dentro de una envoltura proteica. Dependiendo del tipo de virus, el ácido nucleico puede ser ADN o ARN; en los retrovirus, el ácido nucleico es ARN. Los virus son incapaces de actividades características de la vida tales como crecimiento, respiración y metabolismo. Fuera de una célula viva, los virus son materiales inertes. Por ello, supuestamente el VIH es puro ARN.

La idea de un virus del SIDA fue introducida en una conferencia de prensa en 1984 por el Dr. Robert Gallo, un investigador de cáncer empleado por los Institutos Nacionales de Salud de EE.UU. Antes del SIDA, Gallo había pasado su carrera tratando de probar que el cáncer es una enfermedad contagiosa causada por un virus, y fracasó.

La idea de que algunos virus pudiesen ser la causa del cáncer fue una cuestión muy popular entre los científicos de las décadas de los años sesenta y setenta. Por dos décadas, toda la investigación del cáncer financiada por el gobierno se centró en el concepto de un virus del cáncer y en el estudio de los retrovirus. Fue de esta manera que Gallo aseguró haber descubierto un retrovirus que se transmitía sexualmente y que causaría leucemia después de 45 años de infección, lo que no fue probado. Otros estudios realizados durante ese período de 20 años concluyeron en que los retrovirus no eran nocivos para las células y que el cáncer no era una condición contagiosa.

En los ochenta, cuando los americanos comenzaron a dirigir su atención hacia el SIDA, gallo y otros investigadores del cáncer cambiaron su objetivo hacia este nuevo dilema, y fueron los mismos científicos gubernamentales, quienes habían liderado infructuosamente la búsqueda de un virus del cáncer, los que comenzaron a buscar un virus que pudiera causar el SIDA.

El 23 de Abril de 1984, Gallo citó a una rueda de prensa internacional para anunciar su descubrimiento de un nuevo retrovirus. El propuso que este retrovirus era "la causa probable del SIDA", Gallo hizo este anuncio sin haber publicado ninguna investigación científica que mostrara evidencia alguna que apoyara su idea. Ese mismo día, Gallo consiguió la patente para una prueba de anticuerpos, ahora conocida como la "prueba del SIDA", y en ese momento se suspendió, en forma abrupta, cualquier otro apoyo económico para investigar otras posibles causas del SIDA.

Al anunciar su hipótesis a los medios de comunicación sin ofrecer prueba alguna, Gallo violaba una regla fundamental del proceso científico. Los investigadores primero deben publicar en una revista médica o científica las evidencias sobre sus hipótesis documentando la información o los experimentos que fueron realizados para llegar a dichos resultados. La hipótesis es entonces debatida por otros expertos, se intentan duplicar los experimentos iniciales y confirmar así los hallazgos originales. Cualquier nueva hipótesis debe tolerar este escrutinio y debe ser confirmada con ex perimentos exitosos antes de que ella pueda ser considerada como una teoría viable.

En el caso de Robert Gallo y su supuesto virus del SIDA, esta hipótesis sin fundamento fue reportada por los medios de comunicación como si fuera un hecho ya establecido. Algunos historiadores atribuyen esta violación del proceso científico, a la atmósfera de terror que rodea a la idea de una posible epidemia.

La evidencia presentada por Gallo después de haber hecho este anuncio, no apoyaba adecuadamente su hipótesis viral del SIDA. En realidad, más de la mitad de los pacientes de SIDA reportados

31

en su estudio habían resultado negativos para el VIH. Esto puede corroborarse consultando la publicación *Science*, volumen 224 del 4 de Mayo de 1994, página 502. Su artículo tampoco daba una explicación racional de cómo era que este retrovirus causaba el SIDA. Gallo sugirió que el VIH ejercía su acción a través de la destrucción de las células inmunes, pero 20 años de investigación acerca del cáncer habían demostrado que los retrovirus no tenían la capacidad de matar célula alguna, y él no dio ninguna evidencia de que el VIH fuera diferente a los demás retrovirus inofensivos.

Después que el Dr. Luc Montagnier, del Instituto Pasteur de Francia acusara a gallo de robarse el virus que aseguraba haberlo descubierto, se inició una investigación en el Congreso de USA.

En 1983, Montagnier envió a Gallo "partículas retrovirales" (LAV) provenientes de los ganglios linfáticos de un hombre homosexual con SIDA, información que puede encontrarse en la publicación *Science*, volumen 220, del 20 de Mayo de 1983. Se encontró luego que el virus que Gallo aseguraba había descubierto en 1984, era el mismo LAV de Montagnier. Se puede consultar en *New Science* del 12 de Febrero de 1987.

La investigación encontró que Gallo había usado en forma fraudulenta la información para confirmar los hallazgos de su artículo original. Se llevaron a cabo negociaciones entre los gobiernos de Francis y de los Estados Unidos por la patente de la prueba para el VIH y por los derechos en el descubrimiento del supuesto virus. Esto terminó en un acuerdo de que Montagnier era el codescubridor del VIH y le daban a éste derechos de patente sobre la prueba del SIDA. Desde entonces Montagnier ha venido sosteniendo que el VIH por sí solo no es capaz de causar el SIDA.

Desde 1984 se han publicado más de 200 mil artículos sobre el VIH. Ninguno de estos artículos, en particular o en su conjunto, ha sido capaz de demostrar racionalmente o de probar efectivamente que el VIH existe y que cause el SIDA. A pesar de haberse gastado más dinero en la investigación del VIH que en los estudios de todos los virus en la historia de la medicina, todavía no hay evidencia científica alguna que pueda validar la hipótesis de que el VIH es la causa del SIDA o que el SIDA tenga una causa viral. Una buena hipótesis es aquella que tiene la habilidad de resolver problemas y misterios, que hace predicciones certeras y produce resultados. La hipótesis del VIH no cumple ninguno de estos criterios.

Cientos de científicos alrededor del mundo están ahora exigiendo una reevaluación oficial del VIH.

La denominada prueba del SIDA es un mito. Las pruebas diagnósticas popularmente conocidas como "pruebas del SIDA" no identifican al SIDA. Tanto la prueba de ELISA como la prueba de Western Blott y, por tanto, son altamente inapropiadas.

El Dr. Peter H. Duesberg PhD, Profesor de Biología Molecular y Celular de la Universidad de California, Berkeley, quien continúa siendo atacado por sus opiniones, apoya firmemente la tesis de que el VIH no existe y no es el causante del supuesto SIDA. Pero antes de señalar las declaraciones del Dr. Duesberg, conozca quién es. Estudió en las Universidades de Würzburg, Alemania (Química), Basel en Suiza, Múnich en Alemania, Frankfort en Alemania. Realizó estudios pos doctorado en el Instituto Max Planck de Investigación Vírica en Alemania, Dpto. de biología Molecular y Celular en la Universidad de Berkeley, California, ayudante de Investigación Vírica y Estudios de Pos doctorado, Profesor Ayudante en Resistencia e Investigador de Bioquímica, Profesor Asociado y Profesor hasta la actualidad. Ha recibido como méritos el Premio Merck en 1969, Premio anual de los Científicos de California en 1971, Primer Premio Anual del Centro Médico Americano en Oncología, Premio al Investigador Externo, Institutos Nacionales de Salud en 1986, Academia Nacional de Ciencias, elegido en 1986, Fogarty Scholar Resident en el Instituto Nacional de Salud Methesda, MD, 1997, Wissenshatspreis, Hanover, Alemania, 1988; Lichtfield Lecturer, Oxford, Inglaterra, 1988; C.J. Watson Lecturer Hospital Abbott Northwestern, Mineapolis, 1990; Profesor distinguido, Universidad Norte de Texas, 1992; Schaffer Alumni Lecturer, Universidad de Tulane, Nueva Orleáns, 1992 y Constance Ledward Tollins Lecturar, Universidad de New Hampshire, 1992.

El Dr. Duesberg aisló el primer cáncer durante su trabajo sobre retrovirus en 1970 y realizó el mapa de la estructura genética de este virus incluyendo el de la gripe. Ha puesto en duda la hipótesis del VIH y el SIDA en varias publicaciones científicas prestigiosas. Ha propuesto como alternativa la hipótesis de que las diversas enfermedades del SIDA están causadas por el consumo de drogas y de AZT, y farmacéuticas que se recetan para prevenir o tratar el SIDA. Duesberg ha sido atacado por sus opiniones y al principio el "establishment" médico trató de deshacerse de él. Explicó que todos los virus que ha observado realizan su trabajo matando células de una vez. Si el VIH no mata gran cantidad de células ¿por qué está asegurado ampliamente que el VIH causa SIDA? Hay un millón de americanos con VIH que están totalmente sanos. Hay seis millones de africanos VIH positivos de acuerdo a la OMS, 129,000 tenía SIDA el pasado año, lo que significa que cinco millones ochocientos mil y muchos cientos no tienen SIDA. Medio millón de europeos tienen el VIH y 60,000 tienen SIDA. Por tanto, hay millones de millones de personas en este planeta que tienen VIH –explica Duesberg-, ¿por qué siete millones y medio no tienen la enfermedad automáticamente si el VIH es la causa de la misma?

Duesberg declara que no hay denominador común entre las 31 enfermedades que componen el SIDA. Simplemente se llaman así. El 38% de esas 31 enfermedades no tienen algo que ver con la inmunodeficiencia, pero son llamadas SIDA. No hay ni una enfermedad –declara Duesberg- del SIDA que sea nueva. Lo que es nuevo es tan sólo que la incidencia de esas enfermedades ha estallado en los hombres de 20 a 45 años, principalmente, y en unas pocas mujeres.

Una persona va a su doctor, claramente enfermo, tiene SIDA. Se le hace la prueba o se le hizo previamente y se encuentra VIH po-sitivo. Ahora, no hay constancia, en ningún sitio, que diga en cuán-tos casos de SIDA americanos realmente el VIH, asevera Duesberg. La mayoría de la gente asume que todas las personas con SIDA son seropositivas. Esto aún no está establecido. Tenemos lo que llaman test de anticuerpos de falso positivos. Ellos los llaman test al VIH, pero ¿cómo lo están testando? Los anticuerpos pueden estar pre-sentes y el virus podría haberse ido hace tiempo, si es que existe.

El Dr. Roberto A. Giraldo, quien durante más de 10 años ha trabajado en un laboratorio de inmunología clínica en un hospital de una de las más prestigiosas universidades de la ciudad de Nueva York, que ha tenido la oportunidad de llevar a cabo personalmente y conocer en detalle los actuales test utilizados para diagnosticar la presencia del VIH: ELISA, Western Blott y Test de Carga Viral, asevera que todos reaccionamos positivo ante el test ELISA del VIH.

Giraldo explica que el test ELISA testa los anticuerpos contra lo que se supone es el Virus de la Inmunodeficiencia Humana. Para realizar este test, el suero sanguíneo de un individuo se disuelve en la proporción de 1:400, con un determinado diluyente. De acuerdo con el fabricante del kit del test, este diluyente contiene: *0.1 triton x 100, Suero de Bovino y Cabra (concentración mínima del 5%) y lisado de Linfocitos-T humanos (proporción mínima 1:7500) Con-servantes: 0.1% de Ácido Sódico.*

Esta dilución, extraordinariamente alta con respecto al suero (400 veces), tomó por sorpresa al Dr. Giraldo, que es especialista en medicina interna, infecciosa y enfermedades tropicales por la Universidad de Londres, Miembro de la Junta de Directores del Grupo Científico para la Reevaluación de la Hipótesis del SIDA y del Comité para la Educación sobre salud y SIDA (HEAL) y por ende está más que informado en cuanto a estos procedimientos. La mayoría de los test –explica Giraldo- serológicos que buscan la presencia de anticuerpos contra gérmenes emplean suero sanguíneo neto (sin diluir). Por ejemplo los test que buscan los anticuerpos de los virus de la hepatitis A y B, los de la rubéola, sífilis, histoplasmoma y cryptococos, por mencionas sólo unos pocos, utilizan el suero sanguíneo directamente (sin diluir). Sin embargo, para intentar evitar reacciones positivas falsas, algunos tests serológicos usan suero sanguíneo diluido, por ejemplo, este es el caso de los test que averiguan los anticuerpos de los virus del sarampión, varicela y paperas, los cuales utilizan una dilución de 1:16, para los citomegalovirus (CVM) 1:20 y para los Virus de Epstein Barr (EBF) 1:10.

La pregunta obvia es: ¿qué hace al VIH tan especial que para analizar el suero sanguíneo, necesite ser diluido 400 veces? Y ¿qué pasaría si no diluyera este suero sanguíneo?

Con respecto al ensayo del test ELISA, par responder a estar preguntas el Dr. Giraldo realizó un experimento en un laboratorio médico de Yorktown Heights, New York. Lo llevó a cabo utilizando el mismo kit del test más utilizado en los laboratorios clínicos de todo el mundo.

Primero tomó muestras de sangre que, a una porción de 1:400, el resultado fue negativo con respecto a los anticuerpos del supuesto VIH. Después tomó las mismas muestras de suero sanguíneo y las analizó de nuevo, esta vez sin diluir, y el resultado dio en todas positivo.

Desde entonces el Dr. Giraldo ha llevado a cabo 100 experimentos y obtuvo siempre el mismo resultado. Incluso analizó su propia sangre, la cual a 1:400 daba un resultado negativo. A 1:1 (no diluida) el resultado fue positivo. Giraldo aclara que a excepción de su sangre, todas las muestras de los pacientes provenían de peticiones médicas solicitando el test del VIH. Por lo tanto es probable que la mayor parte de las muestras de sangre que analizó pertenecieran a individuos con alto riesgo de SIDA.

Según los laboratorios Abbott, el valor de absorción (intensidad de color amarillo), aumenta en proporción a la cantidad de anticuerpos anti VIH-1, los cuales están unidos en cadena.

El Dr. Giraldo se dio cuenta que los calores de absorción de las muestras daban negativo cuando se habían diluido (1:400) pero positivo cuando no estaban diluidas (1:1), tenían valores más bajos que las muestras que, diluidas, reaccionaban positivo en los dos tests ELISA y Western Blott. Esto probablemente significa que la sangre que da un resultado negativo cuando se la diluye pero positivo cuando no está diluida que da doble positivo y, por lo tanto, seguramente dará negativo en el Western Blott. Sin embargo, esta hipótesis no ha podido ser probada por el Dr. Giraldo.

El siguiente gráfico ilustra como la sangre que reacciona negativamente para el VIH en una proporción de 1:400 siempre reacciona positivo a 1:1:

Realización del test ELISA para el VIH con diferentes concentraciones de suero sanguíneo de una persona – Dr. R. Giraldo (Inmunólogo)

(a) Resultados a 1:400	**(b) Resultados a 1:1**
9112324b G5 0.076	9112323b G5 0.262 reactivo
9112325b G5 0.081	9112325b H1 0.159 reactivo
9112326b H2 0.071	9112326b H2 0.329 reactivo
9112327b H3 0.060	9112327b H3 0.401 reactivo
9112328b H4 0.073	9112328b H4 0.345 reactivo
9112329b H5 0.062	0112329b H5 0.343 reactivo
9112330b J1 0.060	9112330b J1 0.234 reactivo

9112331b J2 0.077   9112331b J2 0.306 reactivo
9112332b J3 0.067   9112332b J3 0.248 reactivo
9112333b J4 0.086   9112333b J4 0.222 reactivo

La columna (a) indica los 10 resultados de las muestras que reaccionan negativo a una dilución de 1:400. La columna (b) indica los resultados de las mismas muestras reaccionando a la dilución de 1:1.

Es importante tener en cuenta que el test del VIH Western Blott también necesita suero diluido. A pesar de que también contiene una inhabitual alta dilución, aquí este particular suero se diluye sólo en la proporción de 1:502. El Dr. Giraldo no ha tenido la ocasión de realizar este test con muestras no diluidas (a 1:1).

Las muestras de sangre no diluidas siempre reaccionan positivo ante el test ELISA. Está mundialmente aceptado que este test detecta anticuerpos contra lo que se conoce como el Virus de la Inmunodeficiencia Adquirida. Y la empresa farmacéutica que comercializa los componentes del ELISA afirma que *VIVA VIH-1 EIA es una Inmunoenzima cualitativa in vitro para la detección del Anticuerpo del Virus de la Inmunodeficiencia Humana del tipo (VIH-1) en el suero sanguíneo y el plasma.*

Dado que todas las muestras de sangre no diluidas reaccionan positivamente en el test ELISA, un test que supuestamente analiza los anticuerpos del VIH, los resultados que presenta apuntan a que todos y cada uno de los humanos tienen anticuerpos del VIH, y por consiguiente sugiere que todo el mundo ha sido expuesto a los antígenos del supuesto VIH.

Esto significa que todos nosotros hemos estado expuestos al virus considerado como la causa del SIDA. Las personas que reaccionan positivamente incluso a la dilución del 1:400 deben ser los que han sufrido el nivel más alto de exposición a los antígenos del VIH. El resto de la gente –los que sólo reaccionan positivos con suero sanguíneo no diluido (a 1:1)- son los que seguramente se han enfrentado a una menor exposición al supuesto VIH.

También está aceptado internacionalmente que una persona que reacciona positivamente ante los anticuerpos del VIH no sólo ha estado expuesta, sino que está infectada por un virus mortal que causa inmunodeficiencia y que nadie ha visto ni probado su existencia.

En consecuencia, las reacciones positivas de todos los sueros no diluidos significan que todos, o por lo menos todas las muestras de sangre que el Dr. Giraldo ha analizado, incluyendo la suya, están infectados por este "virus mortal". Los que reaccionan positivo a la proporción 1:400 sencillamente sufrirían un mayor grado de infección "mortal" que aquellos que sólo reaccionan positivo mediante suero no diluido.

Con los resultados que se han presentado en éste, se podría afirmar que el test utilizado para detectar anticuerpos anti VIH no es específico para el VIH, como ha sido expuesto anteriormente. Por lo tanto, deben haber más razones a parte de la infección por VIH, anteriores o actuales, que expliquen por qué una persona reacciona positivo. El test también da resultado positivo en la ausencia del VIH.

La literatura científica ha publicado más de 70 diferentes razones que pueden provocar una reacción positiva, aparte de la actual supuesta infección por VIH. Todos estos condicionantes actúan como denominador común la estimulación de poli antígenos.

Incluso los laboratorios Abbot conocen perfectamente los problemas relativos a la especificidad del test ELISA, y por esto afirman que la prueba con el EIA sólo puede ser utilizado para diagnosticar el SIDA, ni siquiera si la investigación recomendada de las muestras reactivas sugiere una alta probabilidad de que el anticuerpo anti-VIH-1 esté presente y; si bien para todas las aplicaciones, tanto clínicas como de salud pública del EIA, el grado de riesgo de contraer la supuesta infección por VIH en una persona estudiada como el grado de reactividad del suero, pueden ser de utilidad para interpretar el test, estas correlaciones son imperfectas. Por lo tanto, en la mayoría de los resultados que se consideran como seguros, sería apropiado investigar repetidamente las muestras reactivas con test adicionales más específicos o realizar tests suplementarios.

Curiosamente, existen países como Gran Bretaña donde el diagnóstico del VIH se basa sólo en el test ELISA. No necesitan ni el Western Blott ni ningún otro test.

La única manera válida para establecer la sensibilidad y especificidad de un determinado test es empleando el "gold standard". Sin embargo, puesto que el VIH nunca ha sido aislado como una genuina entidad viral, no puede existir un "gold standard" para el VIH. La sensibilidad y especificidad de los tests de anticuerpos del VIH se han determinado, en cambios, basándose en la suposición de que el VIH es la causa del SIDA, de este modo: Los estudios Abbot demuestran que la sensibilidad establecida basada en una prevalencia de anticuerpos al VIH-1 en pacientes de SIDA asumida del 100% se estima es 100% (sobre 144 pacientes testados), y; la especificidad basada en una prevalencia del VIH-1, asumida cero, en donantes elegidos al azar, se estima en un 99.9% (sobre 4,777 donantes testados, elegidos al azar). Actualmente no existe un standard reconocido, -explica Abbot- para establecer la presencia o la ausencia de anticuerpos VIH-1 en la sangre humana. Por lo tanto la sensibilidad se ha determinado a partir de diagnósticos clínicos de SIDA y la especificidad se ha establecido en base a donantes aleatorios.

A continuación se relacionan las enfermedades y situaciones oficialmente definitorias de SIDA. Enfermedades y situaciones estas que existen mucho antes de que apareciera el supuesto "VIH".

Reitero que las personas que padecen algunas de las siguientes enfermedades, en condiciones normales, simplemente son afectados por ellas y se aplican tratamientos específicos para cada una y son curados; en cambio si algún enfermo resulta positivo al test del VIH será considerado enfermo de SIDA y no recibirá los tratamientos correspondientes a cada enfermedad sino los antirretrovirales, por separado o conformando cócteles (combinación de dos o más).

Las 12 enfermedades que originalmente caracterizaban al SIDA, establecidas en 1983 (ninguna de las que se exponen a continuación requerían que la persona fuera seropositiva para catalogarse como SIDA:

1.- Neumonía por Pneumocystis carinii (1983)

2.- Sarcoma de Maposi (1983).

3.- Toxoplasmosis, provocando neumonía, del SNC o del cerebro (1983).

4.- Estrongiloidosis, neumonía o del sistema nervioso central (1983).

5.- Aspergilosis (1983).

6.- Criptococosis, pulmonar, del SNC, y diseminada (1983).
7.- Candidiasis, esofágica (1983).
8.- Criptoesporidiosis, intestinal crónica (1983).
9.- Citomegalovirus, pulmonar, del IG, y del SNC (1983)
10. Herpes simple, infección micocutánea crónica, pulmonar, del IG, diseminado (1983).
11. leucoencefalopatía mulfifocal progresiva, causada presumiblemente por virus Papota (1983).
12. Linfoma, primario, del cerebro (1983).

Las 7 enfermedades adicionales características del SIDA establecidas en 1985 (cada una de las expuestas a continuación requiere que la persona presente "anticuerpos del supuesto VIH" para catalogarse como SIDA):
13. Compleja de Micobacteriana avium o M. kansasii diseminada o extra pulmonar (1985).
14. Histoplasmosis (1985).
15. Isospariasis, intestinal crónica (1985).
16. Linfoma, de Burkitt (1985).
17. Linfoma, inmunoblástico (1985).
18. Candidiasis de los bronquios, tráquea, pulmones (1985).

Las 8 enfermedades adicionales características de SIDA establecidas en 1987 (cada una de las expuestas a continuación requiere que la persona tenga "anticuerpos del supuesto VIH" para catalogarse como SIDA:
19. Encefalopatía, demencia, relacionadas con el VIH (1987)
20. Tuberculosis por mico bacteria emplazada en cualquier lugar (extra pulmonar) (1987).
21. Síndrome de consunción, relacionado con el VIH (1987).
22. Cocidiomicosis, diseminada o extra pulmonar (1987).
23. Criptococosis, extra pulmonar (1987).
24. Citomegalovirus, que no sea hígado, bazo o nódulo (1987).
25. Retinitis por citomegalovirus (1987).
26. Septicemia por salmonella, recurrente (1987).

Las 4 enfermedades adicionales y una no-enfermedad caracterizadas como SIDA establecidas en 1992 (cada una de las expuestas a continuación requiere que la persona presente "anticuerpos del supuesto VIH" para catalogarse como SIDA):
27. Neumonía bacteriana recurrente (1993).

28. Cáncer cervical (cuello del útero) invasivo (1993).

29. Tuberculosis micobacteriana en cualquier lugar (pulmonar) (1993).

30. Neumonía, recurrente (1993).

31. Si el recuente de células TCD4 resulta en menos de 200 células por microlitro o menos de 14% del nivel esperado (1993).

Es bueno recalcar que la exposición de un individuo a los factores estresantes inmunológicos que se enuncian en este libro, colocan al individuo en riesgo de adquirir inmunodeficiencia y, como resultado de ésta condición, adquirir cualquiera de las enfermedades arriba relacionadas.

RESULTA IMPOSIBLE DETERMINAR LA PRECISION DE LOS TESTS

The Perth Group también dice que resulta imposible determinar la precisión (sensibilidad y especificidad) de los tests, ya que no se han comparado (homologados)) con el llamado "estándar oro", que en este caso sería el aislamiento del virus VIH. En el folleto que el propio laboratorio Abbott incluye en sus tests de anticuerpos de VIH se puede leer: **"Actualmente no hay patrón reconocido para establecer la presencia o ausencia de anticuerpos del VIH-1 y VIH-2 en sangre humana"**.

The Perth Group sí admite que un positivo a los tests del "VIH", dentro de los llamados "grupos de riesgo", como pueda ser el de los homosexuales, significa una mayor probabilidad de desarrollar enfermedades, incluidas las pertenecientes al SIDA, si no se toman medidas para evitarlo. Robert Maver (F.S.A., M.A.A.A), actuario de seguros, publicó un texto en el cuál afirmó que el riesgo de ser considerado como falso positivo es 5 veces superior a las posibilidades de ser un positivo real al test.

Para The Perth Group utilizar el término "carga viral" supone afirmar que el ARN que se mide es de un retrovirus. Sin embargo, para ello es necesario haber aislado con anterioridad las partículas virales, debido a que las células en las que los virus se replican también contienen ARN. Puesto que el material que se dice que es "virus VIH" no ha sido aislado no es posible decir que un ARN determinado sea del "VIH". De hecho, no hay ninguna relación conocida entre la "carga viral" (número de moléculas de ARN) y el número de partículas de "VIH" que habría en la sangre, puesto que hasta el día de hoy nadie ha publicado ninguna fotografía de microscopio electrónico que demuestre la existencia de alguna partícula viral en la sangre de algún paciente de SIDA. Por tanto, el término "carga viral" carece de fundamento y es engañoso.

La técnica PCR es una tecnología que amplifica incluso las más pequeñas cantidades de cualquier secuencia específica de ADN...

Pero, al contrario que lo que afirman algunos científicos especializados en VIH, esto no constituye aislamiento del verdadero virus y no cumple con el segundo postulado de Koch. Es sólo la detección de genoma durmiente de ADN, o fracciones de genomas virales, dejados atrás por infecciones que ocurrieron años atrás (esto no debe interpretarse como duda por parte de P. Duesberg acerca de la existencia del VIH, puesto que él mismo reclamó la recompensa ofrecida por la revista disidente Continuum a quien encontrara en la literatura científica la demostración de su existencia real, alegando que se ha hecho y con los mejores recursos científicos disponibles)

Por otra parte, el manual del test COBAS® AmpliPrep/ COBAS® AMPLICOR HIV-1 MONITOR Test, v1.5, para medir carga viral, dice que *The COBAS® AmpliPrep/COBAS® AMPLICOR HIV -1 MONITOR Test, v1.5 is not intended to be used as a screening test for blood or blood products for the presence of HIV-1 or as a diagnostic test to confirm the presence of HIV-1 infection.* Además, el Centers for Disease Control (CDC) Americano afirmó que *In adults, adolescents, and children infected by other than perinatal exposure, plasma viral RNA nucleic acid tests should NOT be used in lieu of licensed HIV screening tests (e.g., repeatedly reactive enzyme immunoassay). In addition, a negative (i.e., undetectable) plasma HIV-1 RNA test result does not rule out the diagnosis of HIV infection.*

¿EN QUÉ CONSISTEN LOS TESTS?

Existen dos tipos de tests de anticuerpos del "VIH" de uso común: el ELISA y el Western blot (WB). En el test ELISA se produce un cambio de color al reaccionar una mezcla de proteínas (antígenos), supuestamente del "virus VIH", y los anticuerpos del suero de un paciente. Este principio es el mismo en los tests ELISA de cualquier generación, incluidos los más modernos. El test Western blot se utiliza para confirmar el test ELISA anterior. La diferencia principal entre estos dos tests es que en el Western blot las proteínas son separadas a lo largo de una tira, lo que permite que las reacciones entre los anticuerpos y las proteínas individuales puedan verse como ciertas bandas.

A cada una de estas bandas se las denomina con una "p" pequeña (de proteína) seguido de un número que indica el peso molecular de la proteína (en miles), por ejemplo la p24. En la mayoría de los países, el diagnóstico de una infección por VIH consiste en realizar un test ELISA inicial, que si da positivo se repite. Si da positivo repetidamente se procede a realizar un Western blot, que si también da positivo confirma la "infección por VIH".

Las proteínas del test de anticuerpos del "VIH" están supuestamente codificadas por tres genes, llamados *gag, pol* y *env*. Las proteínas son las siguientes:

gag

p18, p24, p39, p55

pol

p32, p53, p68

env

gp41, gp120, gp169 (glicoproteínas)

LOS TESTS APLICADOS NO SON CONFIABLES

Partiendo de que no hay evidencia científica de que el test ELI SA sea específico para los anticuerpos del supuesto VIH, un test ELISA que reaccione a cualquier concentración de suero significa la presencia de anticuerpos no específicos o poliespecíficos. Estos anticuerpos pueden estar presentes en todas las muestras de sangre. Son muy probablemente el resultado de la respuesta al estrés, no teniendo relación con ningún retrovirus, sin mencionar al supuesto

VIH. En este caso, un test reactivo podría ser válido para medir el grado de exposición a factores estresantes o a agentes oxidantes.

La condición ineludible es que todas las reacciones positivas ante los anticuerpos del supuesto VIH son sencillamente, falsos positivos. Si nadie es "positivo" en cuanto al VIH, las personas que reaccionan "positivo" ante el test ELISA lo hacen ante algo más que el VIH.

Para revelar el significado de estos tests, el Dr. Giraldo propone un sencilla experimento: recoger sangre de tres grupos de personas y llevar a cabo el test de tres formas diferentes; con una alta dilución, no diluido y diluido utilizando una amplia gama de distintas concentraciones. El primer grupo estaría formado por personas sanas de muy diferentes edades; el segundo grupo lo constituirían personas pertenecientes al convencional "grupo de riesgo" del SIDA; el tercer grupo lo formarían personas con características clínicas relacionadas con el SIDA. A todos los grupos se les realizarían los dos tests: ELISA y Western Blott.

Además, todas las muestras de sangre estarían sometidas al "test de la carga viral del VIH".

Los resultados de tales experimentos determinarían cuál de estas medidas de test produce cada relación en un nivel individual de exposición a agentes estresantes u oxidantes. O si bien, los tests podrían ser rescatados como medida de un nivel individual de intoxicación.

Anticuerpo es una proteína fabricada por los linfocitos (un tipo de glóbulo blanco) para neutralizar a un antígeno (proteína extraña) en el cuerpo. Las bacterias, los virus y otros microorganismos contienen muchos antígenos. Los anticuerpos formados contra estos antígenos ayudan al cuerpo a neutralizar o a destruir a los microorganismos.

Microbio es una forma diminuta de vida. Un microorganismo es, especialmente, aquel microbio que causa enfermedad.

La no especificidad significa que estas pruebas responden a una gran cantidad de anticuerpos que no son anti VIH, anticuerpos contra bacterias, que se pueden presentar en otras condiciones y que se encuentran frecuentemente en la sangre normal de las personas sanas. Una reacción en contra de cualquiera de estos otros anticuerpos y condiciones produce un resultado positivo para la "prueba

VIH". Una enfermedad tan simple como el resfriado común o la influenza pueden generar una lectura positiva en una "prueba de VIH". La vacunación contra la influenza así como cualquier otra vacuna también pueden originar resultados positivos. El tener o el haber tenido herpes o hepatitis puede producir un resultado positivo, e igual cosa ocurre con la vacunación contra la hepatitis B. El exponerse a enfermedades como la tuberculosis y la malaria frecuentemente es la causa de resultados positivos falsos. Lo mismo ocurre con la presencia de tenias y otros parásitos. Condiciones reales como el alcoholismo, la enfermedad hepática y sangres muy oxidadas debido al uso de drogas, pueden también interpretarse como positivas para "anticuerpos del VIH". El embarazo y la multiparidad pueden igualmente ser una causa de respuesta positiva. El potencial para reacciones cruzadas en las "pruebas para el VIH" ha sido reportado en publicaciones de importancia del tipo de "USA Today" y "The Wall Street Journal", las cuales reportaron recientemente a la FDA (administración de Drogas y Alimentos) la existencia de problemas en las "pruebas de VIH" por las altas tasas de "falsos positivos". (Wall Street Journal de 11 de Enero de 1995). Salud, página B-8).

A continuación se relacionan los 67 factores que se sabe causan falsos positivos en los resultados de las pruebas de "anticuerpos al VIH".

1.- Administración de preparados de inmunoglobulina humana recogidos antes de 1985.

2.- Anticuerpos al HLA (a antígenos de los leucocitos tipo I y II)

3.- Anticuerpos anti células apriétales.

4.- Anticuerpos anti colágenos (encontrados en homosexuales, hemofílicos, africanos de ambos sexos y personas con lepra)

5.- Anticuerpos anti hidratos de carbono.

6.- Anticuerpos anti linfocitos.

7.- Anticuerpos anti microsomales.

8.- Anticuerpos anti mitocondriales.

9.- Anticuerpos anti músculos lisos.

10- Anticuerpos antinucleares.

11- Anticuerpos con una alta afinidad con el polietileno (utilizado en los equipos de pruebas).

12- Anticuerpos del antígeno de leucocitos de las células.

13-Anticuerpos que se dan de forma natural.

14- Artritis reumatoide.

15- Cirrosis biliar primaria.

16- Colangitis esclerosantes primaria.

17- Embarazos en mujeres multíparas.

18- Enfermedades autoinmunes.

19- Especimenes tratados con calor.

20- Exposición a vacunas víricas o infección vírica reciente.

21- Falsos positivos a otras pruebas, incluyendo el test RPR (rapid plasma reagent) para la sífilis.

22- Fiebre Q con hepatitis asociada.

23- Globulinas producidas durante gammopatías policlonales (que se observan en grupos de riesgo de SIDA).

24- Gripe.

25- Hemofilia.

26- Hepatitis.

27- Hepatitis alcohólica / enfermedad hepática alcohólica.

28- Herpes simple I.

29- Herpes simple II.

30- Hiperbilirrubinemia.

31- Hipergammaglobulemia (niveles altos de anticuerpos)

32- IgM (anticuerpos) anti-hepatitis A.

34- Individuos sanos como resultado de reacciones cruzadas mal entendidas.

35- Infección de las vías respiratorias superiores (resfriado o gripe).

36- Infecciones víricas agudas, infecciones víricas del ADN.

37- Inmunización pasiva: recepción de gammaglobulina o inmunoglobulina (como profilaxis contra infección que contiene anticuerpos).

38- Insuficiencia renal.

39- Insuficiencia renal/Hemodiálisis.

40- Leishmaniosis visceral.

41- Lepra.

42- Lupus eritematoso sistémico.

43- Lupus eritematoso sistémico, escleroderma, enfermedad del tejido conjuntivo, dermatomiositis.

44- Malaria.
45- Micobacterium avium.
46- Mieloma múltiple.
47- Neoplasmas malignos (cánceres)
48- Niveles altos de complejos inmunes circulantes.
49- Otros retrovirus.
50- Proteínas en el papel del filtro.
51- Ribo nucleoproteínas humanas normales.
52- Sangre "pegajosa" (en africanos).
53- Seropositivos al factor reumatoide, anticuerpos antinucleares (ambos encontrados en la artritis reumatoide y otros autoanticuerpos).
54- Sexo anal receptivo.
55- Syndrome de Stevens-Johnson.
56- Suero demonizado (sangre en la que la hemoglobina se separa de las células rojas).
57- Suero lipémico (sangre con niveles altos de grasas y lípidos).
58- Terapia de alfa interferón en pacientes de hemodiálisis. 59- Transfusiones sanguíneas, transfusiones sanguíneas múltiples.
60- Transplante de órganos.
61- Transplante de riñón.
62- Trastornos hematológicos malignos / linfomas.
63- Tuberculosis.
64- Vacunación de la gripe.
65- Vacunación de la hepatitis B.
66- Vacunación del tétanos.
67- Virus Epstein-Barr.

Estas reacciones cruzadas o falsas ocurren debido a que los antígenos usados en las pruebas del VIH reaccionan con anticuerpos contra muchos microbios, bacterias, virus y otras condiciones y se reportan todas ellas como si fueran anticuerpos anti VIH. Debido a que ningún anticuerpo es realmente específico de alguna enfermedad, no es posible tener una prueba de anticuerpos específica para enfermedad alguna. Una prueba de anticuerpos apropiada, solamente puede construirse y validarse por medio del aislamiento viral, y este supuesto VIH no ha sido aislado.

Muchos médicos y científicos sostienen que la falta de aislamiento viral del VIH, invalida completamente a las pruebas para el VIH. Otro problema fundamental del uso de pruebas de anticuerpos para el VIH es que la presencia de anticuerpos no indica infección o enfermedad activa. La presencia de anticuerpos es, en efecto, una respuesta normal y saludable contra infección e indica realmente inmunidad a la enfermedad. Antes de la hipótesis del VIH de Gallo, la presencia de anticuerpos jamás había sido usada para indicar o predecir enfermedad. No existe ninguna evidencia científica objetiva que sugiera que esta regla deba desecharse para acomodar la hipótesis del VIH. El peor problema con cualquier prueba para el VIH, es que jamás se ha demostrado que el VIH sea la causa del SIDA.

MORTANDAD POR CAUSA DE SIDA EN EL MUNDO

El VIH no está en aumento. A pesar de que cada año el número de personas que se hacen la prueba ha aumentado en cientos de miles, de acuerdo con las estadísticas del CDC de 1996 y 2002, el número total de americanos que se estima sean VIH positivos no ha aumentado desde que la prueba fuera introducida en 1985. En 1995, después de una investigación realizada por la cadena de noticias NBC, el CDC aceptó que el número total de VIH positivos había disminuido por lo menos en un 35% con relación a lo informado oficialmente por el mismo CDC.

El 10 de marzo de 1995, le NBC reportó que el CDC estaba listo a disminuir su estimado, el cual era "mucho más alto". Los oficiales del CDC le dijeron a la NBC que ellos se "quedarían con los estimados", pero que temían a las "consecuencias financieras adversas".

El CDC afirmó en entrevistas posteriores que ellos no deseaban revelar estas cifras por temor a provocar recortes presupuestarios para el SIDA. Mientras las tasas del VIH se mantienen constantes o inclusive han disminuido. Es importante anotar que las tasas de enfermedades venéreas, como sífilis y gonorrea, están aumentando año tras año. El aumento de estas cifras de enfermedades venéreas contradice la idea de que el "sexo seguro" esté previniendo la diseminación del VIH. (Estadísticas en "Teenagers").

El número total de muertes por SIDA en los Estados Unidos, según lo reportado por el CDC es de 352,000 en los últimos 16 años. (Reporte de vigilancia VIH/SIDA, edición final de año, volumen 8, Nro.2, tabla 14: muertes en personas con SIDA, total acumulado hasta diciembre 1999. Estados Unidos).

El CDC comenzó a cuantificar las muertes del SIDA en 1981 - tres años antes de que Gallo "descubriera el VIH- e incluye estimados de cuántas personas deberían morir de SIDA antes de estar disponible alguna prueba para el VIH y poderlos diagnosticar.

El total de muertes en América durante 1996 causadas por enfermedades cardiacas, cáncer, accidentes, influenza, neumonía y SIDA fue de 50 mil personas.

Sin olvidarnos de las muertes causadas por el SIDA, hagamos algunas comparaciones con estas cifras: más de 550 mil americanos mueren de cáncer cada año (Sociedad Americana del Cáncer), Reporte de Cáncer 1997) lo cual es prácticamente el doble del total de todas las personas que han muerto de SIDA. En los Estados Unidos más de 950 mil personas mueren de enfermedades cardiovasculares cada año. Esto significa que durante los 16 años que el CDC ha venido registrando la "epidemia del SIDA" más de 15 mi-llones 200 mil personas han muerto de enfermedades cardiacas. Lo que quiere decir que más de 14 millones 800 mil personas han muerto de problemas cardíacos que de SIDA (Sociedad Americana del Corazón: Estadísticas acerca del corazón y de accidentes cerebro-vasculares, año 1997). Durante los 16 años de la epidemia del SIDA, 6,032 niños menores de 5 años han muerto de SIDA, mientras que cada año cerca de 10 mil niños mueren de SIDS (Síndrome de Muerte Súbita Infantil) (Cómo levantar un niño saludable, Robert Handelsohn, MD, en Ballantine Books, página 259).

Aunque prácticamente todos nosotros asociamos la palabra "epidemia" con SIDA, una de las últimas epidemias reales de nuestra historia (la de la influenza de 1919) mató a casi un millón de americanos en un solo año, en cambio, 20 años después, las muertes por SIDA en todo el mundo no llegan a los 2 millones de personas. ¿Por qué pensamos entonces en cifras enormes cuando nos referimos al SIDA? A diferencia de lo que se hace con las muertes por cáncer y por otras condiciones, las cifras del SIDA son siempre reportadas como la suma acumulada a partir de 1981 o desde antes, y se llega a dichas cifras por medio de estimados y de proyecciones. Esta extraña forma de contar es prácticamente exclusiva para el SIDA.

Por dos décadas se ha teorizado al afirmar que el VIH tiene un "período de latencia" durante el cual es virus que ha estado inactivo se torna activo y causa el SIDA. La teoría acerca de un período de latencia se ha utilizado para explicar por qué el VIH no se comporta como todos los demás microbios infecciosos los cuales causan enfermedad durante o inmediatamente después de la infección. Esta teoría también fue usada para explicar por qué el VIH activo (virus) no podía encontrarse en la mayoría de las personas que resultaban positivas en las "pruebas de anticuerpos contra el VIH".

Al principio se dijo que este período de latencia era de unos pocos meses. Luego, este período se aumentó a un año, luego a dos, luego a tres y cinco. Como cada vez un mayor número de personas positivas no desarrollan el SIDA, como se predijo inicialmente, este período de latencia se extendió a 10, 15 años y aún más, últimamente, a 30 años. Si los primeros casos de SIDA aparecieron en 1980, ¿muchos de los enfermos estaban infectados desde 1950? ¡Absurdo!.

Cuando los científicos no fueron capaces de justificar más este crecimiento continuo del período de latencia, decidieron no hablar más de ello. Ahora se asegura que el VIH está en actividad constante. Los medios de comunicación y la mayoría de las organizaciones del SIDA reportan ahora y sin ningún cuestionamiento, esta nueva teoría de la "carga viral" como si fuera un hecho. La carga viral propone que el VIH está constantemente activo y que el organismo de la persona infectada está comprometido en un batallar diario para mantener el virus bajo control. Esta teoría sugiera que el VIH, después de cinco, diez o quince años, eventualmente gana la batalla, permitiendo así que el SIDA se desarrolle. La carga viral es una teoría sin fundamento basada enteramente en conclusiones obtenidas de los resultados de las pruebas de PCR (Reacción en Cadena de la Polimerasa; una técnica usada para detectar en la sangre cantidades minúsculas de material genético por medio de la replicación del ADN o ARN). Sin embargo la PCR no es capaz de distinguir entre partículas virales o infecciosas y un virus real. En efecto, el 90% de lo que detecta el PCR son partículas virales no infecciosas (Journal of biological Chemistry, Marzo 7 de 1997, Kinetics Análisis of Consecutive HIV Proteolytic Cleaveges of Gagpol Polyprotein). El doctor Kary Mullis, quien ganara el Premio Nobel de Química de 1993 por crear la PCR, es un miembro de la dirección de consejeros de HEAL y no está de acuerdo con aquellos que aseguran que el VIH es un agente actual del SIDA.

Con frecuencia se afirma que todos estamos a riesgo de contraer SIDA, a pesar de que las cifras actuales sugieren otra cosa. En Estados Unidos después de 2 décadas, el 85% de todos los casos de SIDA continúan ocurriendo en hombres, y el 97% de los casos han permanecido en los mismos grupos de riesgo identificados inicialmente. El SIDA no se comporta como una verdadera condición contagiosa la cual se diseminaría por igual a ambos sexos y al azar entre la población. En 20 años, se han documentado un total de 62 casos de SIDA entre profesionales de la salud quienes aseguran que su único riesgo ha sido la exposición ocupacional a productos sanguíneos. En contraste, cada año se reportan miles de casos de infecciones con hepatitis atribuibles a riesgo ocupacional.

Las estadísticas del CDC reportaron en el año 1996 los casos de SIDA en el siguiente porcentaje por grupo de riesgo (después de esta fecha el CDC no brindó más este tipo de estadísticas): "hombres homosexuales, 62%; drogadictos IV, 21%; receptores de transfusiones, 2%; hemofílicos 1%; las mujeres, 1%; riesgo no reportado, 3%. SI DA por sexo: hombres 85%; mujeres 15%".

Aunque los casos de SIDA en los Estados Unidos están distribuidos desproporcionalmente entre hombres y mujeres, las pruebas de VIH realizadas en personal militar desde 1985 muestran igual número de VIH positivos entre nuevos reclutas hombres (50%) y mujeres (50%). Si el VIH fuera la causa del SIDA, veríamos igual número de casos de SIDA entre hombres y mujeres. Por el contrario las mujeres representan sólo el 15% de todos los casos de SIDA en toda la nación (Estadísticas del CDC).

Los cálculos para seguros de vida demuestran que en promedio los heterosexuales que no usan drogas intravenosas tienen menos oportunidad de adquirir el SIDA que de ser electrocutados por un rayo, para lo cual el riesgo es de 1 entre 5 millones. Esto fue publicado en el periódico neoyorkino "Wall Street Journal".

En Estados Unidos a pesar de que el SIDA se menciona con frecuencia como uno de los riesgos para la salud de los adolecentes, en 1986 se reportó solamente un total de 403 casos en toda la nación. Esta cifre representa un aumento de un caso sobre el total de 402 reportados en 1995. El número total de casos de SIDA en los últimos 20 años dentro de este grupo de edad (13-19) es de 3,574.

Más del 95% de los hombres gay de los Estados Unidos no tiene SIDA. Este cálculo se hace teniendo en cuenta que con frecuencia se afirma que el 10% de la población adulta estadounidense es homosexual. (Duesberg y Brown, Tony Brown's Journal, Vol. 1914, Junio de 1996). Esta afirmación es sostenida hoy en día.

De acuerdo con la OMS, la suma total de casos actuales de SI DA en el continente africano es menor que el total de casos de SI DA en los Estados Unidos, a pesar de que África tiene 650 millones de habitantes que corresponden a más de dos veces la población de los EE. UU. (IMS Weelñy Epidemiological Record, Noviembre de 1996). Los noticieros estadounidenses informan acerca de una "epidemia" en el África que se está saliendo de todo control, lo cual es muy diferente de la información que se da en otras partes del mundo. Por ejemplo; un reporte que apareció en la primera página del "The London Times" describe al SIDA en el África como "la plaga que nunca existió".

La idea de que el SIDA se originó en África continúa siendo popular, a pesar de que no existe ninguna documentación científica que apoye dicho concepto. El África es citado con frecuencia como el peor ejemplo de lo que pudiese suceder en los Estados Unidos, y esto a pesar de que las cifras de la OMS muestran que el 99% de los africanos no tiene SIDA (Hervard University global Burden of Disease Study, 1996; WHO Health Report 1996: Fighithing Deseases, Fostering Development, OMS, Ginebra, 1996).

El SIDA no es, como muchos creen la peor amenaza para la salud en el continente africano; cada año mueren 550,000 niños en el África de enfermedades tales como el tétanos, sarampión, tifoidea, tos ferina, lo cual es casi igual al número total de casos de SIDA durante toda la "epidemia de SIDA" en el África.

Diferente a lo que ocurre en los Estados Unidos, el SIDA en África es diagnosticado con base a cuatro síntomas clínicos (fiebre, pérdida del 10% del peso, tos persistente y diarrea). Estos cuatro síntomas usados para identificar al SIDA son idénticos a aquellos asociados a las condiciones comunes del África tales como malaria, tuberculosis, infecciones parasitarias, y a los efectos de la malnutrición y de la insalubridad del agua, todo lo cual ha estado agobiando a este continente por décadas.

Debido a la alta incidencia de exposición a la malaria, tuberculosis y a otras enfermedades cuyos anticuerpos se sabe que reaccionan cruzadamente en las pruebas del VIH y que producen resultados positivos falsos, muchos científicos ortodoxos consideran que la prueba del VIH es invalida en el África (Journal of AIDS 1994 7:8, página 876).

En 75% de los recién nacidos que resultan VIH positivos se convierten en negativos durante los primeros 18 meses de vida y sin ninguna intervención médica. Esto ocurre debido a que los recién nacidos nacen sin sistema inmunológico propio, pero tan pronto como lo desarrollan, el 75% de ellos descartan naturalmente los anticuerpos que les transmitieron sus madres. A pesar de este hecho tan comúnmente conocido, a las mujeres embarazadas que resultan VIH positivo se les dice que deben abortar o que deben tomar medicamentos nucleósidos análogos que son altamente tóxicos, como el AZT, por ejemplo. Estas drogas (AZT, dd1, d4T, DDC y 3TC) interrumpen la formación del ADN, la molécula fundamental de la vida. Estas drogas prefieren y destruyen a las células en crecimiento, especialmente las células que se están formando en la médula ósea, donde se genera el sistema inmunológico, los glóbulos rojos y las plaquetas.

Los efectos de tales drogas sobre la madre incluyen deterioro muscular, anemia severa, daño nervioso, daño hepático y renal, linfoma, -que es un tipo de cáncer-, náuseas agudas, diarrea, denmecia y convulsiones —condiciones idénticas al SIDA (Physician Desk Reference 1994, página 742). Los efectos de estos medicamentos sobre el desarrollo fetal incluyendo deformidades y otros defectos congénitos, aborto espontáneo, y la necesidad de aborto terapéutico de los fetos severamente dañados.

Las leyes federales ordenaron que a partir el año 2000, el número de niños que resultaran VIH positivos al nacer debía reducirse a un 50% en cada Estado y que cada uno de éstos debiera mostrar que el 95% de las mujeres embarazadas habían sido sometidas a la "prueba del VIH". En caso de que un Estado no cumpla con estos requisitos, las agencias gubernamentales de salud exigirán que todos los niños nacidos de madres que no se conozca su estado de VIH, sean sometidos a la prueba del VIH, o sea se haga lo mismo con las mujeres embarazadas. En la actualidad, sólo 1/500 del 1 por ciento de los 4 millones de niños nacidos cada año en los Estados Unidos resulta VIH positivo, y el SIDA mata a menos de 1/10 del 1 por ciento de los nacidos de madres de edad avanzada (Mothering Magazine, Verano 1997, Pag. 40). El estar embarazada o la multiparidad son dos de las muchas condiciones que se sabe reaccionan en forma cruzada con el VIH y causan resultados falso positivos, inverificables.

INMUNOLOGÍA NUTRICIONAL

El Dr. Roberto A. Giraldo, en una de sus múltiples y amplias investigaciones explica como mediados del Siglo XIX se describieron por primera vez los efectos de la desnutrición sobre los órganos linfáticos (1). Los tejidos linfáticos son particularmente vulnerables a los efectos dañinos de la desnutrición y la atrofia linfoide es un aspecto notable de la carencia nutricional (2-5). La división celular es una característica muy singular del funcionamiento de las células inmunocompetentes. Se sabe que todas las células inmunes y sus productos, tales como las interleucinas, interferones y complemento, dependen de reacciones metabólicas que emplean diversos nutrientes como cofactores críticos para sus acciones y actividades (5,6). La mayoría de los mecanismos de defensa del huésped se alteran con la desnutrición proteico calórica (DPC). Lo mismo sucede en los casos de deficiencia de microe-lementos y vitaminas (2, 4, 7, 8).

Los pacientes con DPC presentan alteración de la hipersensibilidad cutánea retardada, pobre proliferación de linfocitos a estímulos mitógenos, disminución de la síntesis de ADN, reducción en el número de linfocitos T en roseta, alteración de la maduración linfocitaria medida por el aumento en la actividad de la desoxinucleotidil transferasa, disminución del factor tímico sérico, un me-nor número de células CD4+, reducción de la relación CD4+/ CD8+, alteración de la producción de interferón gama y de Inter.-leucina 2, alteración de la actividad del complemento (especialmente reducción de C3, C5, del factor B y de toda la actividad hemolítica), una respuesta inadecuada de anticuerpos a ciertos antíge-nos, disminución de la afinidad de los anticuerpos, alteración de la respuesta de la inmunoglobulina A secretoria y disfunción de los fagocitos (2-7).

Usualmente la desnutrición humana es un síndrome mixto compuesto por múltiples deficiencias de nutrientes. No obstante, también se presentan deficiencias aisladas de nutrientes. La deficiencia de Vitamina A resulta en una reducción en el peso del timo, reducción en la proliferación de linfocitos, alteración de las células asesinas y de la actividad de macrófagos, e incremento de la adherencia bacteriana a las células epiteliales (8-11). La deficiencia de Vitamina B6 produce deterioro de diversos compo-nentes tanto de las respuestas inmunes celulares como humerales (2,4,7). La deficiencia de Vitamina C altera la fagocitosis y las reacciones inmunológicas mediadas por células (12). La defi-ciencia de Vitamina E también altera la respuesta inmunológica (2,4,7). La deficiencia de Zinc genera atrofia linfoide, reduce las respuestas de los linfocitos y la hipersensibilidad cutánea. Las deficiencias de cobre y selenio al -teran las funciones de los linfocitos T y B. Las deficiencias en la dieta de ciertos aminoácidos, tales como la glutamina y la argini-na, también alteran la inmunidad (2, 4, 7).

El beta caroteno es un carotinoide provitamina A que aumenta las funciones inmunes de las células T y B y que posiblemente ac-túa al convertirse en vitamina A o por actuar como un antioxidante (13,14. El suplemento diario con beta caroteno a ancianos volunta-rios produce incremento de linfocitos T con receptores para inter-leucina 2 (13). Además, el suplemento con beta caroteno o con vita-mina A aumenta la inmunidad celular tanto en personas, como en animales (13,15-17). La vitamina A también aumenta la inmunidad humoral, demostrada a través de la respuesta de anticuerpos a antígenos de tétanos (18) y de sarampión (19).

El suplemento con vitamina E en ancianos sanos aumenta significativamente la proliferación de linfocitos, la producción de interleucina 2, la DTH y la respuesta a antígenos linfocito T dependientes (20,21).

La vitamina C –continúa Giraldo- es un antioxidante que juega un papel en las respuestas inmunes y en la formación de tejidos conectivos. El suplemento con vitamina C produce aumento de la proliferación de linfocitos T y B (22) y los niveles altos de vitamina C se han asociado a disminución en la rata de infecciones (23).

Varias vitaminas del complejo vitamínico B tienen papel importante en funciones inmunes. La deficiencia de vitamina B6 en ancianos sanos reduce significativamente el número y proliferación de linfocitos, la producción de interleucina 2 en respuesta a mitógenos; efectos que se corrigen con la administración de vitamina B6 (24). La deficiencia de riboflavina altera la producción de anticuerpos (25). Estudios clínicos muestran que las personas con niveles bajos de vitamina B12 tienen alteración de la función de neutrófilos, mientras que estudios en animales indican que El suplemento con vitamina B12 produce aumento de las respuestas inmunes celulares y humorales (25).

El selenio es necesario para el buen funcionamiento de la enzima glutation peroxidasa que es un antioxidante (26). La deficiencia de selenio se asocia a alteración de la fagocitosis, disminución de linfocitos T CD4 e incremento de infecciones (26). El suplemento parenteral con selenio mejora las respuestas inmunes en personas con mala absorción intestinal (27).

El zinc juega un papel importante en el crecimiento, desarrollo y función de células asesinas, neutrófilos y linfocitos T y B (28). El suplemento con zinc produce disminución significativa en la severidad de diarreas, malaria e infecciones respiratorias de niños (29).

La desnutrición intrauterina genera una depresión prolongada, casi permanente, de la inmunidad de la descendencia (30,31).

Hay una cantidad de información que implica al exceso de ingestión de grasa en alteraciones de las respuestas inmunológicas (32). El potencial de daño producido por radicales libres depende en buena medida del nivel de ácidos grasos potencialmente oxidables, principalmente ácidos grasos poli insaturados (PUFAs), de la dieta (32). Se ha demostrado que niveles altos de PUFAs son inmunodepresivos. Las grasas de la dieta pueden estar oxidadas antes de su ingestión como ocurre cuando se fríen los alimentos (32). Los animales alimentados con grasas oxidadas muestran atrofia significativa del timo así como disfunciones de linfocitos T (32).

A nivel molecular, el daño de las células inmunocommpetentes como resultado de diversas deficiencias nutricionales (desnutrición proteico calórica, deficiencias de Vitamina A, Vitamina E, zinc, cobre, selenio), se hace a través de estrés oxidativo por aumento de radicales libres (8-11, 32,33).

Desde los comienzos de la epidemia del sida, los investigadores han presentado pruebas científicas que respaldan la posibilidad de que efectivamente el sida pueda prevenirse, tratarse y ser superado si al individuo o al paciente se le garantiza una nutrición óptima (34,35). Sin embargo, a pesar de la toxicidad de los medicamentos antiretrovirales, la propaganda de las compañías farmacéuticas que los comercializan ha impedido que estas ideas sean ampliamente aceptadas.

Desde los inicios de la era del sida, investigadores famosos que han trabajado en el campo de la nutrición y la inmunología, tales como el Dr. Ranjit Kumar Chandra, observaron que: "Hay una extraña similitud entre los hallazgos inmunológicos de las deficiencias nutricionales y aquellos observados en el síndrome de la inmunodeficiencia adquirida, SIDA" (34).

"Según se observada en niños desnutridos, particularmente en el Tercer Mundo, existe una similitud entre la deficiencia inmunológica, las infecciones múltiples y la gran pérdida de peso de los pacientes con sida y la desnutrición protéico calórica y en ambos hay disminución de la resistencia a las infecciones". También es posible que las deficiencias nutricionales jueguen un papel importante en el curso clínico de estados de inmunodeficiencia". "Estas similitudes entre el sida y la DPC sugieren que la nutrición puede contribuir a la inmunodeficiencia. La inmunodeficiencia en niños con DPC puede revertirse mediante rehabilitación nutricional, lo que sugiere que una nutrición apropiada puede ser útil en el tratamiento del sida" (36).

Las alteraciones inmunológicas de la DPC son prácticamente idénticas a las que se observan en el sida: alteración de la hipersensibilidad cutánea retardada, de la proliferación linfocitaria en respuesta a mitógenos, de la actividad del complemento y de la respuesta secundaria a antígenos. Así mismo, se presenta una reducción en la formación de rosetas de linfocitos T, aumento de la actividad de la deoxinucleótidil transferasa, disminución del factor tímico sérico, reducción del número de células T ayudadoras, alteración de la producción de gamainterferon y de interlucinas 1 y 2, reducción de la afinidad de los anticuerpos, alteración de la secreción de la inmunoglobulina A (IgA), de la respuesta de anticuerpos y disfunción de los fagocitos. Disminución significativa de la proporción de linfocitos T ayudadores / inductores que tienen antígenos CD4 en sus superficies celulares. La atrofia linfoide es un aspecto prominente de la carencia nutricional. Generalmente las respuestas de anticuerpos séricos en la DPC permanecen intactas. La mayoría de los componentes del complemento disminuyen, especialmente el C3, C5, el factor B y la actividad hemolítica total (37-43).

"Los problemas nutricionales han sido parte de los aspectos clínicos del sida desde que ésta fuera reconocida como una nueva enfermedad" (37,41). "De hecho, en muchos pacientes con sida la muerte parece estar más determinada por el estado nutricional que por cualquier infección oportunista que aparezca. Esto sucede cuando el desgaste de la masa corporal magra se aproxima al 55% de lo normal según la edad, sexo y altura. Entonces la muerte es inminente, independientemente de las fuerzas que causen estos estados de desnutrición profunda" (37,41). Aún más, la severidad de las manifestaciones clínicas del sida es proporcional al grado de las deficiencias nutricionales (44-47).

"Los macronutrientes están relacionados con la pérdida de peso y desbalances energéticos en pacientes infectados con VIH, y los micronutrientes juegan diferentes papeles en la función inmune" (48).

Además de ser el respaldo óptimo de la función del sistema inmunológico, la nutrición es particularmente crítica en los niños, puesto que ella significa la mejor oportunidad para lograr un crecimiento y desarrollo normales (49,50).

"Todas las personas afectadas por la infección VIH deberían ser sometidas a un examen riguroso de todo lo que a sus problemas nutricionales concierne durante su primer contacto con el profesional de la salud, y debería hacérsele un monitoreo de rutina en forma progresiva" (49).

Las evidencias científicas sugieren firmemente que las deficiencias nutricionales y de antioxidantes constituyen un requisito previo tanto al reaccionar positivamente en las pruebas de VIH (ELISA, *Western blot*, Carga Viral) (51-54) como en el progreso hacia el sida (55,56).

Es bien sabido –continúa Giraldo- que un estado nutricional óptimo así como los niveles apropiados de vitaminas son, por sí mismos, suficientes para prevenir el desarrollo del sida en personas que reaccionen positivamente en las pruebas para VIH (57-64).

Por ejemplo, con respecto al papel de vitaminas en el progreso hacia sida de los seropositivos y en la transmisión vertical del VIH, los investigadores de la Escuela de Salud Pública de Harvard manifiestan: "Las tasas más altas de enfermedades y de la transmisión vertical en los países en desarrollo, coinciden con las tasas similarmente más altas de desnutrición y deficiencia vitamínica, lo que indica que la infección VIH puede modificarse por intervención nutricional". "Numerosos estudios reportan una asociación inversa entre el estado vitamínico, medido bioquímicamente o según su ingesta en la dieta, y el riesgo de desarrollo de la enfermedad o de transmisión vertical". "Un estado vitamínico normal también puede reducir la transmisión vertical durante el parto y la lactancia materna al reducir la carga viral VIH en las secreciones genitales y en la leche materna" y "los suplementos vitamínicos podrían ser uno de los pocos tratamientos potenciales con precios suficientemente módicos como para que estén al alcance de las personas infectadas con el VIH en los países en desarrollo" (65).

Las deficiencias de macronutrientes (carbohidratos, proteínas, grasas y fibra) en personas VIH positivas se han asociado a disminución del número de células CD4. Se ha demostrado que los individuos VIH positivos con bajo peso y disminución de la circunferencia muscular del brazo (48,66) y los niños VIH positivos con alteraciones del crecimiento tienen conteos bajos de células CD4 (48,67).

El síndrome caquectizante, particularmente la pérdida de la masa corporal, se ha asociado a muerte temprana (68,69) y a mayor susceptibilidad a infecciones oportunistas (48,69). En un estudio progresivo de casos y controles, los drogadictos intravenosos VIH positivos con síndrome caquectizante (pérdida mayor del 10% del peso desde la última visita antes de morir; y un promedio de seguimiento de 2.4 años) presentaron aproximadamente 8 veces mayor riesgo de morir comparado con los controles y después de ajustar los conteos de células CD4 (48,55).

Los niveles bajos de albúmina sérica se han asociado a una mayor mortalidad (48,70). El bajo índice de masa corporal con niveles plasmáticos altos de proteína C reactiva representaron un riesgo mayor de muerte en individuos VIH positivos seguidos durante 42 meses (48,71). Los niveles de albúmina y hemoglobina séricas también predicen el pronóstico de niños VIH positivos (48,72). Las deficiencias de micronutrientes en individuos VIH positivos están asociadas a un progreso más rápido hacia sida (73).

Un creciente número de evidencias científicas sugiere que los niveles séricos bajos de Vitamina A en individuos VIH-positivos, serían un factor de riesgo hacia las manifestaciones clínicas del sida (74-86).

"El riesgo de muerte fue inferior en un 78% entre los sujetos infectados con el VIH con niveles séricos normales de Vitamina A, comparados con sujetos con deficiencia de Vitamina A" (65,78).

"En un estudio de 18 meses entre hombres homosexuales VIH positivos, se encontró que la deficiencia de vitamina A estaba asociada a disminución en el conteo de células CD4, conocido como marcador de disfunción inmune por el VIH. La normalización de los niveles de vitamina A se asoció a aumento de los conteos de células CD4" (55,65).

"El nivel sérico bajo de Vitamina A se ha asociado a con una tasa de progreso hacia el sida más rápida entre los hombres que participaron en el estudio Multicéntrico de Personas con sida (MACS)" (60,65).

En un estudio de casos y controles, individuos VIH positivos con deficiencia de vitamina A tuvieron 4 veces más alto riesgo de morir que sus controles después de hacer ajustes para los conteos de células CD4 (48,55).

En un estudio longitudinal con drogadictos VIH positivos de Baltimore, los niveles de retinol bajos estuvieron asociados con un incremento cuatro veces mayor de muerte después de ajustes para células CD4 (48,54).

En Rwanda se encontró una mayor posibilidad de sobrevivir en las mujeres VIH positivas con niveles altos de retinol sérico (48,87).

De otro lado, "entre los hombres VIH positivos, bien nutridos, que participaron en un estudio durante 6 años, en San Francisco, California, la ingesta alta de vitamina A con ajuste de energía se asoció a niveles mayores de células CD4 y a un riesgo menor de progreso hacia el sida" (62,65).

En un estudio longitudinal en hombres "gay" VIH positivos, se encontró que la deficiencia de vitamina A o de vitamina B12 estaban asociadas a una disminución significativa de los conteos de células CD4 (18,88). En el mismo estudio, la normalización de los niveles de vitamina A, vitamina B12 y zinc se asoció a un mayor conteo de células CD4, hallazgo que no fue afectado por el uso de AZT.

En una investigación al azar, El suplemento diario con 180 mg de beta caroteno durante 4 semanas estuvo asociado a un pequeño aumento de leucocitos totales, a un aumento de células CD4 y a una mejoría del radio CD4/CD8 comparado con controles que recibieron placebo. Estos parámetros disminuyeron cuando los participantes en el grupo con beta caroteno se cambiaron a placebo (48,89).

En Francia, El suplemento diario con selenio o con betacaroteno durante un año a hombres y mujeres VIH positivos, condujo a un aumento significativo de la actividad de la glutation peroxidasa a los 3 y 6 meses (48,90).

En Tailandia, embarazadas VIH positivas en el primer trimestre con conteos de células CD4 menores de 200 células por milímetro cúbico, presentaron niveles de vitamina A y de beta caroteno 37% más bajos que las embarazadas VIH negativas (48,91).

En un estudio longitudinal en Miami, las mujeres VIH positi-vas con conteos de células CD4 menores de 200 por milímetro cú-bico, estuvieron más propensas a tener niveles plasmáticos más ba-jos de selenio y de vitaminas A y E que los hombres con conteos de células CD4 similares (48,92).

"En un estudio controlado con placebo en Sur África entre niños nacidos de madres VIH positivas, los suplementos de Vita-mina A produjeron una reducción de aproximadamente 50% en la morbilidad diarreica entre los niños infectados con VIH" (65,77).

También en Sur África, El suplemento con vitamina A en niños VIH positivos resultó en un aumento del número de células asesinas (48,93)

Además de la Vitamina A, un número de estudios cada vez mayor indican que los individuos "VIH positivos" presentan un riesgo mayor de deficiencia de Vitaminas B1, B2, B6, B12, C, D y E (65,94-101). Además, las deficiencias de vitaminas del Complejo B, Vitamina C, Vitamina E y Vitamina D incrementaron el riesgo de progreso de individuos "VIH Positivos" al sida (65,94-101). Por ejemplo, la deficiencia de vitamina B6 en individuos "VIH positivos" se ha asociado a disminución de la citotoxicidad de las células asesinas y a alteración de la proliferación linfocitaria a mitógenos (102).

En Canadá un estudio doblemente ciego, al azar y controlado con placebo logro una reducción significativa de la carga viral después de 3 meses de suplementación con grandes dosis de vitaminas C y E (48,103).

En el estudio MACS (104) y en otro estudio en San Francisco (105), los altos ingresos de vitamina C, tiamina, o niacina estuvieron asociados a disminución del riesgo de progreso hacia sida (48).

También en el estudio MACS, los altos ingresos de vitaminas B1, B2, B6, y niacina estuvieron asociados a una supervivencia mayor hasta de 1.3 años (48,106).

Aumentos en las ingestas de hierro, vitamina E y riboflavina redujeron significativamente el riesgo de sida (48, 105).

Los niveles bajos de vitamina E aumentaron el riesgo de progreso hacia sida (48,107). En la misma población, los niveles séricos bajos de vitamina B12 estuvieron asociados con un riesgo dos veces mayor de progreso hacia sida (48,108).

En los Estados Unidos, los niveles plasmáticos de zinc y de selenio pudieron predecir los conteos de células CD4 en individuos VIH positivos (48,109).

En San Francisco, una ingesta diaria alta de zinc, tiamina, niacina y riboflavina, se relacionó positivamente con los conteos de células CD4 (48,105).

En un estudio de casos y controles del estudio MACS, los pacientes que progresaron al sida tuvieron niveles séricos se zinc significativamente más bajos que los participantes que no progresaron o los individuos VIH negativos (48,110). La deficiencia de selenio aumentó el riesgo de muerte en individuos adultos VIH positivos.

Diversos estudios indican que la deficiencia de Vitamina A es más prevalelente en personas VIH positivas que en individuos VIH negativos.

Una investigación en Pune, India (113), encontró que los niveles bajos de Vitamina A y de caroteno son un factor de riesgo para reaccionar positivamente en pruebas para VIH; y para la seroconversión en hombres con úlceras genitales procedentes de Kenya (114), y para la seroconversión de mujeres procedentes de Rwanda (115).

Existen muchas investigaciones que han investigado el papel de la deficiencia de Vitamina A y de carotenos en la transmisión del VIH/sida de la madre al hijo (MTCT) durante el embarazo, el parto y la lactancia materna (116-133):

En Tanzania, por ejemplo: "Los suplementos multivitamínicos son una forma de disminuir substancialmente, a un costo bajo, los resultados adversos del embarazo y de incrementar los conteos de células T en mujeres infectadas con el VIH" (116,117).

"Un volumen creciente de información sugiere que los bajos niveles séricos de Vitamina A, entre mujeres embarazadas infectadas con el VIH, está asociado a un riesgo mayor de transmisión vertical del VIH" (65).

"Los niveles promedio de Vitamina A en 74 madres que le transmitieron el VIH a sus bebés fue inferior al de las 264 madres que no se lo transmitieron a sus bebés" (121).

"En Malawi, un volumen mayor de retinol sérico en mujeres embarazadas e infectadas con el VIH se asoció a un riesgo menor de transmisión vertical" (65,121)

"En Rwanda, los niveles bajos de vitamina A en mujeres infectadas con el VIH estuvieron asociados con mayor mortalidad infantil y a transmisión perinatal del VIH" (134).

"Sin embargo, las mujeres que presentaron niveles crecientes de retinol sérico con el paso del tiempo tuvieron un riesgo menor, mientras que las mujeres cuyos niveles de retinol sérico declinaba, presentaron un mayor riesgo de transmisión del virus" (65,133).

"El suplementar con Vitamina A la población de mujeres embarazadas infectadas con el VIH, muchas de las cuales presentaban niveles bajos de Vitamina A, se asoció a un número menor de partos prematuros y a una reducción en la transmisión madre-hijo del VIH en bebés prematuros, pero no se asoció con una reducción en la transmisión del VIH en general. La Vitamina A disminuyó en 47% la transmisión del VIH en bebés prematuros (124).

"La detección vaginal de ADN del VIH-1 se asoció a una descarga vaginal anormal, menor conteo absoluto de células CD4, y a deficiencia severa de Vitamina A" (125).

"Las mujeres con disminución de células CD4, particularmente aquellas con deficiencia de Vitamina A, pueden estar en mayor riesgo de transmitir el VIH-1 a sus bebés, a través de la leche materna" (132).

"En Estados Unidos, el incremento en el riesgo de transmisión materno infantil se asoció a deficiencias severas de Vitamina A entre las mujeres que no alimentaban a sus bebés con leche materna" (120).

"En Kenya, los niveles plasmáticos bajos de vitamina A estuvieron asociados con mayor riesgo de descarga viral en la leche materna de mujeres infectadas con el VIH durante el embarazo. Estos resultados sugieren que el estado de la vitamina A en la madre antes y después del parto es un factor importante para la "transmisión" del VIH por leche materna" (48,135).

"En mujeres de Malawi (136) y de Sur África (137), los niveles séricos bajos de vitamina A y la presencia de mastitis subclínica, se han asociado a una mayor carga viral en la leche materna y a un mayor riesgo de transmitir el VIH por la leche materna" (48).

En consecuencia, los estudios científicos respaldan la posibilidad de que el uso de vitaminas, en especial el de Vitamina A, podría ser suficiente para evitar lo que se conoce como transmisión del VIH de persona a persona y de la madre al hijo durante el embarazo, el parto y la lactancia (65,113-133). Si este es el caso, como lo afirman muchos estudios clínicos y documentos científicos, los suplementos con vitaminas antioxidantes tal como la Vitamina A y carotenoides constituirían una práctica efectiva, de costo módico y no tóxica para los países africanos.

Recientemente, investigadores de la Universidad Emory de Atlanta y del Colegio de Medicina Albert Einstein de la ciudad de Nueva York, concluyeron, después de una amplia revisión, que: "Un creciente número de evidencias están cuestionando la hipótesis convencional de que la transmisión sexual sea la responsable de más del 90% de las infecciones VIH en África. Las diferencias en los patrones epidemiológicos en el África no se corresponden con las diferencias en el comportamiento sexual. Estudios de parejas africanas muestran bajas tasas de transmisión heterosexual, similar a como ocurre en países desarrollados. Muchos estudios reportan infecciones VIH en adultos del África sin exposición sexual al VIH y en niños con madres VIH negativas. Altas tasas de infección VIH sin explicación aparente han sido reportadas en mujeres del África durante los periodos prenatal y de postparto".

Los investigadores afirman: "A finales de la década de 1980, los expertos que tenían que ver con el África, aceptaron por consenso que más del 90% de las infecciones VIH en el África subsahariano eran adquiridas por contacto heterosexual y que menos del 2% se adquirían a través de inyecciones no estériles [139-142]. Desafortunadamente, a ese consenso se llegó sin ninguna investigación que discriminara entre exposición sexual y exposición medica." (138).

Los investigadores e instituciones del VIH/sida culpan a la promiscuidad sexual por la frecuencia similar del sida en ambos sexos en el África. Sin embargo, en un modelo "Anderson y sus colegas asumieron un promedio anual de cambio de compañero de 3.5 [143]. En contraste, investigaciones llevadas a cabo en 12 países africanos mostraron que el 74% de los hombres y el 91% de las mujeres, entre 15 y 45 años, no habían tenido compañero sexual durante el último año, y que solamente el 3.7% de los hombres y el 0.7% de las mujeres habían tenido más de cuatro compañeros no regulares [144]" (138).

Los datos empíricos muestran que, por el contrario, la promiscuidad es un asunto propio de países desarrollados: "Una investigación en Dinamarca encontró que el 19% de los adultos entre 18 y 59 años reportó haber tenido más de un compañero sexual en el último año [145]; una investigación en Francia encontró que el 17% de los hombres y el 7.9% de las mujeres entre 18 y 44 años reportaron haber tenido más de un compañero sexual en el último año

[146]; y una investigación en el Reino Unido encontró que el 17% de los hombres y el 8.4% de las mujeres entre 16 y 44 años reportaron haber tenido más de un compañero sexual en el último año [147] (138). A pesar de esto, la frecuencia del sida en los países desarrollados es aproximadamente de 11 hombres por cada mujer.

"Un estudio en Zambia con secuencias de virus encontró que al menos 13% de las secuencias en personas recientemente infectadas, no tenían relación con el tipo de VIH encontrado en sus compañeros [148]" (138).

"Un estudio en Zimbabwe de la década de los 90 encontró 2.1% de prevalencia dentro de 933 mujeres sin experiencia sexual [149]. Un estudio de 1988 de parejas monogámicas en Rwanda encontró que, de un total de 25 mujeres VIH positivas, 15 tenían parejas que eran VIH negativos [150]. En un estudio con adolescentes de Uganda, en 1990, el 6.9% de las mujeres sin compañero sexual en los últimos 5 años eran VIH positivas, en contraste con 23% de aquellas con uno o más compañeros; I% de los hombres sin compañera sexual en los últimos 5 años eran VIH positivos en contraste con 2.5% de aquellos que reportaron tener compañeras [151]. En Tanzania, en 1995, se encontró una prevalencia de VIH del 5.5% en hombres y del 3.6% en mujeres, que jamás habían tenido actividad sexual, en contraste con 4.8% de los hombres y 12% de las mujeres que reportaron tener uno o más compañeros sexuales [152]. En un estudio de Sur África de 1999, el 6.8% de las mujeres y el 1.2% de los hombres entre 14 y 24 años resultaron VIH positivos a pesar de reportar que nunca habían tenido actividad sexual; sin embargo, un estudio de validación encontró que algunos de los entrevistados no habían reportado toda su actividad sexual [153]. En un estudio de casos y controles en Uganda, 2 de 7 casos con un solo compañero sexual, el compañero era VIH negativo, tres eran VIH positivos, y dos más no fueron chequeados [154]" (138).

Aproximadamente una quinta parte de los niños VIH-positivos en el África tienen madres VIH-negativas: "Un estudio en Kinshasha en 1985 encontró que 39% (16 de 44) de los niños VIH-positivos de 1-24 meses de edad hospitalizados y de consulta externa tenían madres VIH-negativas; solamente 5 de los 16 habían sido transfundidos [155]. Un estudio en Rwanda en 1984-86 encontró que 20% (15 de 76) de los niños de 1-48 meses de edad con sida o con complejo relacionado con el sida, tenían madres VIH-negativas; sólo 15 niños habían sido transfundidos [156].En un reporte posterior desde Rwanda, 7.3% (54 de 704) de las madres con niños con sida eran VIH negativas; se identificó que la transfusión era un factor de riesgo en 22 de 54 niños [157]. De 26 niños menores de 15 años admitidos con sarcoma de Kaposi al Instituto de Cáncer de Uganda durante 1989-94 cuyas madres habían sido chequeadas para VIH, 19% (5 de 26) tenían madres VIH negativas [158]. Un estudio en Burkisa Faso en 1989-90 encontró que 23% (11 de 48) de los niños VIH positivos tenían madres VIH negativas [159]. En un reporte en 1994 de Costa de Marfil, De Cock y sus colegas reportaron que 21% (3 de 14) niños con VIH-1 tenían madres sin VIH-1, y uno de dos con VIH-2 tenía madre sin VIH-2 [160]" (138).

"La incidencia de VIH durante los periodos prenatal y de postparto excede lo esperado por transmisión sexual" (138,161 -171). "En uno se siete estudios de mujeres en consultas prenatal y postparto [171], se encontró que 30 de 634 mujeres tenían compañeros VIH positivos; tres de estas mujeres se convirtieron en un año" (138,171). "La prevalencia de VIH en hombres africanos es generalmente menor que la de mujeres, y muchos hombres no infectados son compañeros de mujeres infectadas. En ocho estudios de parejas africanas con VIH en uno o en ambos [150,172-178], el promedio de porcentaje de mujeres con VIH fue mayor más del doble que el porcentaje sin VIH de aquellas que tenían compañeros VIH positivos" (138). La alta prevalencia de reactividad al VIH en mujeres durante los periodos prenatal y de postparto "sugiere que algo más que la simple transmisión heterosexual está envuelto" (138). "Lo que sucede durante uno o dos embarazos y los periodos postparto —ya sea iatrogénico, sexual, o algo diferente— debe ser responsable de los altos niveles de VIH encontrados en mujeres de bajo riesgo en al menos algunas comunidades africanas" (138).

"El hecho de que cifras significativas de VIH en adultos y niños africanos no puedan ser explicadas con base la consabida transmisión sexual o vertical" ha permitido que los investigadores de la Universidad de Emory y del Colegio de Medicina Albert Einstein, postulen la hipótesis de "transmisión iatrogénica" a través de instrumentos médicos tales como jeringas e inyecciones (138).

En este punto es importante recordar que hay varias publicaciones que critican y cuestionan seriamente la validez de las pruebas usadas para diagnosticar la infección VIH (179-184).

Desde hace bastante tiempo los investigadores del VIH saben de la falta de especificidad de las pruebas de anticuerpos para VIH, especialmente en países del África donde "la reactividad en estas pruebas puede ser afectada si las personas han tenido malaria recurrente y otras enfermedades parasitarias [posiblemente debido a la existencia de auto anticuerpos contra los linfocitos utilizados en los cultivos virales] [185] o debido a embarazos previos [posiblemente debido a la presencia de anticuerpos anti DR4 o contra otros antígenos HLA] [186 -188] (189). El investigador estadounidense insiste en que "debido a que se ha cuestionado la especificidad de la prueba de ELISA para anticuerpos anti HTLV-III/LAV en sueros africanos, la magnitud de este problema permanece sin resolverse" (189). Un investigador británico al referirse a la seroepidemiología de países del centro de África, afirma: "Todo parece indicar que muchos de los resultados obtenidos son falsos positivos" (190).

Mann también sabía que frecuentemente las pruebas de anticuerpos anti VIH estaban erradas (191). "También pueden ocurrir resultados falsos positivos, si, por ejemplo, las muestras de suero han sido descongelas y congeladas de nuevo. Para complicar aún más la situación, muchos africanos pueden tener niveles altos de anticuerpos en su sangre, como resultado de infecciones previas, tales como malaria. Todos estos numerosos anticuerpos tienden a unirse unos con otros haciendo que los sueros sean más espesos, lo cual puede dar lugar a resultados falsos positivos" (191).

"Los resultados iniciales de investigaciones serológicas para anticuerpos anti VIH en África están distorsionados por la alta frecuencia de resultados falsos positivos" (192).

Es sorprendente saber que oficiales de la salud pública también sabían que "los estudios serológicos para VIH en África han sido inconsistentes debido a los problemas de interpretación de los resultados en las pruebas de ELISA y de Western blott, particularmente aquellos provenientes de zonas endémicas de malaria, y cuya validez ha sido cuestionada" (193)"

Todavía hoy día, las compañías farmacéuticas que fabrican y comercializan los reactivos para las pruebas de VIH, reconocen la inespecificidad de estas pruebas. En esta forma, las instrucciones que vienen con los reactivos advierten: "La prueba de ELISA no puede ser usada como única prueba para diagnosticar el sida, aún si los resultados sugieren con alta probabilidad la presencia de anticuerpos anti VIH-1" (194). Las instrucciones que vienen con los reactivos para una de las pruebas de Western blott advierten: "No use esta prueba como la única base para el diagnóstico de la infección con VIH-1" (195). Las instrucciones que vienen con una de las más populares pruebas para carga viral advierten: "La prueba *amplicor* para monitorizar al VIH-1, versión 1.5, no está hecha para ser usada como prueba rastreadora del VIH en sangre o sus derivados ni para confirmar el diagnóstico de infección VIH" (196). La compañía Abbott va mucho más lejos cuando advierte: "Hoy día no existe ninguna prueba estándar para establecer la presencia o ausencia de anticuerpos anti VIH-1 y VIH-2 en sangre humana" (194).

Existen abundantes publicaciones científicas que explican cómo hay más de 70 condiciones diferentes que hacen que las pruebas para VIH reaccionen positivamente sin que exista infección VIH (179-184). Algunas de estas condiciones que causan falsos positivos en las pruebas para VIH son: infecciones pasadas o presentes con una variedad de bacterias, parásitos, virus y hongos, incluyendo a la tuberculosis, malaria, leishmaniosis, influenza, resfriado común y antecedentes de enfermedades venéreas; la presencia de anticuerpos poli específicos, hipergamaglobulinemias, presencia de autoanticuerpos contra una variedad de células y tejidos, vacunaciones y la administración de gammaglobulinas o inmunoglobulinas; la presencia de enfermedades autoinmunes tales como lupus eritematoso, esclerodermia, dermatomiositis y artritis reumatoidea; el embarazo y la multiparidad; antecedentes de inseminación rectal; adición a las drogas recreacionales; enfermedades renales severas, falla renal y hemodiálisis; antecedentes de trasplante de órganos; la presencia de una variedad de tumores y quimioterapia anti cáncer; muchas enfermedades hepáticas, incluyendo la enfermedad alcohólica hepática; hemofilia, transfusiones sanguíneas y la administración de factores de coagulación; la simple condición de envejecer, para mencionar algunos ejemplos (182-184). Es interesante notar que la mayoría de estas condiciones son frecuentes en África.

Las consideraciones anteriores permiten proponer que la positividad en las pruebas para VIH es debida a exposiciones múltiples, repetidas y crónicas a agentes estresantes de origen químico, físico, biológico, mental y nutricional (184). Una de las principales consecuencias de la pobreza es la malnutrición que predispone a las personas a infecciones y parasitosis, la cuales a su vez estimulan la producción de anticuerpos poli específicos que son detectados por las pruebas para VIH.

Muchos intentan explicar que las ratas actuales de morbilidad y mortalidad en las comunidades africanas son una consecuencia de la infección VIH. Sin embargo, es posible que en África la positividad en las llamadas pruebas para VIH sea el resultado de la exposición crónica a la pobreza y sus consecuencias, tales como malnutrición, infecciones y parasitosis (184).

Por otra parte, desde los comienzos de la epidemia del sida, los radicales libres y, específicamente los agentes oxidantes, han sido vinculados a la patogénesis del nuevo síndrome (197,198). Se han realizado congresos internacionales sobre el tema del papel de los radicales libres de oxígeno en el VIH/sida (199,200).

Actualmente hay un número creciente de publicaciones científicas que demuestran que el estrés oxidativo es un requisito indispensable tanto para que las pruebas para VIH (201-207) resulten positivas, como para el desarrollo de las manifestaciones clínicas del SIDA.

Las reacciones de los radicales libres de especial importancia para los fenómenos inmunológicos incluyen, por ejemplo, los diversos agentes oxidantes que pueden separar un átomo de hidrógeno de los grupos tiol (Radical univalente SH) para formar radicales tiol (231-233). Los grupos tiol son importantes para las actividades enzimáticas, las funciones receptoras, los enlaces disulfito en las inmunoglobulinas, y la activación y proliferación de células T. El radical anión de súper óxido puede reaccionar con óxido nítrico, lo que resulta en pérdida del factor relajante de endotelios, importante en los procesos inflamatorios y des inflamatorios. La oxidación de la metionina puede causar daños proteínicos con cambios subsecuentes en la inmunogenicidad. La proteólisis puede incrementarse por el daño de radicales libres. La peroxidación de grasas por radicales reactivos libres produce muchos moduladores biológicos, tales como los 4-hidroxialkenos, que generan una fuerte actividad quimiotáctica de los fagocitos, altera el sistema de la adeniciclasa, incrementa la permeabilidad capilar y altera la activación linfocítica. Los hidroperóxidos grasos alteran la activación linfocítica, también por la peroxidación de grasa. Las condiciones que favorecen la peroxidación de grasas pueden estimular la quimiotaxis de los leucocitos, modificación de proteínas, daño por complejos inmune y muerte celular.

Los radicales libres se producen a lo largo y ancho del trabajo regular del sistema inmunológico. A pesar de los efectos beneficiosos de las respuestas inflamatorias, estas también puede agravar el daño tisular existente por la liberación de radicales libres. La inflamación, cuando se produce sin control, luego de ser iniciada por estímulos anormales, o si se presenta por periodos prolongados, puede convertirse en enfermedad (231-233). Para que haya una respuesta inmune óptima es crucial que haya un equilibrio entre la generación de radicales libres y la protección antioxidante. Por ejemplo, durante la fagocitosis por leucocitos polimorfo nucleares, se liberan los radicales de anión superóxido. Estos radicales libres de oxígeno pueden oxidar los grupos tiol a radicales tiol y pueden estimular la peroxidación de grasas con la formación de H_2O_2, lo cual es muy importante en los mecanismos de lesión celular. Los radicales libres de oxígeno producidos durante la fagocitosis de complejos inmunes se asocian a las lesiones producidas por complejos inmunes.

Muchas veces se ha propuesto que los radicales libres, específicamente las especies oxidantes, juegan un papel importante en la patogénesis del sida.

Los anteriores son los fundamentos científicos para el uso de antioxidantes tales como la Vitamina A y los carotinoides, Vitamina C, Vitamina E, selenio, n-acetil cisteína, l-glutamina, zinc, cobre, manganeso, ácido alfalipoico, coenzima Q10 y flavonoides o Vitamina P, como suplementos para la prevención y tratamiento del SIDA.

Los países africanos tienen una alta incidencia de desnutrición, deficiencias vitamínicas, anemia, e infecciones e infestaciones bacterianas, virales, micóticas y parasitarias.

Para que una enfermedad infecciosa o parasitaria comience, siempre se requiere que el huésped sufra de algún grado de inmunodeficiencia (237). De otro lado, las enfermedades infecciosas y parasitarias, por sí mismas, causan más inmunosupresión y mayor desnutrición (238,239). Esta inmunosupresión es secundaria a la acumulación de radicales libres, especialmente del tipo de las especies oxidantes, que se presentan durante y después de las enfermedades infecciosas y parasitarias.

Por lo tanto, en países africanos se genera un círculo vicioso: pobreza, desnutrición, inmunosupresión, enfermedades infecciosas y parasitarias, más inmunodepresión y mayor desnutrición (241, 242).

Por otra parte, hay una creciente información científica que indica que muchas enfermedades de la edad adulta tienen su origen en "programación *in útero*" (243-246). Esto incluye enfermedades tales como la obstrucción coronaria y el infarto, hipertensión, diabetes del Tipo II y otras alteraciones endocrinas (243-248), así como varias deficiencias inmunológicas (249-259). Por consiguiente, cualquier cosa que suceda durante las etapas embrionaria y fetal son recordadas durante el curso de toda la vida de las células, los tejidos, los órganos y los sistemas.

"Unos investigaciones en Gambia asociaron la época del alumbramiento con una enfermedad mortal infecciosa, detectada después de los 15 años, lo cual sugiere una asociación entre la desnutrición prenatal, la función inmunológica y la vulnerabilidad a las enfermedades infecciosas en la edad adulta" (255,259). Se ha descubierto que la desnutrición prenatal altera la respuesta de anticuerpos a la vacunación con *Salmonella thiphy,* que se prolonga por lo menos hasta la adolescencia (253). Los hallazgos de estos investigadores "sugieren que las experiencias fetales y de la primera infancia juegan un papel en la programación del sistema inmunológico" que podría acompañar al individuo a lo largo de toda su existencia (252,253).

Se ha demostrado científicamente que una nutrición prenatal deficiente altera diversos aspectos de la inmunidad mediada por células, causa involución de los tejidos linfoides tal como sucede con el del timo y supresión de la respuesta de anticuerpos a vacunación. Estas alteraciones persisten durante varias semanas o, en algunos casos, por varios años.

Además, "en modelos marinos se ha documentado alteración de la inmunidad luego de un periodo de alimentación materna deficiente, alteraciones que perduran a lo largo de la edad adulta, pasando a la siguiente generación a pesar de la alimentación *at libitum* administrada a las generaciones F1 y F2" (260). Así mismo, la carencia de zinc durante el embarazo causa una inmunodeficiencia que puede prolongarse durante tres generaciones (261).

Por consiguiente, es muy probable que las consecuencias de la pobreza y de la desnutrición en África estén siendo transmitidas de generación en generación, con un efecto acumulativo, y que el sida en África bien podría ser la consecuencia máxima de los efectos acumulativos de la pobreza.

A la luz de lo anterior, es necesario considerar seriamente que el papel que juega la desnutrición materna deficiente es crucial, en lo relacionado con la patogénesis del sida pediátrico, y que esta es una realidad en los países en desarrollo (262,263). Este razonamiento indica que la desnutrición constituye el principal factor de riesgo para sida de los adultos, en los países en desarrollo (262, 263). Científicamente hablando, no hay razón alguna que justifique asegurar que la promiscuidad sexual es la causa del sida en África, mientras que de otro lado se subestima el papel que juegan la pobreza, la desnutrición, las infecciones y los parásitos.

"Por consiguiente, no es sorprendente que se haya propuesto, debatido y, más importante aún, que se haya utilizado una terapia dietética para el sida la cual se ha utilizado subrepticia o abiertamente, desde los primeros días de la epidemia" (41).

Veinte años más tarde, los investigadores insisten en que: "Debido a que las deficiencias nutricionales juegan un papel importante en la patogénesis de la enfermedad VIH, la terapia y asesoría nutricionales son una parte crítica del tratamiento" (49). En consecuencia, la terapia nutricional (264-286) y la terapia antioxidante (287-305), constituyen una prioridad en la prevención y trata-miento del sida.

"Se ha sugerido que El suplemento con varios aminoácidos sea una forma de reducir la pérdida de peso en individuos VIH positivos. Una combinación de tres aminoácidos conocida como

HMB/Gln/Arg-beta-hidroxi-beta-metilbiturato (HMB), un metabolito de la leucina, la L-glutamina (Glm), y la L-arginina (Arg), administrados por 8 semanas a pacientes con perdida de peso relacionada con el VIH, resulta en ganancia de peso significativa para los pacientes en el grupo tratado comparado con aquellos que recibieron placebo [306]" (48).

Estudios clínicos han identificado en detalle las necesidades de vitaminas y de minerales de las personas VIH positivas y de aquellas con sida. Estos estudios sugieren la necesidad de incrementar la ingesta de los siguientes micronutrientes y suplementos para la prevención y tratamiento del sida: Vitamina A y carotenos, Vitamina C, Vitamina E, selenio, n-acetil cisteína, l-glutamina, zinc, cobre, manganeso, ácido alfa lipoide, coenzima Q10, flavenoides o Vitamina P y Vitaminas del complejo B.

Cuando se administra Vitamina A como suplemento, deben tenerse en cuenta sus propiedades potencialmente teratogénicas. En este sentido, la Organización Mundial de la Salud recomienda que las mujeres embarazadas no deban tomar más de 10.000 UI de Vitamina A por día (65).

Si realmente queremos prevenir y tratar el sida en África, es absolutamente indispensable cubrir las necesidades alimenticias mínimas de los individuos VIH positivos, de los pacientes con SIDA, así como las de todas las comunidades africanas.

Una dieta que provea fuentes adecuadas de vitaminas, minerales y antioxidantes debe incluir abundantes frutas, especialmente papaya, mango, kiwi, piña, aguacate, banano y frutas secas; verduras, cereales, legumbres y algas. Consumir pocos productos animales. Preferir el pescado blanco con grasa y la carne de cordero y cabra. Preferible usar sal marina. Consumir 60-80% de alimentos crudos con productos biológicos u orgánicos, frescos e integrales. Siempre que sea posible consumir abundante ajo, cebolla, espárragos, cítricos, remolacha roja, repollo, brócoli, coliflor, repollitos de Bruselas, zanahoria, levadura de cerveza, germen de trigo, polen, leguminosas y cereales. Preferir los aceites prensados al frío (por debajo de los 40° C) pues así se conservan ácidos grasos poli insaturados y esenciales, necesarios en procesos antiinflamatorios, de anti oxidación e inmunoestimulantes. Los aceites de cárcamo, girasol y de oliva, en este orden, son buena fuente de Vitamina F o ácido linoléico. El aceite de lino es una buena fuente de ácido alfa-linoléico. Y todos los cereales enteros (arroz, cebada, trigo, avena), cualesquiera sea su preparación. Disminuir el consumo de azúcar y dulces. Optar por vegetales, legumbres y verduras orgánicas crudas. Consumir cantidades abundantes de líquidos: agua (por lo menos 1.5 litros diarios), jugos de frutas y verduras frescas, especialmente zanahoria, caldos de vegetales y jugos verdes que son fuente de clorofila (por ejemplo, licuar lechuga, espinaca, apio, menta, perejil, cilantro y otros ingredientes similares, tomándolo sin colar). También es muy conveniente el uso de alimentos bifidogénicos, por ejemplo yogurt o kumis, mejor si están preparados con leche de cabra, tofú o miso. El aceite de coco es una buena fuente de ácido laúrico y caprílico, que tienen efectos anti cándida.

Entre las hierbas inmunoestimulantes y/o antioxidantes se encuentran (289,293,294,308-311): la sábila (Aloe vera), astrágalos (Astragalus membranaceus), eleuterio o ginsen (Eleutherococcus senticosus), Foti (Polygonum multiforum), cúrcuma (Curuma longa), equinacea (Echinacea angustfolta y E. purpurea), ajo (Alltum sativum), regaliz (Glycyrrhiza glabra), hidrastis o sello de oro (Hydrastis Canadensis), uña de gato (Uncaria tomentosa), ginkgo (Ginkgo biloba), semillas de toronja (Vitis vinífera), zarzaparrilla (Smilax officinalis y S. áspera), sutherlandia (hierba africana); hierbas tranquilizantes y relajantes tales como la pasiflora (Passiflora incarnaia), valeriana (Valeriana officinalis), manzanilla (Matricaria chamomilla), hierbabuena (Menta sativa), lavanda (Lavanda officinalis), y eleuterococo o ginsén de Siberia (Eleutherococus senticosus).

Existen muchas publicaciones científicas y libros sobre el tema de la terapia nutricional y antioxidante para la prevención y el tratamiento del sida (264-315).

A) Se han documentado deficiencias nutricionales y de antioxidantes en todos los enfermos con sida.

B) Las deficiencias nutricionales y de antioxidantes son un requisito previo para reaccionar positivamente a las "pruebas VIH".

C) Las deficiencias nutricionales y de antioxidantes también son un requisito en los individuos "VIH positivos" previo al desarrollo de las manifestaciones clínicas del sida.

D) Las deficiencias nutricionales y de antioxidantes juegan un papel fundamental en la patogénesis del sida.

E) Los suplementos nutricionales y antioxidantes se han estado utilizando con éxito en la prevención y tratamiento del sida. Un estatus nutricional y antioxidante óptimo puede garantizar el éxito de la prevención y el tratamiento del sida.

F) Algunos de los suplementos nutricionales y antioxidantes que se han venido utilizando en el tratamiento y la prevención del sida incluyen: Vitamina A y carotenos, Vitamina C, Vitamina E, selenio, n-acetil cisteína, l-glutamina, zinc, cobre, manganeso, ácido alfalipoico, coenzima Q10, Complejo de Vitaminas B, y flavonoides o Vitamina P.

G) Para prevenir y tratar el sida en África, es absolutamente indispensable suministrarles a los individuos VIH positivos, a los pacientes de sida y en general a todas las comunidades africanas, siquiera el mínimo de sus necesidades alimenticias. Aún más, se sabe que una dieta rica en frutas, verduras y cereales frescos y orgánicos, así como una dieta rica en alimentos fibidogénicos (yogurt, umis) es inmunoestimulante. Concluye el Dr. Giraldo.

CÓMO PUEDE MATAR
EL DIAGNOSTICO DEL SIDA

Si existe alguien que desde un principio haya visto en el S.I. D.A. una gigantesca impostura científica, ése es, sin lugar a dudas, el Doctor Hamer. Aunque por razones distintas a las del Doctor Duesberg. Para el Doctor Hamer, toda enfermedad se inicia en el psiquismo. Pero, al igual que el profesor Duesberg, se quedó perplejo ante lo absurdo de los argumentos adelantados por el profesor Gallo en defensa de su hipótesis del S.I.D.A. Tras haber expuesto sus tesis, el Doctor Hamer describe dos casos impresionantes de personas que hasta el momento habían gozado de buena salud, y a quienes se arrastró hasta la antesala de la muerte con el diagnóstico de S.I.D.A. Estas personas tuvieron la suerte de tropezarse con el libro del Doctor Hamer «Fundamento de una Nueva Medicina». *Raum&zeit* ha informado en diversas ocasiones acerca del Doctor Hamer, en quien vemos uno de los más interesantes científicos de nuestra época, en:

«Los Focos de Hamer», *raum&zeit* nº 36, publicado de nuevo; «Escándalo científico acerca de los Focos de Hamer» *Raum&zeit* nº 40, y

«Sólo los peces muertos se dejan llevar por la corriente», también aparecido en *raum&zeit* nº 40.

He aquí la exposición que hace el Doctor Hamer acerca del S.I.D.A.:

"Las últimas ediciones de la revista científica *raum&zeit* han presentado a los lectores suficiente cantidad de documentos y hechos. Que me dispensan de repetir ahora esos conocimientos introductorios, y me permiten entrar de lleno en materia."

"En 1987, cuando la campaña de pánico del S.I.D.A., perfectamente orquestada, se hallaba en pleno apogeo, yo escribía en el libro *Fundamentos de una Nueva Medicina* que el S.I.D.A. era la mayor estafa del siglo. Y lo hacía por varias razones... siendo la más importante de ellas el descubrimiento de la Ley de Hierro del Cáncer, es decir, la correlación sistemática entre enfermedad física y causa psicocerebral. El principal argumento contra las teorías que afirman que el S.I.D.A. es una enfermedad autónoma se basa en el sistema ontogenético de los tumores y el sistema ontogenético de los microbios (hongos, bacterias o virus) que se deduce de ello."

"Hagamos una breve recapitulación: Tal como han demostrado mis investigaciones empíricas, llevadas actualmente sobre más de once mil pacientes, es absolutamente inconcebible que un virus pernicioso, cuyo objetivo es, por así decir, la destrucción de las defensas del organismo, pueda actuar independientemente de los procesos psíquicos y cerebrales, casi «in vitro»."

"La Ley de Hierro del Cáncer enuncia que toda enfermedad -y no ya únicamente el cáncer- es desencadenada por un S.D.H. (Síndrome Dirk Hamer). Es decir, por un choque conflictual biológico muy específico que, de forma instantánea, impacta simultáneamente en el cerebro y en el organismo creando un Foco de Hamer, visible en el escáner, en el centro de control cerebral que representa al órgano afectado, y creando alteraciones, tumores, etc. en el órgano correspondiente."

"El sistema ontogenético de los tumores descubierto por mí en 1987, ordena todas las enfermedades cancerosas y equivalentes en función de la capa embrionaria (endodermo, mesoderno, ectodermo) de la cual provienen, y que se forma en las primeras semanas del desarrollo del embrión."

"Por razones ontogenéticas, a cada una de estas capas embrionarias le corresponde una zona específica del cerebro, un cierto tipo de temática conflictual así como una estructura histológica bien definida."

"El sistema ontogenético de los microbios los clasifica en función de las tres capas embrionarias, de lo que se deduce: que los microbios arcaicos, es decir, los hongos y las micobacterias, son de incumbencia del endodermo y, hasta un cierto punto, del mesodermo cerebeloso, pero únicamente en todo caso en lo que concierne a los órganos gobernados por el tronco cerebral (bulbo raquídeo, puente, mesencéfalo y cerebelo) que todos los microbios viejos, a saber, las bacterias, son de incumbencia del mesodermo y de todos los órganos que lo constituyen, y que los microbios jóvenes, a saber, los virus, que para hablar con propiedad no son microbios verdaderos, es decir, seres vivos, son competencia exclusiva del ectodermo, para los órganos gobernados por el córtex cerebral propiamente dicho."

Endodermo	Foco de Hamer en el tronco cerebral
	Cáncer adenomatoso (tumor: proliferación de tejido)
Mesodermo	a) Foco de Hamer en el cerebelo
	Cáncer compacto (tumor: proliferación de tejido) b) Foco de Hamer en la médula cerebral
	Cáncer necrótico (tumor: destrucción de tejido)
Ectodermo	Foco de Hamer en el córtex cerebral
	Cáncer ulceroso epitelial (tumor: destrucción de tejido)

"En este contexto competente significa que cada grupo de microbios no trata más que con grupos determinados de órganos, derivados de una misma capa embrionaria. La única excepción a esta regla es la zona limítrofe de los órganos mesodérmicos gobernados por el cerebelo, que son tratados tanto por hongos parásitos y micobacterias (principalmente) como por las bacterias (en menor grado), que normalmente son competencia de los órganos de la capa embrionaria media (mesodermo) gobernados por la médula cerebral."

"El momento a partir del cual los microbios pueden trabajar no es, como erróneamente lo habíamos creído hasta ahora, función de factores externos sino más bien algo determinado por el ordenador que es nuestro cerebro."

"Y a la vez que para los microbios el «*objeto a tratar*» no es fortuito sino exactamente determinado por la historia del desarrollo embrionario para cada grupo de microbios (exceptuando el cabalgamiento observado anteriormente), el *momento* en que los barrenderos reciben la autorización para entrar en faena no es fortuito sino determinado con precisión, en función del sistema ontogenético, por el ordenador que es nuestro cerebro: se trata siempre del inicio de la fase de solución del conflicto, es decir, de la fase de curación."

"Los microbios, a los que siempre habíamos tomado como a malvados enemigos, ejército de adversarios temibles intentando aplastarnos, y a los que en consecuencia era preciso eliminar a cualquier costo, se descubren ahora como nuestros mejores amigos, valiosos auxiliares, barrenderos y restauradores bienhechores de nuestro organismo. Sólo empiezan a trabajar cuando nuestro organismo les da la orden concreta, desde el cerebro. Y esta orden siempre les es notificado por el cerebro en el momento justo en el que se inicia la fase de curación, cuando el organismo, pasando de la inervación simpática a la inervación parasimpática, entra en una fase de vagotonía (curación) permanente."

"El carácter bifásico de las enfermedades.

Hasta ahora la medicina moderna imaginaba conocer un millar de enfermedades, repartidas más o menos mitad y mitad entre *enfermedades frías*, como el cáncer o por ejemplo la angina de pecho, la esclerosis de placas, la insuficiencia renal, la diabetes, etc., y *enfermedades calientes* , como por ejemplo el reumatismo articular, la glomérulo-nefritis, la leucemia, el infarto de miocardio, las enfermedades infecciosas, etc. En las enfermedades frías, los microbios nos aparecían siempre como apatógenos, es decir, desactivados, en tanto que los encontrábamos en plena virulencia en las enfermedades calientes, con lo que imaginábamos siempre que ellos invadían o atacaban un órgano."

"Pensábamos pues que era necesario movilizar a cualquier precio la armada defensiva de nuestro organismo, reforzar el sistema inmunitario contra la armada temible de los invasores, contra los microbios o contra las células cancerosas que buscaban destruirnos. Era una idea completamente falsa. ¡Debemos empezar nuestra Nueva Medicina por el principio, desde cero!"

"En el esquema fundamental que sigue, toda enfermedad comporta dos fases: *Primera fase.* La fase de conflicto activo con simpaticotonía duradera. Al inicio de esta fase de simpaticotonía duradera siempre existe un Síndrome Dirk Hamer. Antes estas primeras fases eran consideradas como enfermedades frías, autónomas, cosa que no eran. A pesar de que durante esta fase simpaticotónica se considera deficiente al sistema inmunitario, en ella no encontrábamos actividad microbiana, es decir, que los microbios eran considerados apatógenos, y por tanto inofensivos. *Segunda fase.* La fase de conflicto resuelto con vagotonía duradera. Al principio de esta fase de vagotonía duradera siempre está la solución del conflicto. Antes estas segundas fases eran siempre consideradas como enfermedades calientes autónomas, cosa que no eran. Aunque durante esta segunda fase el sistema inmunitario pareciese funcionar a pleno rendimiento (fiebre, leucocitosis, etc.), los microbios no se sentían en absoluto incomodados y continuaban alegremente montando su juerga. Los mismos microbios a los que antes se había clasificado como apatógenos se convertían de repente en patógenos o extremadamente virulentos, es decir, microbios de naturaleza maligna."

"En realidad, las enfermedades de una sola fase no existen. Sencillamente se había olvidado -o no habíamos tenido en cuenta-la cuestión complementaria. He aquí por qué nuestra medicina al completo era totalmente falsa. La Nueva Medicina no reconoce más que enfermedades con dos fases, a saber, una primera fase (fría) y una segunda fase (caliente). Este esquema fundamental es válido para las tres capas embrionarias, y para las enfermedades de los órganos derivados de éstos."

"Esta concepción tiene una inestimable ventaja por encima de la medicina clásica: la Nueva Medicina se puede demostrar sin fallos y reproducir rigurosamente en el triple nivel psíquico, cerebral y orgánico. En una palabra: es precisa, exacta por sí misma. No necesita hipótesis de apoyo como la medicina anticuada, que no po-día dar un paso sin estas muletas y sin las cuales hace tiempo que habría sido ya desenmascarada. Por ejemplo, las hipótesis relativas a las células cancerosas malignas que circulan en la sangre arterial. A pesar de que nadie haya podido observarlas jamás, se considera que se diseminan por vía arterial hacia otros órganos para fundar nuevas colonias, tumores-hijo, -denominados metástasis-, de un cáncer preexistente, meta-morfoseándose en pleno camino y conociendo pertinentemente qué tipo de metamorfosis debían efectuar. Por el contrario, la Nueva Medicina obtiene su lógica de sí misma, prueba las cosas y obtiene conclusiones sin necesidad de hipótesis de apoyo, prohibidas en nombre de la probidad y seriedad científica."

"Imaginémonos a los microbios como a obreros de tres clases: Los que tienen por misión *retirar los desperdicios* (basureros).Por ejemplo, el *mycobacterium tuberculosis*, que descompone los tumores intestinales (de la capa embrionaria interna, el endodermo) durante la fase de curación.

Los que actúan como *niveladores de terreno*, encargados de cubrir los cráteres, por ejemplo, *los virus*, cuya misión consiste en rellenar las pérdidas de sustancia producidas en un tejido por las ulceraciones. Sólo podemos encontrar úlceras y virus durante la fase de curación, y eso únicamente en los órganos de la capa embrionaria exterior (ectodermo), gobernada por el córtex cerebral.

Las *bacterias*, que *tratan únicamente con órganos deteriorados* (necrosados, osteolisados) de la capa embrionaria media (mesodermo), y tan solo durante la fase de curación consecutiva a la solución del conflicto. Podrían ser comparadas a buldóceres que quitan los escombros para que se pueda construir una nueva casa, es decir, para que el organismo pueda reconstruirse sobre una base sólida."

"Así pues, nuestro organismo hace un llamamiento a sus amigos los microbios para reparar, es decir, para desescombrar, rellenar o nivelar los tumores, necrosis o úlceras que se han producido durante la fase conflictual activa. Algo parecido a la revisión técnica de puesta a punto que se aconseja a los automovilistas."

¿Qué queda del sistema inmunitario?

"Sólo los hechos, con exclusión de supuesto sistema. En efecto, el sistema inmunitario, tal como se concebía hasta ahora ¡no existe! Naturalmente, lo que existen son las seroreacciones, las variaciones de la fórmula hematológica, las modificaciones de la hematopoyesis, etc. Pero, si los microbios no fueran ya un ejército de enemigos, sino un ejército de aliados, controlados y dirigidos sistemáticamente por el organismo en tanto que simbiotan, ¿qué nos quedaría del supuesto sistema inmunitario? ¿Un ejército de células mortales, de células devoradoras, de linfocitos T, etc. apoyada por un escuadrón de seroreacciones? El sistema inmunitario, en el sentido que se le ha querido dar hasta ahora, ¡simplemente no ha existido jamás!"

Pero entonces, ¿qué papel juega el S.I.D.A. en todo esto?

"Que el lector me perdone por esta extensa introducción o aducción al tema propiamente dicho, pero era completamente necesaria para comprender lo que sigue. Creo que ahora estará en posición de captar el meollo del problema, es decir, la esencia de la pseudo-enfermedad del S.I.D.A. Espero que al final de este capítulo podrá entender también que esta pseudo-enfermedad no fue, hablando con propiedad, más que una impostura cometida por Gallo y sus compinches, es decir, por algunas esferas sociales que imaginaron este ingenioso medio, legitimado por un bluf científico, para edificar un poder brutal, con base médica, que les permitiera desembarazarse de sectores indeseables. El lector se quedará estupefacto de constatar que es así de simple y lógico, y que funciona a la perfección. Eso sí, sólo es posible a condición de que la prensa -los media- sean amordazados, aceptando sin una crítica seria este proyecto de embrutecimiento global, ¡de la misma manera que lo hacen con el cáncer!" –Afirma el doctor.

"En el caso del S.I.D.A., lo que nos interesa son los virus. El sistema ontogenético de los microbios nos ha enseñado que también ellos tienen un puesto muy determinado en este sistema. Su competencia se extiende a todos los órganos que se derivan del ectodermo (capa embrionaria externa), gobernados por el córtex cerebral. Hemos visto ya que los virus tratan a estos órganos únicamente durante la fase de curación. Los síntomas concomitantes son: vagotonía, generalmente la fiebre, tumefacciones epidérmicas o mucosas (exceptuando las demás, sólo las mucosas con epitelios pavimentosos son afectadas por estas tumefacciones). Sobra decir que estos síntomas, que saltan a la vista, se acompañan naturalmente y sin excepción de cantidad de reacciones hematológicas y serológicas."

"En lo que concierne al sistema inmunitario, esa especie de noción nebulosa e indefinida, aplicada para todo e indiscriminadamente tanto en la fase activa del conflicto como en la de resolución, tanto en lo que hace al cáncer, sarcomas y leucemia sin distinción, como en todas las *enfermedades infecciosas*, cabe decir que a la ignorancia total que reinaba hasta el momento a propósito de la naturaleza y esencia de las enfermedades, le correspondía también una incapacidad total de apreciar y clasificar correctamente el gran número de hechos y síntomas en el terreno serológico y hematológico."

"El virus HIV, si es que existe, ha sido bautizado virus de la deficiencia inmunitaria por quienes lo descubrieron, Gallo y compinches. Con ello se daba a entender, sobre todo, que aquellos que resultaban afectados por esta epidemia mortal del S.I.D.A. sucumbían finalmente a la caquexia y a una panmieloptisis, es decir, que no podían ya producir sangre. Ahora bien, este mismo proceso lo encontramos en el cáncer de hueso, o más concretamente, en el cáncer anostósico, es decir, en las osteolisis del sistema esquelético (*agujeros de gruyere*), que viene siempre acompañado de panmieloptisis (anemia) y cuyo conflicto *ad hoc* es, según la localización del sector del esqueleto afectado, un conflicto de desvalorización de sí mismo específico. La curación de este tipo de conflicto de desvalorización de sí mismo llevaría a la reconstitución de la cal en la osteolisis (recalcificación) con los síntomas correspondientes a la leucemia."

"Cuando un enfermo de S.I.D.A., contra toda expectativa, llega a revalorizarse, la medicina clásica sale del fuego para caer en las brasas, y cambia su caballo tuerto por uno de ciego, sometiendo al convaleciente a una cura mortal de quimio-pseudoterapia. Es así como, de una u otra manera, se acaba con él."

Los hechos científicos y pseudocientíficos relativos al S.I.D.A.

"Para completar la exposición necesitaría volver a extenderme a fondo sobre innumerables argumentos contra el S.I.D.A. formulados en los últimos buenos artículos de esta revista. Ante la falta de espacio tan solo relacionaré algunos que me parecen importantes, y uno que me parece extremadamente importante."

Nadie ha observado jamás los síntomas obligados que serían de esperar tras una de las llamadas infecciones virales HIV, tales como los que se producen habitualmente en el sarampión o en la rubéola.

En los pacientes con S.I.D.A. no se encuentra jamás el virus HIV.

Los principales linfocitos implicados en el Síndrome de Inmunodeficiencia Adquirida-S.I.D.A. serían los linfocitos T. Así pues, tan solo habría uno de cada 10.000 que hubiera fagocitado un fragmento del virus, un virus del que no se ha encontrado ningún fragmento completo en ningún paciente de S.I.D.A. ¿Quién busca pues el 10.000avo linfocito T? ¿Quién le identifica? Son el puro producto de una imaginación desenfrenada.

Es muy extraño lo que el profesor Duesberg explicaba en el nº 39 de *raum&zeit*, a saber, que desde 1984 el virus HIV había sido reconocido por el Ministerio de Salud de los Estados Unidos como causante del S.I.D.A., y que la patente del S.I.D.A. había sido depositada y homologada antes incluso de que se hubiese publicado el primer estudio americano sobre el S.I.D.A. ¿Quién tenía tanta prisa, y quién se esconde tras ello? ¿Por qué la prensa en su totalidad se ha apuntado al carro sin el menor espíritu crítico?

Partiendo de que no existen síntomas específicos del S.I.D.A., queda abierto el camino al diagnóstico médico arbitrario. Si un paciente no es seropositivo, pero presenta, por ejemplo, un cáncer, un reumatismo articular, un sarcoma, una neumonía, si tiene diarrea, sufre demencia, micosis, tuberculosis, fiebre, una erupción por herpes, toda clase de síntomas neurológicos o de deficiencias, todo va bien, no hay de qué preocuparse, ya que son enfermedades corrientes completamente normales, según las concepciones vigentes hasta el momento. Pero basta que esa misma persona sea seropositiva para que todos estos síntomas se conviertan de repente en el S.I.D.A. Cabría incluso decir que son *metástasis de S.I.D.A.*, mensajeras de la muerte rápida y atroz del infortunado paciente con S.I.D.A. Por supuesto, los médicos a favor de la eutanasia les dan al condenado a muerte el beneficio de la jeringuilla eléctrica (ya que de cualquier manera no hay nada que hacer por él ya que el S.I.D.A. es mortal).

Es igualmente muy extraño que el S.I.D.A., que se supone es una enfermedad viral, tenga un comportamiento totalmente diferente de todas las demás enfermedades virales. En efecto, siempre se ha admitido que éstas han quedado vencidas si el test de anticuerpos es positivo.

Pero, el hecho más extraño de todos, que todos los investigadores han mencionado como de pasada aunque sin incitar a ninguno de ellos a sacar la menor consecuencia es que: ¡sólo se convierte en víctima del S.I.D.A. quien sabe que es seropositivo o cree serlo!"

"¿No resulta extraño que nadie se haya puesto todavía a estudiar más a fondo este fenómeno, que es sin embargo absolutamente sorprendente? Conocemos en efecto poblaciones enteras a las que no les sucede nada a pesar de resultar en un 100% seropositivas. Y aunque seropositivos, los chimpancés, que son monos antropoides, no presentan jamás el menor síntoma susceptible de parecerse al S.I.D.A."

"El psiquismo debe pues jugar un papel importante en este asunto.

Efectivamente, si la gente sólo cae espectacularmente enferma si se les dice que son seropositivos, es que ha llegado el momento de ser consciente de lo que le sucede al psiquismo de un paciente que se ve confrontado a un diagnóstico aniquilador que es ¡en un 50% mortal!

¿Son nuestros médicos tan insensibles, que ni uno solo se haya dando cuenta hasta ahora de lo que sucede en un paciente cuando se le confronta brutalmente a un diagnóstico así de fulminante? En efecto, el paciente ignora que todo esto no es más que una mistificación, una impostura fomentada con un objetivo muy determinado por ciertos ambientes. El desgraciado se lo toma al pie de la letra, tanto más cuanto que toda la puesta en escena es efectuada por especialistas de forma completamente profesional."

"Dos ejemplos: La mejor ilustración la aportan dos ejemplos sacados de la vida misma:

"Primer caso: Un guarda forestal retirado que, a título privado, cuidaba del coto de caza de un fabricante, tuvo un conflicto típico de contrariedad territorial, con ocasión de una querella mantenida con el arquitecto del fabricante acerca del pabellón de caza, a cuyo cuidado estaba el guarda forestal. Una vez resuelto el conflicto, el guarda, durante la fase de curación, desarrolló la obligada hepatitis. Tenía fiebre, casi 38,5, sus valores hepáticos eran altos, y fue hospitalizado. Le cuidaron la hepatitis. La fiebre remitió pronto, y las constantes hepáticas volvieron a la normalidad al cabo de algunas semanas. Hasta aquí, se trata de un caso perfectamente normal."

"Desgraciadamente, los concienzudos doctores le habían practicado también un test sanguíneo para la detección del S.I.D.A. Y le salió positivo. El profesor acudió raudo a la cabecera de su cama, muy excitado, se plantó ante él y le soltó solemnemente su veredicto fatal: Señor guarda forestal, tiene usted el S.I.D.A."

"«Recibí la noticia como un mazazo», explica el viejo guarda. Él, que hasta entonces había sido el notable más respetado del pueblo, se iba a convertir ahora en objeto de escarnio popular. Le tratarían como a un depravado, nadie volvería a estrecharle la mano ni podría sentarse como antes en un café. Los lugareños, que hasta entonces le acogían cordialmente, le volverían la espalda. Todos sus paseos iban a convertirse para él en una pesadilla: tendría la sensación de pasear entre dos hileras de curiosos. El viejo guarda forestal rompió a llorar. El profesor se despidió de él -eso sí- sin darle la mano, ¡por lo del peligro de contagio!"

"La misma mañana siguiente era dado de alta en el hospital, también desde luego a causa del peligro de contagio. Le miraban como a un bicho raro, como si cada uno se estuviese diciendo: ¡Es la última persona de quien me hubiese esperado algo así! Nadie le tendió la mano al despedirse, el profesor estaba demasiado ocupado para atenderle, y presentó sus excusas."

"En su hogar, su esposa hizo gala de mayor comprensión, eso sí, aconsejándole sin embargo que no tocase a los hijos ni a los niños pequeños, porque no se sabe cómo se transmite la enfermedad."

"Dos días después fue citado por su médico de cabecera, una doctora que le habló a bocajarro de su enfermedad mortal, de la que había sido advertida directamente por la clínica. «Señor guarda forestal», empezó ella, «debemos hablar ahora de la muerte. Yo no le abandonaré, y obtendrá de mí todas las medicinas que le facilitarán la muerte». El pobre viejo guarda al que, dos días antes, el diagnóstico del médico había ya tumbado por el suelo, empezó a caer ahora por un abismo sin fondo."

"Durante casi dos semanas, el guarda forestal fue víctima del pánico. Adelgazó, lo que inmediatamente fue atribuido a un síntoma típico del S.I.D.A. Luego, su hermana le dio a leer mi libro: *Fundamento de una Nueva Medicina*, en el cual se puede ver que todo el pánico desencadenado a propósito del S.I.D.A. no es más que una infame mentira. ¡Eso le dio mucho ánimo!"

"Inmediatamente recuperó su anterior apetito, volvió a dormir como antes, a tener las manos calientes. Me llamó por teléfono y se convenció de que lo que le habían hecho creer era realmente una patraña. Se hizo hacer un escáner cerebral, y cuando, dos semanas más tarde, vino a verme a Gratz, pude liberarle de todo resquicio de miedo."

"Le aconsejé que no abandonase sus controles para que no sospechasen que cuestionaba los dogmas sagrados de la medicina. En lugar de eso, podría sonreírse cara a cara de sus congéneres, burlándose interiormente de su ignorancia. Sé que es lo suficientemente listo para hacerlo así."

"Segundo caso: Tras haberse sometido a una prueba voluntaria, un agente de seguros, compañero sin historia de una pareja homosexual, resulta ser seropositivo. ¡Su amigo era negativo! Hasta entonces todavía no había tropezado con un verdadero problema, el universo era para él un lugar tranquilo. Pero ese mismo día se sintió sepultado bajo una avalancha de conflictos. Fue ingresado allí mismo en la sección de aislamiento de un gran hospital. Nadie volvió a tocarle. Su amigo continuó con él durante los primeros momentos pero acabó abandonándole. Sabe muy bien en qué momento desarrolló un S.D.H.: lo habían examinado de pies a cabeza con guantes aislantes, sin encontrarle nada. Sin embargo, las pruebas detectaban que en su sangre existían anticuerpos anti-VIH, y que el resoltado era positivo. Los dos médicos prosiguieron incansablemente sus exámenes. Finalmente, uno de ellos descubrió en la zona interna de la planta del pie derecho una mancha fungiforme, la señaló con el dedo con aire de entendido, y dijo: ¡Helo aquí, un sarcoma de Kaposi! Luego los dos doctores examinaron de nuevo a fondo su pene. En el tercer intento acabaron por encontrar una grieta minúscula, de entre uno y dos milímetros. ¡Ah!, exclamó el otro doctor, ¡ya ha alcanzado el pene! El paciente comentó que entonces se sintió caer en un pozo sin fondo, tenía la sensación de haber quedado apestado, de haberlo perdido todo, su profesión, sus amigos, el sentimiento de su valía. Se sentía particularmente desvalorizado en el plano sexual. A partir de ese momento, y a pesar de las radiaciones de cobalto a que le sometían contra los malvados virus VIH, fue desarrollando un melanoma a partir del pie derecho, síntoma de un conflicto de impurificación. Las manchas de melanoma azul oscuro hicieron también su aparición en el pene, cuello, y a continuación en el otro pie."

"¿Estaban pues en lo cierto los médicos? Al contrario, lo que hicieron fue precipitar a este hombre, perfectamente sano, hacia un conflicto de impureza, tal como se puede constatar en el escáner cerebral sobre el corte de su cerebelo (todavía activo). Al mismo tiempo, y tras su Síndrome Dirk Hamer, el paciente experimentaba una impotencia cada vez más pronunciada. Todos los carcinomas que fueron sucesivamente haciendo su aparición -el melanoma generalizado, las metástasis óseas, las metástasis de cáncer bronquial, correspondientes a los conflictos *ad hoc*, iban siendo catalogados como metástasis cancerosas del S.I.D.A.-. Finalmente le informaron de que ya no había terapia para él y lo enviaron a su casa, a morir."

"Perdió peso rápidamente y fue víctima de un pánico total. Aparentemente tenía vida para tan solo unas semanas. Fue entonces cuando -justo a tiempo, por lo que parece- recibió mi libro *Fundamento de una Nueva Medicina*. Descubrió que el S.I.D.A. es la mayor estafa del siglo, lo que le pareció plausible, claro y evidente. Desde entonces empezó de nuevo a comer, duerme, ha engordado de nuevo y el melanoma ha dejado de extenderse. Tengo esperanzas de que lo supere, y si lo consigue, los demás po-drán tener la seguridad de que realmente es la estafa más grande del siglo."

"El paciente hubiera enfermado por igual -según la Ley de Hierro del Cáncer- tanto si el test hubiera dado por error un resultado falsamente positivo, como si realmente lo fuera. Lo que cuenta es que él creyó que era grave y mortal, sólo eso cuenta."

"Si el paciente no se hubiera sometido voluntariamente a la prueba del S.I.D.A., no le hubiera pasado nada en veinte años, ya que por aquel entonces gozaba de una salud perfecta. Esto es algo que se corresponde con exactitud a todas las observaciones que llevan efectuadas los investigadores: para enfermar de forma manifiesta, con síntomas (presuntamente) sólidos de S.I.D.A., es preciso saber que se es seropositivo o, por lo menos, ¡tener temores fundados de serlo!"

"Hay que resaltar que, tanto en el primer caso como en este último (tras el diagnóstico de S.I.D.A., la asociación hecha por el entorno: es un homosexual o un depravado), ha existido una desvalorización de sí mismo y una osteolisis ósea. Los que especulan acerca del S.I.D.A. relacionan la cosa de la siguiente manera: la hematopoyesis ha resultado afectada (formación de glóbulos sanguíneos, principalmente en la médula roja ósea), ¡se trata por tanto de una enfermedad de inmunodeficiencia, de S.I.D.A.! Lo que sucede en realidad es que la desvalorización de sí mismo es la reacción más normal del mundo ante el hecho de ser considerado como un depravado, al que la sociedad proscribe y que, además, se encamina de lleno a una muerte inminente (¡completamente merecida!)."

"Y resume Hamer diciendo explicando que en el marco de los anteriores artículos publicados hasta el momento en *raum&zeit* sobre el tema del S.I.D.A., la mentira del S.I.D.A. ha sido ampliamente desenmascarada a nivel teórico. No es únicamente una mentira, es una estafa consciente y deliberadamente perpetrada para construir una posición de fuerza."

"Yo consideré que mi misión consistía en examinar más de cerca el hecho -a decir verdad sobradamente conocido- de que únicamente manifiestan síntomas de S.I.D.A. aquellos que se saben seropositivos. En general, todos se limitan a darse por enterados del tema sin cuestionárselo. Y sin embargo, es ahí donde radica el nudo por deshacer para hacer estallar la impostura del S.I.D.A. Es preciso encontrar una respuesta a la pregunta de cómo se llegan a producir los síntomas que se atribuyen a S.I.D.A. y gracias a los cuales las personas pueden ser, y de hecho son, ase-sinadas."

"Sólo la Ley de Hierro del Cáncer responde a esta pregunta, a partir del Sistema Ontogenético de los Tumores."

"Los clínicos tienen por costumbre decir: Pero en fin, ¿de dónde proceden los síntomas? ¿De qué mueren los enfermos? La práctica de la eutanasia está generalizándose. ¡Y gracias a estos espeluznantes casos clínicos, la prensa impasible puede continuar celebrando este horrible fraude del S.I.D.A., potenciando el sacrificio de las víctimas!"

"Con todo mi respeto hacia las refutaciones teóricas de la supercheria del S.I.D.A. (que fui uno de los primeros en descubrir en 1987), creo que estamos en vías de desenmascarar el conjunto de esta impostura y sacar de sus casillas al sindicato del S.I.D.A. Este es, en efecto, el punto crucial que permite a cada paciente comprender perfectamente hasta dónde se intenta quebrantarlo. Es preciso explicar con precisión el mecanismo del S.I.D.A. Hacer que se comprenda como el choque psíquico provocado por los propios médicos, por su diagnóstico y pronóstico, genera los *Focos de Hamer* cerebrales, y los síntomas, pretendidamente de S.I.D.A., en el órgano."

"Son precisamente esos mismos científicos que rehusan hacer públicas las verdaderas relaciones de causa y efecto gobernadas por la Ley de Hierro del Cáncer, quiénes han creado la enfermedad de inmunodeficiencia que denominan S.I.D.A., y quiénes se apresuran ahora a redoblar el cáncer para conservar una segunda enfermedad obligatoriamente mortal que siga asegurándoles el poder."

"Yo soy un hombre eminentemente práctico –concluye Hamer-. Ciertamente es muy interesante discutir del S.I.D.A. manteniéndose en un plano teórico. Pero entre tanto, los infortunados continúan siendo aterrorizados con el S.I.D.A., y son brutalmente asesinados siguiendo un esquema de S.I.D.A. Nuestras brillantes discusiones de salón no son ninguna ayuda para estos pobres diablos. ¡Hemos hacer algo! ¡Todos estamos invitados a movilizarnos!, ¡todos somos responsables! ¡Levantémonos por fin, en nuestro país, y pongamos fin a esta tortura!"

EL SIDA EN ÁFRICA

En los medios de comunicación se suele presentar a África, sobre todo su parte subsahariano, como la zona del mundo más castigada por el SIDA. Aunque sin explicar cómo se obtienen los datos, se afirma que cada año mueren de SIDA más de dos millones de africanos (2.6 millones en 1999) y que casi 24 millones están infectados por el VIH, concentrando así el 70% de todas las infecciones por VIH del mundo. Y se pronostica que la epidemia irá a más, que en diez años muchas naciones negras habrán perdido una cuarta parte de la población, y que para el 2020 su esperanza de vida habrá descendido por debajo de los 38 años. Para resumir, se usa la expresión "el SIDA amenaza acabar con África".

Ante este cuadro; precisamente del extremo Sur de África, de la República Sudafricana, ha surgido una iniciativa que ha sorprendido a los centros mundiales del SIDA (CDC de Atlanta, ONUSI

DA, OMS) que son quienes, precisamente, proporcionan los datos con los que se ha configurado la imagen antes resumida. Y también ha sorprendido a los especialistas, organismos y asociaciones de cada país.

El sucesor de Nelson Mandela en la presidencia de Sudáfrica, Thabo Mbeky, impulsó, con el respaldo del propio Mandela, de manera muy correcta un debate SIDA, cuya primera etapa tuvo lugar en Pretoria los días 6 y 7 de mayo de 1999.

Posiciones oficiales:
En 1981 irrumpe una epidemia de nueva enfermedad llamada SIDA.

En 1984 se determina que la causa es el VIH.

Desde 1985, unos test plenamente fiables indican de manera segura si se está o no infectado por VIH, pues son específicos y cualitativos (test sino).

El VIH se transmite sexualmente, de madre a hijo y por sangre (jeringuilla, transfusiones, hemoderivados).

Los linfocitos T4 son las defensas.

La técnica PCR mide la carga viral.

El recuento de T4 y la carga viral son indicadores de la evolución de la persona infectada.

Los tratamientos administrados alargan la vida de las personas infectadas y/o enfermas.

En particular, desde 1996 los cócteles han convertido el SIDA en una enfermedad crónica.

La epidemia en Occidente ha sido detenida gracias a las campañas de prevención y a los cócteles.

En áfrica y otras partes del mundo la epidemia sigue creciendo.

Posiciones disidentes o críticas:
El SIDA no tiene entidad biológico-patológica propia sino que es el nuevo nombre dado a una serie de enfermedades antiguas, a estrés crónico y a pruebas de laboratorio mal interpretadas.

Los casos de SIDA pueden curarse sobre la base de tratar los estrés oxidatorio y nitrosativo.

Lo llamado SIDA no puede tener causa viral.

Los test del VIH nunca han sido validados, y son inespecíficos y cuantitativos (test más-menos)

Los linfocitos T4 no son las defensas.

Según explica su propio inventor, el Dr. Mullis, Premio Nóbel, la técnica PCR que él inventó no sirve para medir carga viral alguna (y menos de un virus nunca aislado).

Los tratamientos administrados son oxidativos y mortales a medio plazo, y los cócteles sólo pueden beneficiar transitoriamente a enfermos graves.

-En Occidente, los casos de SIDA bajaron antes de aplicar los cócteles, y las "infecciones por VIH" antes de la primera campaña de prevención.

No hay y nunca ha habido una epidemia de SIDA, ni en Occidente ni en África, ni en parte alguna.

El Presidente Mbeky pretende unir los esfuerzos y propuestas de unos y otros a fin de poder aplicar medidas eficaces que estén a la altura de la situación a que se enfrenta. Para muchas personas afectadas y para numerosos científicos, médicos, asociaciones, organizaciones, instituciones, etc., la iniciativa de Mbeky es una fuente esperanza y de energía. La fuerza que está generando puede acabar con el SIDA. Y sería una buena lección que fuese precisa-mente África quien acabase con el SIDA a partir de esta iniciativa lanzada desde Sudáfrica por el presidente Mbeky.

Cronología de la iniciativa de Mbely:

En Octubre de 1999 Mbeki hace pública su cuestionamiento de los criterios oficialmente establecidos sobre el SIDA al decir que no se admite AZT-Retrovir a las seropositivas embarazadas de Sudáfrica porque ha llegado a la conclusión de que es posible que el AZT sea más dañino que beneficioso, por lo que debe investigarse más su toxicidad.

A fines de diciembre de 1999 Mbeky formuló ocho preguntas a su Ministra de Salud, que fueron:

¿Qué medios y métodos son usados por el sistema sanitario público para comprobar el "status VIH" de los individuos?

¿Qué definición se usa, de nuevo en el sistema sanitario público, para clasificar a una persona como estando infectada de SIDA?

En las personas que se ha determinado han muerto por SI DA ¿qué "enfermedades oportunistas" han sido identificadas como causa inmediata de muerte?

¿Hay datos sobre el tratamiento de estas personas que han recibido para tales enfermedades, incluyendo el perfil de salud de estar personas en el momento en que comenzaron a tener ataques continuos de diarrea, de tos, pérdida de peso, etc.?

¿Se ha hecho alguna investigación sobre los perfiles de salud de las poblaciones donde, supuestamente, se ha encontrado que tienen gran cantidad de "personas VIH positivas" (por ejemplo, en la región Kwa-Zulu-Natal?

¿Se han hecho algunas investigaciones en los niños, los menores de edad y los huérfanos VIH positivos, respecto a sus perfiles de salud, de los de sus madres y familias, así como de los estilos de vida y de las circunstancias socioeconómicas de las madres y de las familias?

¿En qué basamos las estadísticas que publicamos sobre la incidencia del VIH y del SIDA, y cómo llegamos a las proyecciones?

¿Hay algunos medicamentos anti-VIH/SIDA que son dispensados, incluso a los trabajadores sanitarios que pueden estar expuestos a pinchazos, por el sistema sanitario público sobre unas bases regulares?

A comienzos de Enero del 200 el Consejo de Seguridad de las Naciones Unidas, bajo presidencia de los Estados Unidos, declara que la epidemia de SIDA es "cuestión de seguridad global".

El 19 de Enero de 2000, Mbeki hace enviar por faz las ocho preguntas, así como las respuestas recibidas de su Ministra, a David Rasnick, PhD, un disidente norteamericano especializado en el Diseño de Inhibidores de Proteasa.

En enero 20 de 2000, Rasnich envía las respuestas y comentarios que ha confeccionado junto con Charles Gechekter, PhD, un Profesor sobre África en la Universidad Estatal de California.

El 21 de enero Mbeki habla directamente por teléfono con Rasnick y, tras unos diez minutos de conversación, le pregunta si apoya sus esfuerzos por hacer una reevaluación de los tratamientos y otros aspectos del SIDA. Rasnick le responde que puede contar no sólo con él sino con numerosos científicos, médicos, personas afectadas y asociaciones de distintas partes del mundo.

El 28 de febrero, SAPA (Agencia de Prensa Sudafricana) informa que el gobierno está organizando un panel con una treintena de científicos de todo el mundo, una docena de ellos críticos, que discutirán posiciones distintas sobre causa, diagnóstico, prevención y tratamientos del SIDA.

En Abril 2, *The Independent* (Londres) informa que varios prominentes especialistas del SIDA proponen que se boicotee la Conferencia de Durban "como protesta a los contactos sudafricanos con "expertos renegados".

El 23 de Abril. Mbeki envía una carta a los varios dirigentes mundiales proponiéndoles que apoyen su iniciativa y denuncia "una campaña de intimidación y de terrorismo intelectual" en su contra.

Extractos de la carta de Mbeki enviada a Clinton, Blair, Schoeder, Kofi Annan y otros importantes dirigentes:

"3 de Abril de 2000

Es para mí un honor expresarle los saludos de nuestro gobierno así como los míos propios, e informarle acerca de algunas gestiones que estamos haciendo para responder a la epidemia del VIH/SIDA.

Como sabe, algunas organizaciones internacionales, como ONU SIDA, están informan de que el África subsahariana padece las dos terceras partes de la incidencia del VIH/SIDA. Estos informes indican que en nuestro propio país se encuentra entre los más afectados. Respondiendo a estos informes, en 1998 nuestro gobier-no decidió incrementar radicalmente nuestros esfuerzos para combatir el SIDA.

A fines del año pasado, interviniendo en nuestro Parlamento Nacional, informé de que había pedido a nuestra Ministra de Salud interesarse en distintas controversias que tienen lugar entre los científicos sobre el VIH/SIDA y sobre un determinado medicamento. En respuesta a ello, entre otras cosas el Ministerio está organizando un panel internacional de científicos que discuta estas cuestiones de la manera más transparente posible.

En consecuencia, en tanto que africanos, tenemos que enfrentarnos a una catástrofe que es específicamente Africana porque:

· contrariamente a lo que ocurre en Occidente, el VIH/SIDA en África es heterosexualmente transmitido,

· contrariamente a lo que ocurre en Occidente, donde relativamente poca gente ha muerto de SIDA, aunque no por ello deja de ser importante, se dice que en África han muerto millones y,

· contrariamente a lo que ocurre en Occidente, donde las muertes por SIDA están disminuyendo, aún cantidades mayores de Áfricanos están destinados a morir.

Me preocupan muy profundamente algunos aspectos de esta campaña orquestada. Se sugiere, por ejemplo, que hay algunos científicos que "son peligrosos y están desacreditados", y con los que nadie, incluidos nosotros, debería comunicarse o intercambiar. ¡En un período anterior a la historia humana, serían herejes a los que habrían de quemar en la hoguera!

No hace mucho, en nuestro propio país personas eran asesinadas, torturadas y encarceladas, y prohibida su mención tanto en privado como en público, porque la autoridad creía que sus puntos de vista eran peligrosos y estaban desacreditados. Ahora se nos pide que hagamos precisamente lo mismo que hizo la tiranía racista del apartheid porque, se dice, existe una visión científica que es apoyada por la mayoría, y contra la que está prohibido disentir. ¡Los científicos a los que se supone que hemos de poner en cuarentena científica incluyen Premios Nobel, miembros de Academias de Ciencias, y Profesores Eméritos de varias disciplinas de medicina! Científicos en nombre de la ciencia, solicitan que cooperemos con ellos en congelar el discurso científico sobre el VIH/ SIDA en el punto concreto que ese discurso alcanzó en Occidente en 1984.

Personas que en otro tema lucharían decididamente para defender los decisivamente importantes derechos de libertad de pensamiento y libertad de expresión, respecto al tema VIH/SIDA ocupan la primera línea en la campaña de intimidación y terrorismo intelectual, alegando que la única libertad que tenemos es estar de acuerdo con lo que estas mismas personas decreta que son verdades científicas demostradas.

Algunas propugnan estas extraordinarias proposiciones con un fervor religioso cegado por un algo grado de fanatismo, lo cual es verdaderamente preocupante. Puede no estar lejos el día en que de nuevo veamos quemar libros e inmolar en el fuego a sus autores por aquellos que creen que tienen el deber de efectuar una cruzada sagrada contra los infieles.

Lo más extraño de todo es que parece que todos nosotros estemos dispuestos a servir a la causa de estos fanáticos decidiendo estar quietos y esperar.

Puede ser que estos comentarios sean desmesurados. Si lo fuesen, sería porque en un pasado muy reciente hemos tenido que tener nuestros ojos fijos en la muy real cara de la tiranía.

Me resulta muy alentador el que todos nosotros, en tanto que africanos, podamos contar con Su decidido apoyo en esta lucha común por salvar a nuestro continente y sus pueblos de la muerte. Por favor, acepte Su Excelencia la seguridad de mi respuesta". –Concluye así Thabo Mbeki su misiva.

El 6 de Abril, Sudáfrica suspende un censo del "anti-VIH" Navirapine por considerar que están muriendo demasiadas mujeres embarazadas con las que se hace la prueba. Las acciones del laboratorio fabricante, Triangle Pharmaceutics Inc., de California del Norte, descienden un 34% en la bolsa de valores, y esto provoca una reacción de ésta.

En Abril 16, la televisión *M-Net* de Sudáfrica emite a 40 países africanos su programa *Carte Blanche* con una entrevista al Presidente Mbeki efectuada por la periodista inglesa Joan Sentón.

Declaraciones de Mbeki por TV emitidas a 40 países Africanos (extractos):

"Lo que digo es porque no traen todos los puntos de vista. Puede ser muy bien que (los oficialistas) tengan razón, pero pienso que si tienen razón y están convencidos de que tienen razón sería una buena cosa demostrar que están equivocados aquellos que están equivocados (...) No me imagino que Jefes de Estado puedan ser capaces de decir que, puesto que no soy economista, no puedo tomar decisiones en materia de economía; puesto que no soy militar, no puedo tomar decisiones en materia de defensa; puesto que no soy profesor, no puedo tomar decisiones en materia de educación. No veo por qué en particular la salud debería ser tratada como una cosa de especialistas y que el Presidente de un país no pudiese tomar decisiones referentes a salud. Considero que sería una dejación de deberes si lo que se refiere a cuestiones que afectan a la salud lo dejásemos en manos de médicos y de científicos (..) Estamos muy contentos de ver que la India se está interesando en este rema".

El 17 de Abril, la dirección de la IAS (International AIDS Society) envía una carta a sus más de 10,000 miembros de 132 países invitándoles a "ir a Durban como un acto de solidaridad internacional, como una demostración de los esfuerzos conjuntos del Norte y del Sur del mundo luchando contra el VIH/SIDA.

El día 19 de Abril, Jacob Zuma, Presidente del Parlamento, expresa su apoyo a Mbeki e informa de que ha recibido una carta de la asociación de personas afectadas ACT-UP de *San Francisco*, comunicando que la presidencia de la XIII Conferencia Internacional las ha prohibido participar por tener planteamientos críticos.

El 25 de Abril, Jame Wolfensohn, Presidente del Banco Mundial, promete en su reunión anual celebrada en Washington que "no habrá límites" a los fondos obtenidos para combatir el SIDA en los países en vías de desarrollo.

El 27 de Abril, la revista *Nature* publica una "Carta Abierta al Presidente de Sudáfrica" en la que señala que "el SIDA no será derrotado o detenido sin el acceso a mejor tratamiento que la ciencia moderna puede ofrecer", y afirma que "estamos bien al tanto de los argumentos de aquellos que desafían tal relación directa (entre VIH y SIDA). Nuestras columnas han estado –y permanecen- abiertas a cualquiera que ofrezca evidencia de lo contrario.

El 30 de Abril, la administración Clinton declara que "el SIDA es una amenaza a la seguridad nacional de los EE. UU., Fintan Dunne, editor de la página web *aidsmyth.com* escribe un comenta-rio matizando que lo declara enemigo de la "seguridad de los EE. UU." no es el SIDA sino los disidentes del SIDA, es decir, todas aquellas personas, asociaciones, etc., que cuestionan la versión oficial del SIDA. Quizá la pregunta a formular sea: ¿Qué tuvieron que ver los responsables de los EE.UU. con el origen y desarrollo del SIDA como para que ahora sientan que es una amenaza a su seguridad nacional el que se abra una investigación a fondo sobre el fenómeno SIDA? Y ello precisamente a partir de África.

El 1 de Mayo, *The Globe Mail* de Canadá, bajo el título "Los negadores de que el VIH causa el SIDA deberían ser encarcelados", informa que el Dr. Mark Wainberg, presidente de la IAS –y que es canadiense- ha declarado que "si tuviésemos éxito y encerrácemos a un par de estos tipos, garantizo que el movimiento de negadores del VIH moriría rápidamente".

Los días 6 y 7 de Mayo, se celebró el panel en el Hotel Sheraton de Pretoria y sin presencia de periodistas, condición exigida por los defensores de la hipótesis VIH=SIDA (USA). Asisten 33 científicos: Luc Montagnier como oficial y Peter Duesberg como disidente. También participaron Ann Duerr de los CDC, Clifford Lane de los NIH y otros altos oficiales que entre pasillos decían que la conferencia era importante, y que muchos de los argumentos disidentes podían ser una ayuda en la lucha contra el SIDA. En esa oportunidad, ante la presión por parte de la parte disidente, la Dra. Helene Gayle y el Dr. Flofford Lane admiten que no existen pruebas científicas de la existencia del "VIH" ni de la confiabilidad y especificidad de los tests de diagnóstico empleados para el SIDA.

El sábado 6 Clinton llamó a Mbeki para pedirle que permitiese la asistencia de cuatro especialistas de SIDA de la Casa Blanca; Mbeki aceptó y los cuatro aparecieron el último día, aunque no dijeron casi nada.

Acuerdos del panel:

-Constituir un comité formado, por el lado oficial, por Helen Gayle (Directora del Centro Nacional de Prevención del VIH/SIDA, CDC) y Malegapuru Makgoba (Presidente del Consejo de Investigación Médica de Sudáfrica), y, por la parte disidente, el Dr. Peter Duesberg (miembro de la Academia Americana de Ciencias y Profesor de la Universidad de Berkeley, CA) y Harvey Bialy (ex editor de *BioTechnology*). Su función es la de formular estudios epidemiológicos y experimentos a realizar, y preguntas a responder que permitan zanjar los desacuerdos.

-Continuar el debate por internet de forma cerrada los participantes del panel.

-Encontrarse de nuevo antes de la Conferencia de Durban. -Rasnick resaltó que luego que ningún oficialista objetó nada cuando afirmó que "el AZT había matado a mucha gente", y aña-dio que "podría haber cuantificado que fueron decenas de miles los asesinatos".

Declaración de la minoría crítica con recomendaciones al gobierno de Sudáfrica:

Dado que las definiciones de SIDA son diferentes en Occidente y en África, y que han cambiado con el tiempo. En muchos casos un africano diagnosticado como SIDA no sería considerado como tal en EE. UU., Europa ni Australia, y dada la cuestión clave de si los africanos clínicamente diagnosticados como SIDA son de hecho VIH positivos, formulamos lo siguiente:

El SIDA no es contagioso, aunque muchas de las manifestaciones oportunistas lo sean.

El SIDA no es transmitido sexualmente.

El SIDA no está causado por el "VIH"

Los medicamentos anti-VIH, cuya toxicidad está admitida, matan a las personas.

Los efectos tóxicos inducidos por dichos medicamentos causan condiciones definitorias de SIDA que no pueden ser distinguidas del SIDA.

Recomendaciones:

-Dedicar la mayoría de los recursos biomédicos y otros, nacionales e internacionales, a la erradicación y tratamiento de las enfermedades definitorias de SIDA predominantes en Sudáfrica, tales como tuberculosis, malaria e infecciones endémicas, a la mejora de la alimentación, a proporcionar unas condiciones de salud mejores y agua potable.

-Rechazar completamente el empleo de medicamentos anti-VIH. Inevitablemente estos medicamentos requieren cantidades impor-tantes de otros medicamentos compensatorios, y lo que se proclama es que, en el mejor de los casos, sólo producen beneficios transito-rios en pacientes gravemente enfermos.

-Promover educación sexual basada en el hecho de que hay muchas enfermedades de transmisión sexual y de que se pueden evitar muchos embarazos no deseados.

-Suspender la difusión del mensaje falso y psicológicamente destructivo según el cual la infección por VIH es invariablemente mortal.

-Suspender los tests del VIH hasta que se pruebe su relevancia especialmente en el contexto africano, dada la deficiencia de resultados falsopositivos en una zona tropical, y dado el hecho de que la mayoría de los supuestos y predicciones sobre el SIDA en África se basa en tets del VIH.

Firmado: H. Bialy, E. De Harven, P. Duesberg, C. Fiala, R. Giraldo, A. Herxheimer, K. Koehlein, R. Cothari, S. Mhlongo y D. Rasnick.

El 10 de Mayo, Clinton firma un decreto que suaviza la aplicación de las leyes norteamericana por protección de patentes en el caso de que un país de África subsahariana las infrinja para abaratar los costos de los fármacos anti-SIDA.

El 11 de Mayo las multinacionales farmacéuticas Glaxo-Wellcome, Roche Holding, Bristol-Myers Squibb, MSD y Borhringer Ingelheim acuerdan importantes reducciones de sus medicamentos anti-SIDA para el Tercer Mundo.

En mayo 16, varios políticos importantes sudafricanos hacen público que se han hecho los test del VIH como acto de solidaridad con el pueblo, que se sienten nerviosos y ansiosos antes de saber los resultados y que aún no han decidido si los comunicarán.

El 17 de Mayo, Nelson Mandela expresa su apoyo a la iniciativa de Mbeki en un encuentro con estudiantes en Nueva York en el que les dice que "Mbeki hizo bien sus deberes en casa antes de salir a la luz pública". La cadena de televisión ABC así lo recoge en su noticiario.

El 17 de Mayo, a propuesta del virólogo, y Número Uno del SIDA en España, Dr. Rafael Nájera, el jurado decide por unanimidad concederle el premio Príncipe de Asturias de Investigación Científica y Técnica a los Dres. Gallo y Montagnier por "el descubrimiento del virus de la inmunodeficiencia humana tipo I o virus del SIDA".

El 20 de Mayo, la Asamblea de la OMS decide proponer la condonación de la deuda externa de los países en vías de desarrollo más afectados por el SIDA, a fin de que puedan dedicar más recursos económicos a combatirlo.

Del 21 al 26 de mayo, Mbeki visita a los EE.UU. Se entrevista con Clinton, gobernadores, senadores, empresarios, estudiantes, activistas del SIDA, etc. Los defensores de la hipótesis oficial no saben cómo expresarles sus preocupaciones, entre otras razones porque desde la Casa Blanca ha salido el consejo de "no presionarle mucho porque puede ser peor". Varias veces se le pregunta sobre su actitud ante el "grave problema del SIDA", y responde, -en ocasiones utilizando términos técnicos, como "fosforilización", que luego algunos periodistas recogen incorrectamente en artículos, no obstante contrarios a Mbeki- subrayando la necesidad de efectuar el debate que impulsa justamente para poder responde mejor a dicho problema y encontrar soluciones innovadoras adecuadas.

Charles L. Geshekter. Profesor de Historia de África, California State University, Chico explica la relación del SIDA en África con el subdesarrollo y el racismo.

Millones de africanos padecen desde hace mucho tiempo pérdida de peso severa, diarrea crónica, fiebre y tos persistente. En 1985 los investigadores occidentales definieron de pronto este abanico de síntomas como un síndrome característico -SIDA- y afirmaron que lo causaba un virus -VIH- que consideraban sexualmente contagioso.

Los funcionarios estadounidenses de Sanidad aceptan totalmente este modelo VIH-SIDA como explicación de lo que solían considerarse las enfermedades de la pobreza galopante en África. Hay como mínimo tres razones por las que esta postura merece una minuciosa reconsideración.

Está, en primer lugar, el hecho de que muchos africanos a quienes cabría aplicar el diagnóstico del SIDA -quizá el 70%- resultan negativos al aplicarles el test de VIH.

La segunda es la incongruencia del modelo africano VIH-SIDA en predecir el curso del SIDA en Estados Unidos. Como los síntomas del SIDA están diseminados en toda la población de África, si su contagio es heterosexual debería haberse difundido de forma generalizada en otras poblaciones, como la estadounidense, en la que cientos de miles de heterosexuales contraen anualmente enfermedades venéreas. Por el contrario, 16 años después de haber sido descrito en la literatura médica, en Estados Unidos el SIDA continúa estrictamente restringido a determinados grupos de riesgo. De los 70.000 pacientes anuales estadounidenses de SIDA, al menos el 90% son usuarios de drogas (incluidos casi todos los pacientes homosexuales) y menos de 10.000 se registran como casos heterosexuales.

La tercera es que el contagio sexual no explica las diferencias de porcentaje entre heterosexuales VIH-positivos de África (aproximadamente un cinco por ciento) y Estados Unidos (aproximadamente un uno por 7.000). Cuando se lanzó el paradigma VIH-SIDA en 1984, sus padrinos asumieron que el VIH se transmitía fácilmente por vía coital; los científicos sólo verificaron la hipótesis años después y comprobaron índices de contagio coital enormemente bajos. El último estudio muestra que una mujer VIH-negativa se convierte por término medio en positiva tan sólo después de mil contactos sin preservativo con un hombre positivo, y que un hombre negativo se convierte en positivo sólo tras ocho mil contactos con una mujer positiva. Estos datos sugieren dos conclusiones mutuamente excluyentes: o el VIH no es un microbio transmitido por vía sexual y son otros factores la causa de su prevalencia, o los heterosexuales africanos son enormemente más promiscuos que los heterosexuales estadounidenses, panorama poco verosímil.

Teniendo todo esto en cuenta, ¿Por qué tantos profesionales de Sanidad consideran útil o necesario ver las enfermedades de la pobreza en África como sexualmente contagiosas? ¿Por qué lo creyeron desde un principio?

Los médicos del CDC Joseph McCormick y Susan Fisher-Hoch, prepararon en 1985 el congreso de la OMS en la República Central Africana en que se produjo la « *Definición de Bangui*» del SIDA en África. El CDC acababa de adoptar el modelo VIH-SIDA como explicación de las enfermedades de la mayoría de los estadounidenses que se inyectan drogas, un segmento de homosexuales urbanos promiscuos del mundillo de la droga y receptores de transfusiones. El VIH resultó ser uno de los muchos virus que tienden a reaccionar con sangre de esos pacientes. Y sucedía lo mismo con sangre de africanos afligidos por la enfermedad de la pobreza. Por el modelo VIH-SIDA se presumía que el SIDA se «extendería» a través del VIH a un mayor porcentaje de africanos de los que habitualmente lo padecen.

McCormick y Fisher-Hoch aceptaron este modelo y recientemente explicaron su motivación para el congreso y la razón en que se basa la definición de SIDA emanada de la misma:

«Seguía siendo urgente la necesidad de empezar a estimar la magnitud del problema del SIDA en África... Pero teníamos un peculiar problema con el SIDA. En África pocos casos de SIDA reciben cuidado médico. No existían tests diagnósticos adecuados para aplicación generalizada... Al carecer de estos indicadores (es decir, tests diagnósticos de leucocitos T4/T8) necesitábamos la definición de caso clínico... una serie de directrices que los clínicos pudieran seguir para determinar si una persona tenía o no SIDA. (Si nosotros) podíamos lograr que los participantes del congreso de la OMS de Bangui acordasen una definición simple de lo que era un caso de SIDA en África, por imperfecta que fuese la definición, podíamos realmente iniciar el recuento de los casos y todos estaríamos contando, en términos generales, lo mismo (con énfasis).

Se llegó a la definición por consenso, basado fundamentalmente en la experiencia de los delegados en el tratamiento de pacientes con SIDA. Resultó un medio útil para determinar la extensión de la epidemia del SIDA en África, especialmente en zonas en que no se dispone de tests. Los principales componentes eran: fiebre prolongada (un mes o más), pérdida de peso igual o superior al 10 por ciento y diarrea prolongada».

Los doctores querían refutar el tosco moralismo de la década de los 80 de que el SIDA era una «plaga gay» convenciendo al gobierno de Estados Unidos de que «efectivamente, el SIDA era una epidemia, pero que nadie estaba inmune». McCormick y Fisher-Hoch recordaron que «los expertos en enfermedades de contagio sexual no dejaban de abrumarnos con historias de prácticas sexuales excesivas, y muchas veces extrañas, asociadas con el VIH en Occidente... Empezábamos también a ver una correlación entre el número de parejas sexuales y el índice de infección... Comparado con Occidente, los contactos heterosexuales en África son frecuentes y relativamente desprovistos de restricciones sociales -al menos para los hombres...-. Todo apuntaba a creer que, habiendo encontrado SIDA por contagio heterosexual en Kinshasa, íbamos probablemente a encontrarlo en todo el mundo».

Fue basándose en estas afirmaciones tan acientíficas, generalizaciones clínicas inexactas, criterios occidentales de moral sexual y estereotipos racistas decimonónicos sobre los africanos que el SI DA se convirtió en una «enfermedad por definición» y se atribuyó a África un papel central en la promoción del criterio de que el SIDA campaba por doquier y de que todo el mundo estaba sujeto a riesgo. Hacia 1986 «la gente se daba codazos por participar en la investigación del SIDA», recuerdan los dos doctores. «Se daban cuenta de que el SIDA representaba una oportunidad para obtener becas, entrenamiento y posibilidades de ascenso profesional... Y se implantó cierta mentalidad militancial en la que profesiones y reputaciones competían en una carrera».

Como prueba de que tales «síntomas de SIDA» se contagiaban por vía sexual, McCormick y Fisher-Hoch mencionan un modesto estudio dirigido por Kevin DeCock, otro epidemiólogo del CDC. En 1986, DeCock examinó unas muestras de sangre almacenada de 1976 (para análisis del virus Ébola) de 600 habitantes de la ciudad de Yambuku, en el norte de Zaire. Las muestras de cinco pacientes (0,8%) dieron positivo al test de anticuerpos del VIH.

DeCock quiso saber qué había sido de aquellas cinco personas en los diez años transcurridos. Según McCormick y Fisher-Hoch, «tres de los cinco (60%) habían muerto. Para determinar si las muertes eran imputables al SIDA, Kevin entrevistó a gente que los había conocido. Los amigos y parientes de los fallecidos describieron una enfermedad caracterizada por pérdida de peso severa y otros achaques, que para Kevin dejaban poco lugar a dudas de que habían perecido por el SIDA (con énfasis).

DeCock concluyó, a partir de estas entrevistas, que los fallecidos habían muerto de SIDA y que la causa era el VIH. Llegó a tal conclusión sin comparar debidamente los cinco pacientes VIH-positivos con sujetos en igual condición de los 595 VIH -negativos y sin recoger sobre los mismos datos e información sobre movilidad y mortalidad. De haberlo hecho, quizá habría descubierto que los africanos, incluso los VIH-negativos, mueren de «pérdida de peso severa» y otras enfermedades denominadas SIDA.

DeCock advirtió además que los tests de anticuerpos realizados en 1986 demostraban que la prevalencia de VIH en Yambuku se mantuvo constante en el 0,8% durante los diez años transcurridos desde 1976. Por su cuenta y riesgo, interpretó que el VIH -y el SIDA- tenía su origen en África: el VIH (SIDA) hacía años que existía en pequeños grupos de habitantes rurales (que él imaginaba lo habían contraído de monos) y especuló que, al emigrar, algunos de ellos, a finales de la década de los 70, a lo que falsamente suponía eran ciudades de promiscuidad sexual, había estallado una epidemia de VIH y SIDA.

DeCock no consideró que esos mismos datos podían haberse in-terpretado como indicación de que el VIH es un virus suave y difícil de contagiar. Tampoco McCornick ni Fisher-Hoch.

La clase de presunto diagnóstico utilizado por DeCock se denomina «autopsia verbal». Su aceptación es generalizada en África, en donde «no hay ningún país con un sistema de registro oficial que recoja suficientes cifras de fallecimientos para obtener tasas fiables de mortalidad». Si a nivel mundial se dispone de certificado médico de defunción en un 30% de los 51 millones anuales de muertes estimadas, en el Global Burden of Disease Study (GBD) se comprobó que en el África subsahariana existe la mayor incertidumbre sobre causas de morbilidad y mortalidad, dado que sus cifras estadísticas eran las más bajas de cualquier zona del mundo: un insignificante 1,1%.

Estos hallazgos indujeron a «The Lancet» a reconocer en un editorial que «las actuales estrategias para mejorar la salud mundial debían ser reevaluadas» y considerar «cuánto dinero más se gasta en investigar la infección por VIH (la trigésima causa de muerte) que en las causas del suicidio (la número 12) o en la prevención de accidentes de circulación (la número 9) y por qué».

Mientras que el SIDA en los países industrializados se confina casi en exclusiva a un reducido porcentaje de homosexuales, personas que se inyectan drogas y receptores de transfusiones, el SIDA aflige a la misma población africana afectada por los antiguos flagelos de la malaria, la esquistosomiasis y la enfermedad del sueño (tripanosomiasis).

Esto se denomina la «paradoja heterosexual» del SIDA. Los partidarios del modelo VIH tratan de explicarla de dos modos contradictorios. Algunos afirman simplemente que es una paradoja transitoria, y especulan que el VIH llegó primero a África y que, con el tiempo, se extenderá igualmente por Occidente. Pero esto lo llevan diciendo más de diez años.

Otros reconocen la inmutabilidad de la paradoja y lo explican diciendo que los africanos son distintos a los occidentales; son substancialmente más promiscuos y más proclives a tener úlceras genitales. ¿Cómo, si no, explicar la distribución generalizada de un virus que requiere, para genitales no ulcerados, mil coitos heterosexuales?

En el X Congreso internacional del SIDA en Yokohama (agosto de 1994), el Dr. Yuichi Shiokawa afirmó que el SIDA sólo sería controlado si los africanos contenían su lujuria. El profesor Natham Clumeck de la Universidad Libre de Bruselas se mostró escéptico en cuanto a que los africanos lo hicieran: en una entrevista en «Le Monde», Clumeck afirmó que «sexo, amor y enfermedad no significan lo mismo para los africanos que para los europeos (porque) el concepto de culpa no existe como en la cultura occidental judeo-cristiana».

105

Estos mitos racistas sobre los excesos sexuales de los africanos no son de ahora. Los primeros viajeros europeos volvían del continente con historias de negros que realizaban proezas carnales atléticas con unas mujeres negras sexualmente insaciables. Estas afrentas a la sensibilidad victoriana sirvieron de justificación, junto con los conflictos tribales y otras conductas «incivilizadas», para el control social colonialista.

Los investigadores del SIDA dieron otra vuelta de tuerca al viejo repertorio con historias de zaireños que se restriegan sangre de mono en cortes cutáneos a guisa de afrodisíaco, de genitales ulcerados y de camioneros tenorios de África oriental que contraen el SIDA de las prostitutas y luego infectan a sus esposas. En una carta increíble publicada en «The Lancet», se citaba un pasaje de las memorias de Lili Palmer, en que relata que un chimpancé macho «con sus inequívocos signos anatómicos de pasión por (Johnny) Weismuller», durante el rodaje de Tarzan en 1946, como prueba de que «puede ser una explicación al contagio interespecies» de la infección por VIH.

Nadie ha demostrado que la gente en Ruanda, Uganda, Zaire y Kenia -el llamado «cinturón del SIDA»- sea más activa sexualmente que en Nigeria, en donde sólo se registraron 3.002 casos acumulativos de SIDA de entre una población de 100 millones; o en Camerún, donde se registraron sólo 8.141 entre 10 millones.

No se han realizado encuestas sexuales en todo el continente africano, y, no obstante, los investigadores convencionales perpetúan los estereotipos racistas sobre insaciable apetito sexual y exotismo carnal. Asumen que los casos de SIDA en África los motiva una promiscuidad sexual similar a la que causó -en combinación con las drogas recreativas, estimulantes sexuales, enfermedades venéreas y empleo excesivo de antibióticos- la primera epidemia de disfunción inmunológica entre la reducida subcultura de varones «gay» occidentales.

La investigación en África no sugiere nada parecido. En 1991, los investigadores de Médicos Sin Fronteras y de la facultad de Salud Pública de Harvard efectuaron una encuesta de conducta sexual en el distrito Moyo del noroeste de Uganda, y sus hallazgos revelaron que, en general, la conducta sexual no era muy distinta a la de Occidente. Como promedio, las mujeres realizaban su primer coito a la edad de 17 años y los hombres a los 19; el dieciocho por ciento de las mujeres y el 50% de los hombres admitían practicar sexo prematrimonial, un 1,6% de las mujeres y un 4,1% de los hombres habían realizado sexo casual durante el mes previo al estudio, mientras que un 2% de las mujeres y un 15% de los hombres lo habían hecho en el año anterior.

Las falsas representaciones de los medios de comunicación, que vinculan la sexualidad con el SIDA, han provocado angustia desmesurada y pánico moral en regiones de África ya afligidas por extrema pobreza, asoladas por la guerra y carentes de un sistema básico de dispensarios sanitarios. El «morbo por el desastre» de la prensa sensacionalista hace que se sirvan del SIDA para vender «más periódicos que por ninguna otra enfermedad en la historia. Es una enfermedad llamativa, con sus factores de sexo, sangre y muerte; y a ella han recurrido los editores en todo el mundo».

La salud pública parece una mercancía, y la glotonería de los medios de comunicación por asuntos siniestros y su incuria por otras perspectivas, los faculta para tratar a África en términos apocalípticos. Esa mercadotecnia de la angustia contribuye a promover programas de modificación de conducta para «salvar a África». Olvidando los datos de morbilidad y mortalidad del Global Burden of Disease Study, los periodistas sostienen por reflejo que «el SIDA es, con mucho, la peor amenaza en África».

Las graves consecuencias que tiene afirmar que millones de africanos sufren la amenaza de la infección del SIDA hace políticamente aceptable que se utilice el continente como un laboratorio para pruebas de vacunas y distribución de fármacos tóxicos de dudosa eficacia, como el ddI y el AZT. Por otra parte, las campañas que propugnan la monogamia y la abstinencia, así como la exhortación generalizada de los medios de comunicación de que el «sexo seguro» es la única manera de evitar el SIDA, están haciendo que los africanos teman acudir a una clínica de sanidad pública por miedo a que les comuniquen un diagnóstico "fatal" de SIDA. Incluso los africanos «con enfermedades tratables (como la tuberculosis) que se creen víctimas de una infección por VIH dejan de buscar ayuda médica al pensar que padecen una enfermedad intratable».

Algunos científicos occidentales, entre ellos el Dr. Luc Montagnier, virólogo francés supuesto descubridor del VIH, afirman que la práctica de la circuncisión femenina facilita la diseminación del SIDA. Sin embargo, Djibouti, Somalia, Egipto y Sudán (los países en los que está más difundida la mutilación genital femenina) forman parte de los países con menor índice de incidencia del SIDA.

"La «epidemia de SIDA" es un mal presagio para el futuro del mundo desarrollado. Así lo creen las esferas científicas. Fondos de ayuda médica destinados en principio a combatir la malaria, la tuberculosis y la lepra en África, se desvían a asesoramiento sexual y distribución de condones; y los científicos sociales orientan su interés hacia programas de modificación de conducta y de prevención del SIDA.

Una reevaluación del SIDA en África revelaría sin lugar a dudas que los tests de VIH son muy poco fiables entre la población, dado que los anticuerpos a los virus y microbios convencionales endémicos causan reacción cruzada y arrojan ridículos resultados de positivos falsos. Por ejemplo, en 1994, según un estudio en África central, los microbios responsables de la tuberculosis y la lepra eran tan prevalentes que más del 70% de los resultados positivos del test de VIH son falsos. En este estudio se demostró además que los tests de los anticuerpos al VIH dan positivos en personas sin VIH cuyo sistema inmunitario se halla comprometido por un sinnúmero de causas, entre ellas, infecciones parasitarias crónicas y anemia producidas por la malaria.

Por la bajísima frecuencia de contagio vaginal del VIH, cuesta imaginar que el contagio heterosexual sea responsable de los elevados índices de prevalencia del VIH observados en algunas regiones. ¿Cuál es, entonces, la causa?

Tal vez los tests utilizados para determinar la infección de VIH en África exageran la prevalencia. Algunos tests de VIH detectan entidades que forman parte del propio VIH, como son ciertas proteínas y secuencias genéticas. Y en África la prevalencia se determina detectando anticuerpos, que son elementos del sistema inmunitario y no el virus. El hecho de que estos tests reaccionen con anticuerpos desencadenados por microbios corrientes en África apunta a una explicación de la prevalencia del VIH en este continente más plausible que el contagio sexual.

Incluso la asociación de los tests de anticuerpos al VIH con las infecciones corrientes no significa que los resultados positivos avalen la prognosis de muerte. Consideremos una investigación publicada en «The Lancet» sobre 9.389 ugandeses con resultados inequívocos del test de anticuerpos al VIH. Dos años después del estudio, el 3% había muerto, el 13% había emigrado y el 84% seguía residiendo allí. Se habían producido 198 muertes entre los seronegativos y 89 entre los seropositivos. Se disponía de evaluaciones médicas realizadas antes del fallecimiento en 64 de los adultos VIH-positivos; de estos, cinco (8%) tenían SIDA según la definición de la OMS en base a los síntomas clínicos. El llamado «mayor estudio prospectivo de este género en el África subsahariana» consistió en aplicar el test a unas 9.400 personas en Uganda, el llamado epicentro del SIDA en África. Pero de las 64 muertes registradas entre los que resultaron positivos a anticuerpos del VIH, sólo cinco fueron diagnosticadas como resultado del SIDA. Si no es el contagio sexual del VIH, ¿Qué es lo que causa la aparición generalizada de síntomas de SIDA en África? La evidencia apunta directamente a las condiciones socioeconómicas generalizadas, que dan origen a los síntomas de SIDA aún entre los africanos VIH-negativos.

En su meticulosa tesis doctoral de 1997, Michelle Cochrane contrastaba los criterios centrales de la ortodoxia del SIDA con datos documentados en historiales de pacientes de SIDA de San Francisco (EE.UU.), y halló que las autoridades sanitarias repetidamente sobreestimaban el riesgo de contraer VIH/SIDA mediante actividad sexual, «y simultáneamente subestimaban la proporción del número de casos de VIH/SIDA atribuibles a aplicación intravenosa de drogas y/o factores socio-económicos, que condicionan el acceso a centros sanitarios y servicios de prevención».

Cochrane demostró que las autoridades sanitarias claramente fallaron en investigar los factores de riesgo de disfunción inmunológica entre mujeres adultas heterosexuales. En los estudios estadísticos se consideraba suficiente para «una mujer heterosexual simplemente afirmar que el origen de su infección era el acto sexual con un usuario de droga intravenosa o con otro hombre sujeto a riesgo de VIH/SIDA... Un porcentaje de los 187 casos de SIDA femeninos (de 24.371 casos en San Francisco) atribuidos a contagio sexual habrían podido ser, con una investigación adecuada, atribuídos al uso intravenoso de drogas. La investigación epidemiológica en Estados Unidos y Europa nunca ha probado que una mujer haya contagiado sexualmente el VIH a un hombre. (Porque) el contagio heterosexual del VIH de un varón a una mujer sucede difícilmente y muy raramente... Todos los estudios estadísticos sobre casos femeninos de SIDA se han agrupado sin escrutinio riguroso de los factores de riesgo a que estaban sujetas las mujeres para contraer la enfermedad y con tendencia a incluir el mayor número posible de mujeres (con énfasis)».

Las asunciones apriorísticas que motivaron las actividades estadísticas del SIDA en Estados Unidos permitieron ulteriormente predicciones sobre una difusión exponencial de la enfermedad, que han quedado como «cosa sabida», a pesar de la ausencia de datos empíricos. Son puntos críticos a considerar al revisar cualesquiera de los datos epidemiológicos sobre casos de «SIDA» en África.

La OMS comparó los cálculos de seropositividad-VIH del período 1984-1995 con el número real de casos de SIDA en su «Weekly Epidemiological Reports», y el resultado total es que el 99,95% de los africanos no tiene SIDA, incluido el 97% de los que dan positivo al test de VIH. Estos hechos contradicen notablemente la creencia imperante de un África asolada por una infección mortal de VIH.

El sistema primario de sanidad en África quedará obstruido hasta que los planificadores de la salud pública confeccionen sistemáticamente estadísticas de morbilidad y mortalidad que muestren con exactitud las causas de muerte y enfermedad en los diversos países africanos. Durante los diez últimos años, al aumentar drásticamente la ayuda externa a África basada en programas VIH y SIDA, los fondos para estudiar otros problemas sanitarios han quedado estancados, a pesar de que las muertes por malaria, tuberculosis, tétanos neo-natal, enfermedades respiratorias y diarrea crecen hasta índices alarmantes.

Mientras las autoridades sanitarias occidentales se centran en el VIH, el 52% de los africanos subsaharianos carece de agua potable, el 62% carece de condiciones higiénicas, y unos 50 millones de niños en edad preescolar padecen malnutrición de proteínas y calorías. Las malas cosechas, el pauperismo rural, los sistemas de trabajo nómada, el hacinamiento urbano, la degradación ecológica, las mutilaciones criminales, el colapso de las estructuras del Estado y la violencia sádica de las guerras civiles constituyen las principales amenazas a la vida en África. Cuando los servicios esenciales de agua, electricidad y transporte se interrumpen, la sanidad pública se deteriora y aumenta el riesgo de cólera, tuberculosis, disentería y enfermedades respiratorias.

El director general de la OMS, Hiroshi Nakajima, advirtió con énfasis que «la pobreza es la enfermedad más mortal del mundo». Efectivamente, las principales causas de inmunodeficiencia y los marcadores más exactos de síntomas clínicos de SIDA en África son las condiciones paupérrimas de vida, la carencia económica y la malnutrición proteínica, no una conducta sexual exagerada ni los anticuerpos del VIH, un virus que ha resultado difícil o imposible de aislar directamente, incluso en pacientes de SIDA.

La llamada «epidemia de SIDA» en África se ha utilizado para justificar la medicalización de la pobreza subsahariana, y por ello la intervención médica de Occidente adopta el esquema de ensayos de vacunas y de fármacos, y casi una exigencia evangélica para que se modifique la conducta. Los científicos del SIDA y los planificadores sanitarios deben reconocer el papel de la malnutrición, la escasa higiene, la anemia y las infecciones corrientes, que causan síntomas de SIDA sin que haya VIH. Los datos sugieren primariamente que son las condiciones socio-económicas y no la continencia sexual la clave para mejorar la salud de los africanos.

Los asistentes sociales con entrenamiento médico Philippe y Evelyn Krynen, empleados por el grupo francés Partage en la provincia de Kagera en Tanzania, comunican que cuando «se dio tratamiento adecuado a los aldeanos enfermos de neumonía e infecciones fúngicas, que podían haber contribuido a un diagnóstico de SIDA, habitualmente se recuperaron».

Una observación similar procede del padre Angelo d'Agostino, ex cirujano fundador de Nyumbani, un hospicio para niños abandonados y huérfanos VIH-positivos en Kenia. «La gente piensa que un test positivo es algo sin esperanzas y los niños quedan marginados en los patios de los hospitales que no tienen recursos, y allí mueren. Llegan a nosotros muy enfermos; generalmente se hallan deprimidos, introvertidos y callados... Pero una vez que les cuidamos, recuperan peso, se curan de la infección y crecen. La higiene es excelente (y) la nutrición muy buena; les damos suplementos de vitaminas, aceite de hígado de bacalao, verduras diariamente y muchas proteínas. Da gloria verlos».

Se puede recomendar a la gente conducirse con cuidado en su vida sexual si se les provee de información fidedigna sobre el uso de condones, planificación familiar y enfermedades venéreas. Las instituciones multilaterales y los educadores del SIDA en África deben familiarizarse con la literatura científica que demuestra las contradicciones, anomalías e incongruencias de la ortodoxia VIH/SIDA. En ellos recae la gran responsabilidad de considerar las explicaciones no contagiosas de los casos de «SIDA» en África de interrumpir la difusión de la desinformación aterradora que equipara sexualidad con muerte.

Entrevista al Ex Presidente Sudafricano Thabo Mbeke sobre las investigaciones acerca del SIDA

El 16 de Abril de 2000, el programa Search for solutions (En busca de soluciones) de Meditel Productions es emitido a toda África en el programa Carte Blanche de M- Net. El programa incluye una entrevista a Thabo Mbeki (que transcribo), presidente de Sudáfrica, realizada por nuestra colaboradora Joan Shenton, directora de Meditel.

El documental Search for solutions incluye fragmentos de otros programas realizados por Joan y su equipo de Meditel sobre el SIDA en África y sobre la experimentación en Inglaterra de fármacos tóxicos como el AZT en niños africanos y del tercer mundo.

Sudáfrica está en pleno proceso de reevaluación de lo que se ha venido describiendo como la mayor plaga conocida por la humanidad: el SIDA. Actualmente, muchas sociedades y comunidades en todo el mundo cuestionan seriamente la idea de que sea un virus, el VIH, el que causa el SIDA. Sus voces sólo se han podido oír en muy contadas ocasiones. En Pretoria, Sudáfrica, su presidente, Thabo Mbeki, está reuniendo a un grupo de expertos para dar ocasión a que se pueda escuchar un abanico más amplio de opiniones. Presidente Thabo Mbeki. Porque hemos vivido en una situación que ha estado acaparada por la visión ortodoxa; ciertas cosas que uno creía saber: el VIH es igual a SIDA, que es igual a muerte... Una de las cosas que han quedado claras, y que, la verdad, resulta muy que han quedado claras, y que, la verdad, resulta muy inquietante, es el hecho de que existía un punto de vista diferente, expuesto por personas cuyas credenciales científicas son incuestionables. Con ello no quiero decir necesariamente que tengan razón, pero me parece que se ha intentado por todos los medios excluir sus voces, silenciarlas.

Joan Shenton entrevista al Presidente Mbeke.

Se dice que Vd., el año pasado, declaró en el parlamento que le preocupaba el hecho de que se estuviese dando AZT a las mujeres embarazadas. ¿Por qué le preocupaba?

Bueno, porque se han planteado muchas preguntas sobre la toxicidad de este fármaco; las dudas eran muy serias. Como gobierno, tenemos la responsabilidad de resolver los problemas relacionados con la salud pública y, por lo tanto, podemos tomar decisiones, debemos tomar decisiones, que tendrán un impacto directo sobre los seres humanos. Y, a mi parecer, al existir dudas y surgir preguntas en torno a la toxicidad y la eficacia del AZT y otros fármacos, se hacía necesario estudiar estos temas de nuevo, porque la conciencia de uno no estaría tranquila si, a pesar de haber sido advertido del posible peligro, ha seguido adelante y ha dicho, a pesar de los riesgos, vamos a distribuir estos fármacos.

Algunos médicos del SIDA afirman que las pruebas son abrumadoras, que el VIH es la causa del SIDA y que el AZT resulta beneficioso. ¿Qué diría Vd. al respecto?

Yo diría que por qué no reunimos todos los puntos de vista diferentes sobre esos temas en un mismo lugar. Dejemos que se sienten en torno a una mesa, que discutan sobre todo esto, que presenten todas las pruebas existentes, y veamos que sale de ese debate; ésa es la razón de ser del grupo de expertos del que hablábamos antes. Podrían estar en lo cierto. Pero yo creo que si están en lo cierto y están Pero yo creo que si están en lo cierto y están convencidos de que tienen la razón de su parte, sería muy bueno para ellos que demostrasen a los otros, los que están equivocados, que están equivocados.

La gente dice que a Vd. no le gusta la idea de dar AZT a las embarazadas (por supuesto, estoy yendo al terreno de lo personal), porque es demasiado caro y, en cierto modo, a Vd. se le ve como a un tacaño. ¿Qué responde a eso?

Pues que es lógico que lo considere así alguien que opina que se debe administrar ese fármaco para detener la transmisión de la enfermedad, como se dice en este caso: la transmisión de madre a hijo. (El AZT) es tremendamente costoso, y eso es algo que debemos tener en cuenta. Pero también digo que, en este contexto, tenemos que responder a determinadas preguntas sobre el efecto tóxico de este fármaco. Si estás en un puesto en el que las decisiones que tomas pueden tener, y de hecho tienen, serias consecuencias sobre la salud de las personas, no puedes ignorar un considerable volumen de experiencia en el mundo entero que afirma que este fármaco tiene ciertos efectos negativos.

¿Por qué recientemente ha hablado Vd. con tanta franqueza sobre la codicia de las compañías farmacéuticas?

Pienso que se deben discutir muchas cosas; el tema de la salud y el tratamiento de las personas parece, de hecho, estar orientado a obtener beneficios. Probablemente Vd. ha oído hablar de la larga pelea que tuvimos con la industria farmacéutica sobre el tema de las importaciones paralelas y cosas por el estilo. Lo que nosotros decimos es que queremos que las medicinas y los fármacos sean lo más baratos posibles para una población como la sudafricana, que en su mayoría es pobre. Necesitábamos encontrar esas medicinas donde fueran más baratas, controladas como medicinas donde fueran más baratas, controladas como es debido, probadas como es debido; el producto genuino, nada de falsificaciones.

En la prensa se le insta a que se limite Vd., cito textualmente, a realizar el trabajo para el cual ha sido elegido, y deje los temas especializados para los que más entienden de ellos. ¿Qué responde a esto?

Bueno, no me puedo imaginar a ningún jefe de gobierno diciendo: no estoy especializado en economía, por lo tanto, no puedo tomar decisiones relativas a la economía; no soy un soldado, por lo tanto, no puedo tomar decisiones que afecten al ministerio de defensa; o no soy un educador, un pedagogo, por lo tanto, no puedo tomar decisiones sobre educación. No veo por qué la salud debe tratarse como algo tan tremendamente especializado, sobre lo cual el presidente de un país no pueda tomar decisiones. Creo que sería negligente decir: bueno, en lo que se refiere a política sanitaria, vamos a dejar el tema a los médicos y los científicos; en lo que se refiere a educación, lo dejaremos a los educadores y pedagogos. La verdad, me parece absurdo.

¿Qué le parece la reacción que han tenido algunos de los virólogos e intelectuales más prominentes de su país ante su postura?

Tengo la sensación, como ya le he dicho antes, de que hemos sido todos educados en una única corriente de pensamiento, y en realidad no me sorprende en absoluto que se encuentre a una abrumadora mayoría de científicos en este campo, en esta cultura, gente que sostiene un punto de vista determinado, porque ése es el único al que han tenido acceso. Este otro punto de vista, y eso es en parte lo que más miedo da, este punto de vista alternativo, en cierto modo, ha sido ocultado. No debe ser oído, no debe ser visto. Ahora mismo, eso se ha convertido en una exigencia. ¿Por qué está Thabo Mbeki hablando con una exigencia. ¿Por qué está Thabo Mbeki hablando con científicos desacreditados, concediéndoles legitimidad? Es un hecho muy preocupante que podamos decir, en el mundo actual, que existe un punto de vista que está prohibido. Está proscrito. Que hay herejes que deben ser quemados en la hoguera. Y todo eso se dice en nombre de la ciencia y la salud. No, no puede estar bien.

Últimamente, se ha dicho que la industria farmacéutica es más poderosa que los gobiernos. ¿De verdad va Vd. a ir tan lejos, y llevar este debate a otros líderes del mundo, como el pre-sidente Clinton, el primer ministro Blair, o quizás el primer ministro de la India, que, al igual que Ud. ha expresado su deseo de que se realice una investigación sobre estos temas?

Claro, por supuesto. Sí que quiero presentar el tema a una serie de líderes políticos de todo el mundo. Al menos para informarles de lo que estamos haciendo, hacerles comprender la verdad de todo este asunto; no lo que puedan ver en televisión o leer en los periódicos. Y, sí que nos animó mucho ver que el gobierno de la India se involucraba en el tema. Creo que el interés por estos problemas, que de alguna forma han sido ocultados, va a crecer a nivel mundial.

La situación es crítica, porque el objetivo de todo lo que estamos haciendo es poder responder adecuadamente a lo que se ha retratado como una catástrofe de primera magnitud en el continente africano. Tenemos que responder adecuada y urgentemente, y no se puede responde adecuadamente si se cierran los ojos y los oídos a un determinado punto d vista, a cualquier evidencia científica que se presente. Un punto que parece estar muy claro dentro de la opinión alternativa que estamos presentando, es ¿Qué se puede esperar que pase en África en lo que respecta a los sistemas inmunes, cuando la gente es tan pobre, y está sujeta a infecciones repetidas y todo lo demás? Claramente, se puede esperar que estos sistemas Claramente, se puede esperar que estos sistemas inmunes se vengan abajo, y no le quepa la menor duda de que eso es precisamente lo que está pasando. Por otro lado, el atribuir tal situación de inmunodeficiencia a un virus produce una respuesta específica, y lo que estamos debatiendo aquí, como gobierno de Sudáfrica, es que nos parece incorrecto responder al reto que supone el SIDA dentro de una banda estrecha. Si solamente decimos: hay un virus, sexo seguro, utilizad preservativos, y nada más... no pararemos la expansión del SIDA en este país.

EL MAL ARRAIGADO

El haber estado muy relacionado a decenas de personas que han sido diagnosticadas VIH positivo o enfermas de SIDA, así como el haber participado en conferencias, muchas organizadas por mí, y formado parte de discusiones como parte de los no creemos en la versión oficial del SIDA en debates con los oficialistas, me ha permitido conocer la personalidad psicológica, la ideología y las normas de conducta, tanto de las víctimas como de los que están en el grupo de los victimarios. Aunque cabe señalar que en el grupo de apoyo de los victimarios se hayan muy buenas personas que creen que están en la posición correcta.

Veo pasar por mi lado en mi propio trabajo o en la calle, o en los pasillos de las clínicas y hospitales encaminándose a las salas de espera para realizarse análisis de sangre o para consultarse con sus médicos a los que son "VIH" positivos y/o enfermos de SIDA. Los que aprendí a reconocer a simple vista, de una sola mirada, de entre aquellos que no toman drogas contra el SIDA, todos ensimismados en una honda reflexión angustiosa que dibuja en sus rostro una profunda melancolía, desolación y pesadumbre, una soledad abrumadora y aislante. Rostros desencajados, lipodistróficos, de piel morada o violácea por el consumo de antirretrovirales que deambulan por las calles de cualquier ciudad o pueblo del mundo. Ellos son los sentenciados a muerte.

Muchas veces los he escuchado hablando entre ellos, en la mayoría de los casos, de temas superficiales y sin importancia. Incluyen los temas de las medicinas que los han "salvado" de una muerte prematura pero que, irremediablemente, no detendrán la muerte segura por SIDA. Ellos son los que acuden al médico con la fe en hallar consuelo en sus palabras, el anuncio de una luz al final del camino, pero solo escuchan de ellos las mismas palabras mecánicas, calculadas, matemáticas y frías: "tus conteos de células T están en un nivel tal", la "carga viral está en tal punto", "debes seguir, parar, cambiar, o aumentar el consumo de cócteles", etc. etc. El médico no lo palpará para saber cómo están sus órganos, qué hay de su piel, de su dermis, sus ojos, su cabellos, porque "para qué" de todas maneras se va a morir de SIDA… es un caso más sin remedio.

A estos individuos, fríamente sentenciados a muerte por un ritual frío, repetidito, carente se sentimientos, dolor o preocupación hu-mana por parte del doctor que debe velar por su verdadera salud física, moral, espiritual, mental y física, no tienen otra opción que esperar la muerte ¿qué más? No hay una vía de escape por parte de los oficialistas del VIH/SIDA, no está permitido que estos pobres infelices hallen una opción alternativa de vida, ni siquiera se les permita la posibilidad de saber que en el mundo hay muchos que saben cómo salir de la sentencia VIH positivo y vencer al SIDA, ¿por qué?, pues porque el oficializado terrorismo científico no da opción de ningún tipo a los que quieren llegar por otra vía a la solución del SIDA y porque los sentenciados a muerte por sus médicos no pueden tener otra alternativa permitida que no sea la del "silla-cóctel eléctrico" porque es lo que este mismo oficialismo únicamente les ofrece como opción.

Dentro de este confuso mundo de perturbaciones mentales, psicológicas, de doble moralidad, hipocresía, estatus, categorías y clases, se mueven ideas oscuras y turbias; y sobre todo conductas inexplicablemente absurdas. En este mundo de mezclan los diagnosticados VIH positivos, que convencidos de su muerte por SI DA, forman parte del estatus donde podemos encontrar trabajadores sociales, consejeros, asesores de nutrición, soportes espirituales especialmente ligados a la iglesia católica, consumidores de antirretrovirales, por supuesto, que creen que cierran filas entre aquellos que dan el ejemplo de sobrevivencia entre los sentenciados a muerte, que reciben como estímulo reconocimiento social, un buen salario y consideración especial, muchas veces consideración mezclada a lastima y pena. Están los que viven aferrados al consumo de los antirretrovirales, que han perdido las habilidades físicas para desempañar un trabajo digno y se mueren de tristeza y soledad encerrados en sus casas o entreteniéndose cuando se engañan a sí mismo al colaborar con aquellos que son consejeros, asesores o trabajadores de la salud, con los que creen que forman el equipo de salvación. Hay los que, son miembros más elevados del estatus; los médicos y especialistas, enfermeras, técnicos; que muy bien reconocidos socialmente, porque forman parte de los "almas caritativas que luchan en pos de alargar la duración de las vidas de los sentenciados a muerte"; personas que están dentro del mundo VIH/SIDA, que dirigen la orquesta de los sentenciados, aunque algunos duden de si el VIH existe o no, o que el SIDA sea una enfermedad infectocontagiosa, pero que se mantiene callados, en silencio, repitiendo como cotorras todo lo que el estatus dice, anuncia o escribe en sus costosos y llamativos folletos impresos en papel caro, de manera que su "posición" no sea afectada por ningún modo. Ejemplo de lo que digo, fue la respuesta de un médico cuando le plantee mi posición disidente sobre el VIH y el SIDA: "… lo que tú dices es verdad, muchos lo sabemos pero, yo no estoy tan loco como pare decirlo en voz alta y mucho menos a mis pacientes, porque eso me costaría el puesto, la pérdida de mi título y, posiblemente, mi libertad". A estos "trabajadores de la salud" les importa un cuerno la salud, la felicidad y la vida de sus pacientes. Los que verdaderamente les importa curar a sus pacientes, abren sus oídos a todas las opiniones, escuchan y analizan todas las partes en busca de la verdad que de vida a aquellos que se les acercan en busca de vida y amor.

Este mal arraigado, tiene raíces más profundas. Existe una gran agresividad parte del oficialismo al discutir o enfrentarse a discusiones con los que difieren de la hipótesis "VIH"=SIDA. Repiten como cotorras lo que les han dicho, lo que les afirman que es lo que "es" y nada más. Son muy pocos los casos que escuchan, se preocupan, meditan y se interesan por conocer las bases en que se sustentan los que no creen en el VIH y consideran que el SIDA no es lo que nos han hecho creer; por supuesto que son los menos, porque esta vía de estudio y el análisis, requieren cierto esfuerzo de inteligencia y mentalidad abierta y avanzada.

¿Cómo defienden los oficialistas sus puntos de vista? Pues, siguiendo las normas, afirmaciones, consejos, recomendaciones y órdenes que emanan del CDC de los Estados Unidos y de la OMS, manso cordero que sigue como perro fiel al CDC de USA, sin "peros que valgan" y, sobre todo, cuidándose mucho de nunca entrar en discusiones públicas, mucho ¡menos ante la prensa!, con los que están en contra de sus ideas.

En resumen, no hay opción para que científicos de cualquier parte del mundo, encuentren soporte económico, apoyo o respaldo para encaminar sus investigaciones sobre el VIH y el SIDA, que no sean las definidas por los poderosos de las industrias farmacéuticas, los Centros de Control de Enfermedades Infecciosas de los EE.UU. y la Organización Mundial de la Salud. El VIH, como testarudamente afirman estos oficialistas, no se ha probado científicamente que existe, pero "existe" y "está ahí" y "causa SIDA". Quien afirme lo contrario le sucederá, tarde o temprano lo mismo que a Galileo.

E, indudablemente, que no se crea nadie que en algún laboratorio, oficina o consejo ejecutivo de directivos de las directivas farmacéuticas hay una persona que desee curar un enfermo de SIDA y mucho menos hallar la real cura, porque entonces sí que se les acabó el negocio. Que no crea alguien que este gran negocio VIH /SIDA alguien va a permitir que pare. ¡No! Que ningún tonto se crea que van a encontrar una vacuna contra un virus que no ha sido ni siquiera aislado ni secuenciado y del que no se conoce su gen, lo que significa que no se ha probado científicamente su existencia. Los pomposos recintos hoteleros en bellas ciudades y fabulosos playas

119

seguirán cobijando las fastuosas conferencias científicas sobre el SIDA, los "importantes" hombres de la salud, la farmacología y los negocios seguirán brillando por su humanitario aporte en donaciones que pagan estas conferencias; la mejor forma de mantener vivo el lucrativo negocio de la industria del SIDA que es capaz de engañar a la gran mayoría de los médicos, los organismos de salud nacionales y hasta a los propios jefes de gobierno y de estado.

¿Quiénes se mueren de SIDA en el mundo y dónde están los índices más elevados de esta enfermedad?, en América Latina y África, y donde está la mayor cantidad de personas expuestas al hambre, la desnutrición y malnutrición, las drogas recreacionales como cocaína, marihuana, crack, éxtasis, el alcoholismo, la prostitución, la insalubridad, la angustia, las enfermedades venéreas, etc. etc. Parece que a alguien o a algunos se les ocurrió la idea de eliminar a los que estamos de sobra en este mundo: latinos pobres, negros, homosexuales, prostitutas, drogadictos y alcohólicos.

Por tanto, no hay opción para ningún VIH positivo o enfermo de SIDA, según lo antes explicado, para que se salve. ¿Solución para ellos?: esperar la muerte o "pegarse un tiro en los sesos". Que se olviden del hogar estable; de los hijos bien nacidos con porvenir brillante y vida larga; del sueño de una carrera triunfal y duradera. Y, ¡cuidado las madres que no les quiten a sus hijos por ser VIH positivo! ¡Que se olviden del sexo sin preservativos de roce carnal directo, donde tiene el amor su surgimiento y su cuna, en el más sublime, tierno acto, cúspide y momento sublime en que dos almas se unen!; que se olviden de la esperanza de simplemente vivir. Realmente a pocos les preocupa, en el fondo, lograr la salvación y la paz interior de los sentenciados a VIH positivos o enfermos de SIDA, en resumen; su felicidad en el vivir, excepto a algunos médicos, sus familiares más allegados y al propio enfermo.

¿ES EL SIDA UNA ENFERMEDAD VENEREA?

El funesto SIDA no es una enfermedad infecciosa ni se transmite sexualmente. Esto lo afirma el médico colombiano Roberto A. Giraldo Molina, Especialista en Medicina Interna por la Universidad de Antioquia, Colombia y graduado con distinción en la Universidad de Londres como Master en Ciencias de la Medicina Tropical, autor del libro "SIDA y los Estresantes" (AIDS and Stressors), radicado en los Estados Unidos. Desde luego eso ha generado una polémica científica pues ya se sabe que se mueven intereses fundamentados en la hipótesis de un virus fantasmal. Esta introducción ha sido presentada a comunidades científicas de Bogotá, Cali, Medellín, Barranquilla, España, EE.UU., etc. y es conocida internacionalmente. El Dr. Giraldo, investigados por más de 30 años de enfermedades infecciosas en su país y, en el exterior por más de 15 años investigador independiente del SIDA. En la actualidad está vinculado a la Sección de Inmunología del Departamento de Microbiología del New York Hospital Cornell Medical Center. El sostiene que el llamado virus de la inmunodeficiencia, no cumple ninguna condición para ser considerado como causante del SIDA. En efecto –declara- millares de casos de SIDA son VIH negativos y multitud de personas sanas, a pesar de ser VIH positivas no dearrollan SIDA. El VIH puede ser indicador de inmunodeficiencia pero, no origina el SIDA que es el más agudo estado de deterioro a que puede llegar el sistema inmunológico. El SIDA es más bien un llamado de atención sobre el peligro de extinción de la especie. Criterio que comparto, por experiencia personal.

El colombiano, Dr. Helman Sabdi Alfonso, sostiene que la hipótesis viral de SIDA, promovida por diversos intereses extracientíficos, se ha transformado en dogma mundialmente, por ende, un fuerte trajín económico pero inútiles logros en la salud pública. Sabdi asegura que la hipótesis viral llegó a ser dogma antes de que pudiera ser revisada por la comunidad de expertos, fue anunciada en conferencia de prensa antes de ser publicada en la literatura científica. La atención se centró en la lucha por la posesión de los honores y la lucrativa patente. Por la premura y la presión no se ha constatado su validez científica.

Con la hipótesis viral, -añade Sabdi- no es posible predecir la enfermedad que presentará un seropositivo. Es tal su vaguedad, que pronostica diarrea, demencia, sarcoma de Kaposi o ausencia de enfermedad uno, cinco, diez, veinte o treinta años después de unos dos mil contactos sexuales con una persona seropositiva o seronegativa. Con una hipótesis tan acomodada, sigue Sabdi, no existe ninguna esperanza para atender, prevenir ni tratar al SIDA.

Dice Sabdi que se está dando superficialmente el diagnóstico de seropositivo y que los "anticuerpos contra el VIH constituyen un marcador de riesgo". Precisa: "La hipótesis viral de SIDA es muy popular por la creencia generalizada de que las causas de nuestras actuales patologías siguen siendo los microbios y no nuevas actitudes y actividades". Para comenzar, sostiene Sabdi, hay que acometer dos acciones apremiantes: retirar el actual condicionamiento de llamar SIDA sólo cuando se obtiene o se presume un resultado seropositivo y segundo, que el diagnóstico del virus no se considere sinónimo de infección y tampoco pronóstico absoluto para el desarrollo del SIDA".

Según el Dr. Giraldo, es necesario –casi de vida o muerte- hacer más minuciosas e incesantes indagaciones sobre agentes estresantes que en los últimos 24 años han desencadenado el SIDA Cocaína, heroína, semen –su figuración como posible causa de inmunodeficiencia, justifica el preservativo-, desnutrición, hambre, estarían entre esos factores letales e, igualmente, nuevas actitudes y actividades como el uso de hornos microondas, de nintendos... y estarán abriendo paso a patologías relacionadas con el SIDA. Del mismo modo factores urbanos como contaminación ambiental provocarían a su vez la inmunodeficiencia.

Muchos expertos creen que los controles obligatorios del VIH en las mujeres embarazadas y en los recién nacidos llevarán a tratamientos obligatorios. En la actualidad hay un número de hospitales estadounidenses que no dan de alta a los recién nacidos que resultan positivos al VIH a no ser que los padres garanticen que estos niños serán tratados con AZT y otras drogas. Hoy en muchos estados, los niños que resultan VIH positivos tienen el riesgo de ser quitados a sus padres por las agencias de servicios social u otras instituciones de salud pública sin los padres no aceptan tratarlos con AZT y con otros medicamentos.

DROGAS MORTALES EMPLEADAS CONTRA EL SIDA

El AZT no es una droga nueva. No fue creada para el tratamiento del SIDA y no es un antiviral. El AZT es un compuesto químico que fue desarrollado –y abandonado - como un quimioterapéutico para el tratamiento del cáncer hace más de 40 años. Se sabe que la quimioterapia funciona matando las células en crecimiento del organismo. Muchos pacientes con cáncer no sobreviven a la quimioterapia debido a sus efectos destructivos sobre el sistema inmunológico. Debido al daño que causa, la quimioterapia nunca se usa como prevención y sólo se administra por periodos muy cortos de tiempo.

"Tóxico. - Tóxico por inhalación, en contacto con la piel y si es tratado. Los órganos blancos: sangre, médula ósea. Si se siente mal busque ayuda médica (en lo posible muestre la marquita). Use ropa protectora".

"Sigma.- 3'AZIDO-3'DEOSI-TIMIDINA-AZT; (Azidotimidina) (30516-87-1) Desecante C10h1 1N901 FW 267.2. Pureza 99% (HPLC). Sólo para uso de laboratorio. No usarse como droga, ni en uso doméstico, ni otros usas". Esto es una nota en la etiqueta del AZT que aparece en las botellas que contienen solamente 25 miligramos, que es una pequeña fracción (1/20-1/50) de la dosis diaria prescrita a los pacientes. (Phisician Desk Reference 1994 página 324).

Puesto que el cáncer está formado por células en crecimiento permanente, el AZT fue diseñado para prevenir la formación de nuevas células ya que bloquea el desarrollo de las cadenas de ADN. En 19764, los experimentos realizados con el AZT en ratones con cáncer mostraron que el AZT era tan efectivo en destruir células normales que los ratones morían debido a su extrema toxicidad. Como resultado, el AZT se guardó y ni siquiera se solicitó una patente para éste. Veinte años más tarde, la compañía farmacéutica Burrought Wellcome (ahora conocida como Glaxo-Wellcome) comenzó una campaña para comercializar el AZT como droga antiviral (anti VIH) y consiguió la aprobación de la FDA para ser usado en el tratamiento del SIDA después de una investigación llena de inconsistencias y que sólo duró cuatro meses. La aprobación de este quimioterapéutico de alta toxicidad para el tratamiento del SIDA se basó en una información que sugería que el AZT aumenta los niveles de las células T y que por lo tanto retardaba el inicio de las enfermedades indicadoras de SIDA. La observación del aumento de las células T fue interpretada como evidencia de que el AZT erradicaba al VIH de las células T, un concepto para el que no existe ninguna sustentación científica. Es bueno aclarar que el AZT está presente en todas las fórmulas antirretrovirales. A pesar de que el estudio se suspendió antes de tener información sobre los efectos del AZT después de períodos prolongados de uso, se determinó que el tratamiento con AZT se debía continuar de por vida.

Una multitud de estudios independientes realizados después de la aprobación por la FDA incluyendo el estudio "Concorde" –el más grande (1,749 personas) y el de mayor duración (tres años)- concluyeron que el AZT sólo aumentaba moderadamente y en forma transitoria los conteos de células T, sin mejorar la salud (el estado clínico), y que no retardaba la aparición de enfermedades indicadoras del SIDA. (Lancer 343:871, Concorde Coordinating Committee). Siendo las recomendaciones para una "intervención temprana", una tercera parte o la mitad de los que toman ZAT comienzan el tratamiento antes de que se manifiesten los síntomas del SIDA, (British Medical Journal, julio 15 de 1995, pag. 156-158 (49%); Science Magazine, febrero 24 de 1995, pag. 1080 (34%), a pesar de que estudios independientes han demostrado que en realidad el AZT acelera el deterioro clínico disminuyendo la calidad de vida y, a veces, incluso es capaz de causar la muerte antes de que aparezca alguna de las enfermedades con que se define al SIDA, hecho que ha sido descrito oficialmente como "muerte sin que previamente se presente un evento definidor del SIDA (JAMA 260:3009, 1988, New England Journal of Medicina 326:437,1992).

En la actualidad se acepta muy bien que el breve incremento de células T que se observa al inicio del tratamiento con AZT es debido a la naturaleza tóxica de la droga –la mayoría de las sustancias tóxicas producen un efecto positivo por un período corto de tiempo como respuesta del sistema sanguíneo a la destrucción de la médula ósea. Como el AZT destruye la médula ósea el sistema sanguíneo trata de corregir este deterioro produciendo más células

T y con frecuencia genera más células T que las que tenía la sangre del paciente al comenzar el tratamiento. Pero en la medida en que la fuente (médula ósea) de estas nuevas células T es destruida por el AZT, los niveles de células T disminuyen, causando en última instancia la destrucción completa del sistema inmunológico. La tolerancia individual a la absorción del AZT es lo que va a determinar el tiempo de supervivencia de la persona mientras tome este compuesto tóxico.

El concepto de "mutación del VIH" se ha convertido en una explicación popular para el fenómeno dual del aumento temporal con la subsecuente caída del número de células T. La teoría de la mutación sostiene que los efectos positivos del AZT son disminuidos por la aparición de mutantes de VIH resistentes al AZT. No existe, sin embargo, evidencia científica alguna que sustente esta explicación.

Además de destruir las células T, las células B y los glóbulos rojos que llevan el oxígeno al organismo, el AZT, al igual que otros "nucleósido análogos" que, inhiben la transcriptasa revertida impidiendo la transcripción del ARN a ADN, es un compuesto sintético similar a algunos de los componentes del ADN o del ARN. Los nucleósidos análogos como el AZT actúan como piezas artificiales que se incorporan en las cadenas del ADN impidiendo así que se adhieran a la cadena las unidades de ADN reales, -razón por lo que a estas drogas se les llama con frecuencia terminadores de la cadena del ADN-, destruye las células de los riñones, el hígado, los intestinos, el tejido muscular y el sistema nervioso central. Todos los nuevos "antivirales" (dd1, D4T, 3TC y ddc), fabricados en base al AZT actúan de la misma forma.

Los inhibidores de proteasa han estado en las primeras páginas de las noticias de todo el mundo desde que se le ofreciera a la prensa como "la chiva" fundamental de la Conferencia sobre Retrovi-rus e Infecciones Oportunistas de 1996. Aprobados por la FDA después del más rápido e ineficiente proceso de aprobación en toda la historia de la FDA e inmediatamente destacados por los medios de comunicación como algo maravilloso, a pesar de que los beneficios clínicos de estas drogas experimentales son completamente desconocidos.

Después de tres años de haberse permitido el uso de los inhibidores de las proteasas, aún no existe ninguna publicación científica que muestre los beneficios de estos medicamentos para la salud del paciente. El New England Journal of Medicine del 11 de septiembre de 1997 contiene el primer y único reporte publicado con datos clínicos sobre inhibidores de proteasa. El experimento citado no usó ningún grupo de control, y reportó solamente la neumonía recurrente como un evento definidor del SIDA, sin incluir datos de los pacientes y, además, fue suspendido prematuramente cuando las estadísticas de normalidad favorecían al grupo no tratado con inhibidores de proteasa (tratados 1.4%, no tratados 3.1%).

Esta falta de información no ha sido impedimento para que varias organizaciones del SIDA que proporcionan o que proveen medicamentos y muchas publicaciones, se conviertan en defensoras de los nuevos tratamientos. Siguiendo el liderazgo de los medios de comunicación, su objetivo se ha centrado en asegurar acceso generalizado a estas drogas, antes que examinar las evidencias que garanticen que ellas sean seguras y efectivas. De igual manera los médicos que tratan el SIDA han pasado por alto la abrumadora falta de documentación a favor de la nueva opción de tratamiento ofrecida por los inhibidores de las proteasas. Y mientras los grandes titulares continúan predicando las propiedades salvadoras de los inhibidores de las proteasas, la propaganda de las compañías farmacéuticas se multiplica, la lista de efectos secundarios crece y el número de experiencias negativas aumenta, las cuales van desde desilusiones hasta muertes súbitas, todo lo cual nos demuestra que hay una historia completamente diferente.

Los inhibidores de proteasas son las drogas novedosas para el SIDA y se usan en conjunto con los viejos análogos de nucleósidos del tipo de la AZT, y del dd1. La mezcla de estos tratamientos se denomina "coctel combo", y la fórmula comúnmente usada son dos partes de nucleósidos análogos y una parte de inhibidores de proteasa. De acuerdo a lo que se sostiene popularmente esa combinación brinda nuevos poderes a las viejas drogas y logra, según lo reportado por la prensa y por los grupos de SIDA, resultados increíbles y sin precedentes.

Los inhibidores de proteasa actúan alterando una enzima necesaria para la replicación del VIH. Las enzimas son proteínas que unen o separan otras moléculas. La ciencia del SIDA nos dice que el VIH tiene tres enzimas: la transcriptasa revertida, la integrasa y la proteasa. Las enzimas del VIH son similares a muchas enzimas humanas y hay, por ejemplo, muchas proteasas humanas incluyendo a algunas imprescindibles para la digestión de los alimentos. Los inhibidores de proteasa bloquean las enzimas al actuar como una molécula no funcional que toma el lugar de una molécula funcional, inhibiendo así la separación de los componentes de las proteínas, lo cual constituye un paso esencial en el proceso reproductivo del VIH. Los nucleósidos análogos como el AZT, son similares a los inhibidores de proteasa en el sentido que ellos producen sustitutos no funcionales que interrumpen o evitan el proceso normal de la enzima transcriptasa revertida. Mientras que los inhibidores de proteasa parecen preferir especialmente la proteasa, los nucleósidos análogos se sabe que son muy efectivos en evitar la síntesis del vital ADN humano, en la misma forma que evitan la formación del ADN del VIH y al mismo tiempo bloquean la transcriptasa revertida de las células sanas.

Se ha resaltado con mucho furor la necesidad de una terapia de por vida con los inhibidores de las proteasas, esto a pesar de que las compañías productoras de estas drogas dicen claramente que "se desconocen los efectos a largo plazo de los inhibidores de las proteasas". (La información viene de Crixivan de Merk). La confianza absoluta en los inhibidores de proteasa es un denominador común en los noticieros y en los seminarios de las organizaciones del SIDA; a los pacientes se les pide que se tomen entre 30 y 50 píldoras distribuidas en las 24 horas del día. Algunas se toman con comida, otras se toman con el estómago vacío. A los pacientes se les advierte que si no siguen rigurosamente dicho horario, su virus mutaría a una nueva cepa resistente a las drogas.

De acuerdo con un experto en proteasa que trabaja como investigador independiente del SIDA, no tiene ningún fundamento la hipótesis de la resistencia del VIH a los inhibidores de proteasa. El Dr. David Rasnick, pionero en el diseño de inhibidores de proteasa y quien posee ocho patentes de estas drogas, dice claramente que "nunca se ha encontrado en la célula de paciente alguno una sola proteasa del VIH que no sea sensible. La única proteasa de VIH resistente a los inhibidores, fue producida por medio de la ingeniería genética en el laboratorio". A pesar de la falta de prueba para la existencia de proteasas del VIH resistentes, con frecuencia se enfatiza que los portadores de cepas supuestamente mutantes tendrían el potencial de crear una "segunda epidemia" al introducir a una población formas resistentes del VIH. Tales personas ficticias son consideradas una amenaza para la salud pública y la idea fantasiosa y no fundamentada de un ataque generalizado por una mutante del VIH ha inspirado discusiones dentro de los oficiales de la salud, quienes han comenzado a exigir se promulguen leyes para hacer los tratamientos obligatorios. (New York Native, Nro. 691 del 15 de Julio de 1996).

Posiblemente el mayor logro de los inhibidores de las proteasas sea la vida que le ha dado a las campañas de desinformación sobre el SIDA. Hay una epidemia de carteles, anuncios y propagandas de páginas enteras en revistas, urgiendo a los VIH positivos "para que sean inteligentes acerca del VIH y "le den duro y rápido" con las nuevas medicinas, todo esto a pesar de que por otro lado muchos que apoyan lealmente a los regímenes farmacéuticos del SIDA muestran su cautela. El científico de más alto rengo del gobierno estadounidense, el Dr. Anthony Fauci, ha expresado serias reservas acerca del uso de los inhibidores de proteasa y en un artículo de la revista JAMA de afi rma que "no sabemos si la intervención temprana en individuos asintomáticos proveerá beneficios clínicos de larga duración o si la toxicidad acumulada después de años de administración de la droga, será peor que los beneficios potenciales". *(Journal of the American Medical Association, Julio 10 de 1996).*

Inclusive el Dr. Gallo ha advertido que "esas drogas son muy tóxicas... y a mayor tiempo que usted las tome mayor será la toxicidad".

Cuando se leen con cuidado las letras pequeñas de los anuncias de los inhibidores de proteasas, se encuentra que el modelo sonriente dice: "Desde que el crixivan se llevó al mercado, se han venido reportando otros efectos secundarios que incluyen rápida destrucción de los glóbulos rojos, cálculos renales y falla renal. En algunos pacientes con hemofilia, se ha encontrado mayor sangrado en relación con el uso de inhibidores de proteasa" y "no se sabe si el tomar crixivan vaya a extender su vida o vaya a reducir la probabilidad de desarrollar enfermedades asociadas con el VIH, ya que la información que se tiene acerca de esta droga está basada en estudios clínicos de sólo 24 semanas de duración".

El crixivan recibió aprobación de la FDA en sólo 42 días, rompiendo el record de 72 días que era el más rápido que se había logrado en la historia de la FDA, tiempo en el cual era aprobado el inhibidor de proteasas "Retronavir". Un artículo del "Newsday" haciendo notar los efectos colaterales de estas drogas; diarrea, nauseas, infecciones micóticas, sangre en la orina, cálculos renales, debilidad, dolores de cabeza e inflamación hepática que requieren "visitas al médico y medicinas adicionales", fue ignorado por las organizaciones del SIDA quienes apresuraron la aprobación de la FDA, y olvidaron completamente un reporte posterior del "Newsday" que proclamaba que "No hay toxicidad. ¡Es todo un éxito! (Revista Newsday", enero 30 de 1996). Los efectos colaterales reportados recientemente incluyen retinitis por citomegalovirus, diabetes, falla hepática, giba de búfalo (grandes depósitos de grasa en la base de la nuca), falla renal aguda, pancreatitis aguda, diarrea grado cuatro y muerte súbita) (Lancet, junio 1 de 1997; 349; 1745; Reporte de "Associated Press", "Philadelphia Inquirer", junio 13 de 1997; "Rolling Stone Magazine", Reporte especial: el Dr. David Ho y la ecuación Lazarus, marzo 6 de 1997; "The Valley Advocate", "The Big Tease", febrero 20 de 1997).

Un estudio sobre inhibidores de proteasas de los Institutos Nacionales de Salud, Grupo 315 del Estudio Clínico del SIDA, es citado con frecuencia como un gran éxito, a pesar de que sus conclusiones fueron obtenidas después de sólo doce meses de duración. El Dr. Michael Lederman, Director del proyecto y autor de ACTG 315, dijo que este estudio nunca se había diseñado considerando la salud del paciente y que en él solamente se midió el marcador de la "carga viral", una prueba popular de laboratorio que no diagnostica la salud, ni mide ni aísla virus activos. ("The Big Tease", Febrero 20, 1997).

Más que historias anecdóticas en la prensa acerca de las mejorías milagrosas, los niveles bajos de la "carga viral" encontrados en algunos pacientes que toman los cócteles de proteasa son el único cuestionable beneficio de estos tratamientos. Aunque la prensa ortodoxa y las organizaciones del SIDA actúan como si estas drogas tuvieran la habilidad de disminuir la "carga viral", a veces hasta niveles indetectables, siendo esto una ocurrencia sin precedentes en el tratamiento del VIH, el AZT ha estado logrando el mismo efecto por muchos años sin que ello haya sido solución para el SIDA. Un artículo de la revista "POZ" nos recuerda que "en el estudio Europeo Delta, el 40% de los participantes mostró niveles "indetectables" con AZR/dd1, otro 5% lo hizo con AZT solamente. Por una década hemos estado reduciendo la carga viral a niveles indetectables. Pero, si se volviera "indetectable" con los tratamientos combos de nucleósidos no previno el progreso de la enfermedad ni la muerte, ¿por qué los niveles "indetectables" con inhibidores de proteasa no indican falla inminente a única diferencia de que esta vez no hemos seguido a los pacientes por un tiempo suficiente para verlo? (Revista POZ, "The Morning After", febrero de 1997).

Casos relacionados con el AZT muestran extraños efectos secundarios.

En la edición del diario Washington Post del 20 de Septiembre de 1993 aparece un artículo en el que el Dr. Allen I. Arieff, Profesor de Medicina de la Universidad de California explica que recuerda del día en el que se enteró por primera vez acerca de la muerte inesperada de pacientes con SIDA que tomaban la droga AZT. «*Yo era profesor de la Escuela de Medicina Mount Sinai, en Nueva York, hace tres años*» recordaba Arieff ahora profesor de medicina en la Universidad de California en San Francisco. «*Me presentaron dos casos de pacientes de SIDA que habían fallecido con inexplicable «acidosis láctica», un crecimiento de los productos metabólicos en células*». «*No me podía imaginar lo que les había ocurrido*».

Arieff no pudo olvidar los casos. En realidad, cuando volvió a su casa, comenzó a buscar si podría haber más. Cerca del verano de 1991, había encontrado siete casos de personas con el virus VIH que habían adquirido un desorden conocido como Tipo B acidosis láctica. Cuatro de ellos estaban tomando la droga AZT y los otros tres la habían tomado anteriormente. En noviembre de ese año, presentó su serie de casos en una asamblea en Baltimore, Mary-land. Arieff no se encuentra sólo. Una docena más de científicos en los Estados Unidos también habían notado lo mismo. Algunos de ellos, sabían que en casos donde una autopsia había tenido lugar, a menudo el hígado del paciente estaba distendido y repleto de grasas, un signo de severo (aunque no siempre mortal) daño orgánico.

Cuestión de tiempo y suerte:

Este raro efecto de la droga más popular para combatir el SIDA fue como descubrir el lejano pulsar de una galaxia en el espacio. Estaba allí siempre, pero la ciencia necesitaba tiempo, suerte y trabajo para finalmente oír su mensaje entre los otros sonidos del cosmos. Más evidencias de los peligros del AZT surgieron en junio (1993), durante un estudio controlado de un tratamiento para hepatitis B. Cinco pacientes fallecieron después de que sufrieron daño en el hígado y «acidosis láctica». La aceptación de lo que parece estar relacionado con fallo hepático, acidosis láctica y la droga AZT, demuestra lo difícil que es detectar efectos secundarios de drogas, especialmente en pacientes muy enfermos. Seis años y medio después de que el AZT comenzó a ser usado libremente, unas 300.000 personas han tomado dosis variadas. De estas, sesenta y cinco han desarrollado casos inexplicables de acidosis láctica y fallo hepático, según Burroghs Wellcome, fabricante del AZT. El AZT pertenece a una clase de drogas llamada «nucleoside analogs», que funcionan interrumpiendo la construcción del ADN, el depósito de instrucciones genéticas en el núcleo de las células. La hipótesis actual es que estas drogas también pueden ocasionalmente dañar la estructura mitocondrial. La Mitocondria produce las energías bioquímicas concentradas que cada célula necesita para sobrevivir. Una célula puede contener más de 1.000 de estos «organitos» o mitocondrias. Las células hepáticas tienen gran necesidad de estas energías concentradas y una quinta parte de su volumen está ocupado por Mitocondrias. Cuando la Mitocondria deja de funcionar, un proceso mucho menos eficiente comienza a actuar y produce acidosis láctica como resultado. Cuando esto ocurre en células hepáticas, el resultado es que la grasa (uno de los materiales comunes en la producción de energías bioquímicas) se acumula en gotas visibles. En 1989, Tung Chi Cheng, un farmacólogo de la Universidad de Yale, publicó un estudio que describía como el DDC, una droga similar al AZT, dañaba la Mitocondria en cultivos de células. El AZT no era, al parecer, el único culpable.

Urgencia y entendimiento:

El segundo estudio apareció en el «Molecular Pharmacology Journal» y se publicó bajo el título «Comunicación Acelerada» (debido a la urgencia). Esta publicación, sin embargo, no es una de las que los doctores que tratan pacientes de SIDA leen a menudo. Incluso, los investigadores que estaban al tanto de los experimentos de Cheng no estaban seguros de la relevancia que el complejo y, a veces, desorganizado mundo de la terapia de drogas del SIDA tiene sobre los pacientes. Aunque parezca que el daño hepático y la acidosis láctica podían haber sido predichos, sólo el hecho de que podamos observar lo ocurrido hace que las cosas parezcan más claras. En general, los clínicos investigadores no van buscando efectos tóxicos sugeridos por la ciencia básica. «Lo que ocurre generalmente es que comenzamos con un fenómeno y después estudiamos el mecanismo de éste» dijo David Feigal, Director de la División de Productos de Drogas Antivíricas de la FDA (Agencia Federal de Drogas y Alimentos de USA). En este caso, había algunas noticias de mal funcionamiento del hígado en pacientes que tomaban AZT. Pero el virus suele dañar al hígado y los pacientes de SIDA que son susceptibles a infecciones del hígado. Además, las infecciones sanguíneas pueden producir acidosis láctica. Por esta razón, era difícil discernir qué hacer con esos estudios.

Mirando cada caso:

A mediados de 1990, un epidemiólogo de la FDA decidió examinar cada uno de los casos reportados que demostraban reacciones adversas al AZT, que habían llegado a esa agencia o a B. Wellcome Co. Había centenares. Los agrupó por sistema orgánico y notó que algunos, en la categoría del hígado, eran extraños y similares. Al mismo tiempo que Freiman comenzaba su proyecto, le llamaron del Instituto de Alergias y Enfermedades Infecciosas (NIAID). Médicos de esta institución habían revisado la historia clínica de pacientes de SIDA y habían encontrado tres casos inexplicables de hígado graso. Para agregar a la coincidencia, la compañía B.Wellcome Co. (que recibe la mayor cantidad de reacciones negativas antes de pasarlas a la FDA) estaba notando varios casos curiosos de enfermedad hepática. «Fue muy interesante», recordaba Freiman. En 1991, catorce casos se habían complicado. Investigadores de NIAID fueron alertados. Pero todo se sumió en el silencio. Ocasionalmente, algunos casos eran discutidos en grupos médicos pero pocos casos fueron reportados por investigadores del gobierno o de la Compañía Farmacéutica. Un año más tarde, Freiman presentó un estudio de ocho casos nuevos, seis de ellos eran mortales. Otros científicos presentaron otros tres casos nuevos. En enero de 1993, los estudios de Arieff fueron publicados, lo que provocó que aún más casos se dieran a conocer. Los científicos aún no están seguros si el síndrome es el resultado directo del efecto del AZT o si hay otras causas. Para el mes de junio de 1993, las sospechas eran suficientemente grandes para que la FDA le pidiera a B. Wellcome Co. que enviara una carta a 12.000 médicos especialistas de enfermedades infecciosas alertándoles acerca del posible problema. En agosto de 1993, la misma carta fue enviada a 194.000 doctores, mientras el Gobierno y la compañía tienden una red para atrapar algo que todavía no han podido identificar.

SURGIMIENTO DEL AZT: ¡UN ESCANDALO!

En un frío día de enero en 1987, dentro de una de las más potentemente iluminadas salas de reunión del monstruoso edificio de la FDA, un grupo de 11 de los más importantes doctores del SIDA calibraban una muy difícil decisión. Habían sido requeridos por la FDA para considerar el dar la aprobación a toda velocidad a un fármaco altamente tóxico sobre el cual había muy poca información. Llamado clínicamente Zidovudine, pero apodado AZT por sus componentes, se decía que el fármaco había mostrado un efecto portentoso en la supervivencia de los pacientes de SIDA. El estudio que había reunido al grupo, había causado un gran revuelo en la comunidad médica. Era la primera llama de esperanza -la gente se moría antes en el grupo de placebo que en el del fármaco-... según este estudio. Pero existía una gran preocupación con respecto al nuevo fármaco. En realidad, había sido creado tres décadas antes para la quimioterapia del cáncer, pero se había arrinconado y olvidado por ser excesivamente tóxico, de fabricación muy costosa y totalmente ineficaz contra el cáncer. Poderoso, pero indiscriminado, el fármaco no era selectivo en su destrucción de las células. Las compañías farmacéuticas de todo el mundo escudriñaban cientos de compuestos en la carrera por encontrar una cura, o por lo menos un tratamiento, para el SIDA. La Burroughs Wellcome, subsidiaria de la Wellcome, emergió como la triunfadora. Enviaron por azar el desechado fármaco contra el cáncer, entonces conocido como compuesto S, al Instituto Nacional del Cáncer junto con muchos otros para ver si conseguían destruir el dragón del SIDA, el VIH. Lo consiguió, por lo menos en el tubo de ensayo.

En la reunión, había mucha incertidumbre y descontento con respecto al AZT. Los doctores que estaban siendo consultados sabían que el estudio era defectuoso y que los efectos a largo plazo eran desconocidos. Sin embargo, el público estaba casi literalmente «aporreando la puerta». Comprensiblemente, se estaba ejerciendo una tremenda presión sobre la FDA para que aprobara el AZT aún más rápidamente de lo que lo había aprobado a mediados de los 60, lo cual había terminado causando severos defectos de nacimiento en bebés.

Todo el mundo estaba preocupado por eso. «Aprobarlo», dijo Ellen Cooper, una directora de la FDA «representaría dar un considerable y potencialmente peligroso giro con respecto a nuestras exigencias toxicológicas habituales». Ya a punto de aprobar el fármaco, uno de los doctores del grupo, Calvin Kunin, recapituló el dilema existente entre ellos. «Por un lado», dijo «privar de un fármaco que disminuye la mortalidad en una población como ésta sería impropio. Por otro lado, utilizar este fármaco de forma generalizada, en áreas en las que no ha sido demostrada su eficacia, con un agente potencialmente tóxico, podría resultar desastroso». «No sabemos qué pasará de aquí a un año», dijo el presidente del grupo, el Doctor Itzhak Brook. «Los datos son todavía prematuros y las estadísticas no están muy bien hechas, en verdad. El fármaco podría ser, de hecho, perjudicial». Un poco más tarde, también dijo estar «impresionado por el hecho de que el AZT no detiene las muertes. Incluso aquellos a los que se les cambiaba al AZT seguían muriendo». "Estoy de acuerdo contigo», respondió otro miembro del grupo «Hay tantas lagunas... Una vez que un fármaco es aprobado, ya no se sabe hasta qué punto se abusará de él. No hay marcha atrás».

Burroughs Wellcome aseguró al consejo médico que podían proporcionar datos detallados de dos años de seguimientos, y que no permitirían que el fármaco sobrepasase los parámetros que habían prometido: Un recurso provisional para los pacientes muy enfermos. El Doctor Brook no se dejó engañar por la promesa: «Si lo aprobamos ahora no tendremos los suficientes datos. Tendremos los que nos han prometido», predijo, «Pero a partir de ahí, la producción de datos será obstaculizada». El voto de Brook fue el único en contra de la aprobación del fármaco. «No había los suficientes datos. No había seguimiento suficiente», recuerda. «Muchas de las preguntas que hacíamos a la compañía eran respondidas con un «no hemos analizado todavía los datos», o un, «No lo sabemos». Pensé que algunos datos eran prometedores, pero estaba preocupado por el precio que habría que pagar por ellos. Los efectos secundarios eran tan severos... Era quimioterapia. Los pacientes necesitarían transfusiones de sangre. Eso es cosa seria.

«El comité se sentía inclinado a darme la razón», dice Brook, «en que debíamos esperar un poco, ser más cautelosos. Pero, en cuanto la FDA se dio cuenta de que queríamos rechazarlo, pasaron a la presión política. Sobre las 4 p.m., el jefe del centro del FDA de biología y farmacología, pidió premiso para hablar, lo cual es Francamente inusual. Normalmente nos dejan solos, pero él nos dijo: «Mirad, si aprobáis el fármaco, os aseguramos que trabajaremos en conjunto con Burroughs Wellcome y nos encargaremos que se suministre a la gente adecuada». Era como si estuviese diciendo «Por favor, decid que sí»

Brad Stone, el jefe de prensa del FDA, estaba presente. Dice no recordar ese discurso en concreto, pero no tiene nada de «inusual» el que los jefes de la FDA den ese tipo de discurso consultivo. «No había ninguna presión política» dice. «Las personas allí presentes aprobaron el fármaco porque los datos aportados por la compañía demostraban que estaba prolongando vidas. Por supuesto que era tóxico, pero llegaron a la conclusión de que los beneficios pesaban más que los riesgos».

La reunión finalizó. El AZT, sobre el cual algunos miembros del consejo se sentían aún inquietos y temerosos de que se convirtiese en una bomba de relojería, fue aprobado. Un salto adelante en el tiempo: El 17 de agosto de 1989, los periódicos de toda (Norte) América publicaban en titulares sensacionalistas que el AZT había demostrado ser eficaz en portadores de anticuerpos del VIH, en pacientes asintomáticos y de ARC (Complejo de síntoma relacionado con el SIDA) en los primeros estadios. A pesar de que uno de los principales intereses del consejo era que se utilizase exclusivamente en casos de personas críticamente enfermas de SI DA, debido a la extrema toxicidad del fármaco. El Doctor Anthony Fauci, director de los Institutos Nacionales de la Salud (NIH), estaba ahora presionando para extender el radio de las prescripciones. La vieja preocupación de la FDA ha sido olvidada. El fármaco ya se ha extendido a 60 países y a un número estimado de 20.000 personas. No sólo no se han aportado datos que mitiguen las inquietudes iníciales sino que los datos de seguimientos, tal y como predijo el Doctor Brook, se han dejado en el tintero. Los efectos beneficiosos del fármaco han demostrado ser sólo temporales. Sin embargo, la toxicidad sigue siendo la misma.

La mayoría de aquellos que pertenecen a las comunidades médicas y de afectados por el SIDA, han sostenido que el fármaco es el primer logro contra el SIDA. Para bien o para mal, el AZT ha sido aprobado más rápidamente que ninguna otra droga en la historia del FDA, y los activistas consideran esto una victoria. Sin embargo, el precio pagado por la victoria ha sido que desde su aprobación, la mayoría de los experimentos con fármacos del gobierno se centraron en el AZT, mientras que alrededor de otros 100 prometedores medicamentos se han dejado sin investigar.

Cuando la aprobación del AZT se dio a conocer las acciones de Burroughs Wellcome se dispararon. A un precio de 8.000 dólares por paciente y por año (sin incluir transfusiones de sangre), el AZT se convierte en el fármaco más caro en la historia del mercado. Los beneficios brutos de la Burroughs Wellcome para el próximo año se estiman en 230 millones de dólares. Los analistas del mercado de acciones predicen que para la mitad de los 90 la Burroughs Wellcome venderá un promedio 2 billones de dólares de AZT al año, bajo la marca Retrovir, lo que equivale a la venta total de todos sus productos en el último año. Desde que comenzó la epidemia hace unos 20 años, el AZT es el único fármaco antirretrovírico que ha recibido la aprobación de la FDA para tratar el SIDA. Un solo estudio provocó esta decisión, y ese estudio fue declarado inválido hace ya tiempo. Se pretendía que dicho estudio fuese un «estudio controlado de placebo doble ciego», el único tipo de estudio que puede probar eficazmente si un fármaco funciona o no. En tal estudio, ni el paciente ni el médico saben si al primero se le está administrando fármaco o placebo. En el caso del AZT, el estudio se «descubrió» a las pocas semanas. Ambas partes contribuyeron a descubrirlo. Para los médicos se hizo obvio quién estaba tomando placebo y quien AZT, debido a los serios efectos secundarios que provoca este último, y que el SIDA no tiene por sí mismo. Además, el sistema utilizado habitualmente para las pruebas de sangre, conocido como MCV, el cual podía mostrar claramente quién tomaba el fármaco y quién no, fue omitido en los informes. Ambos hechos fueron admitidos y ratificados tanto por la FDA como por Burroughs Wellcome, siendo esta última la que dirigió el estudio.

La mayoría de los pacientes que estuvieron en esa prueba han admitido haber hecho analizar las cápsulas para saber si estaban tomando el fármaco o no. Algunos, al descubrir que les estaban administrando sólo placebo, compraban AZT en el mercado negro. También se suponía que las píldoras eran inidentificables por el sabor, pero sí lo eran. Aunque esto fue corregido más tarde, el daño ya estaba hecho. También hubo informes de que algunos pacientes iban recolectando píldoras para los otros enfermos por solidaridad con ellos. El estudio está tan plagado de faltas que sus conclusiones, bajo el punto de vista de las normas científicas más básicas, deben ser consideradas nulas. Sin embargo, el problema más serio del estudio original es que nunca fue concluido. A las 17 semanas de comenzarse, cuando habían muerto más pacientes en el grupo de placebo, se detuvo (Cinco meses antes de lo estipulado) por razones «éticas»; Se consideró inmoral suministrar placebo a la gente cuando el fármaco podía permitirles vivir más. Debido a que el estudio se paró prematuramente, todas las conclusiones se atribuyeron al AZT; Ya no se puede llevar a cabo ningún estudio para comprobar de forma inequívoca si el AZT prolonga la vida o no.

El Doctor Brook, quién votó en contra de su aprobación, advirtió en su momento que el hecho de que el AZT fuese el único fármaco disponible para tratar a los pacientes de SIDA probablemente haría que su administración se descontrolase. Aprobarla prematuramente, dijo, sería como «dejar en libertad al genio de la botella». Brook señaló que el fármaco, al ser una forma de quicioterapia, debía ser prescrita exclusivamente por médicos que tuviesen experiencia en este tipo de tratamientos. El efecto tóxico más poderoso del AZT –agotamiento de la médula ósea- hacía necesarias para los pacientes frecuentes transfusiones sanguíneas. Como era de esperar, tan pronto como fue lanzado al mercado, el AZT se comenzó a recetar desenfrenadamente y sobrepasó con creces los parámetros que se pretendían en un principio. El peor de los casos se hizo realidad: Muchos médicos entrevistados por el New York Times en 1987, revelaron que habían estado suministrando AZT a personas sanas con anticuerpos del VIH.

La función primordial de la FDA es la de sopesar la eficacia de un medicamento con los riesgos potenciales que encierra. La ecuación es simple y clara: Un fármaco debe, de forma incuestionable, reparar más de lo que daña, porque de otra forma, este podría causar más perjuicio que la propia enfermedad que se supone combate. Lo que está ocurriendo con el AZT es precisamente aquello que más temen los médicos y los científicos. El AZT fue seleccionado entre cientos de compuestos cuando el Doctor Sam Broder, director del Instituto Nacional del Cáncer (NIC) descubrió que «inhibía la replicación vírica in vitro». EL SIDA se considera un estado de depresión inmunitaria provocada por el virus VIH, que se replica y va comiéndose a las células T-4, las cuales son esenciales para el sistema inmunitario. El VIH es un retrovirus que contiene una enzima llamada transcriptasa invertida, la cual convierte el ARN vírico en ADN. La creencia era que el AZT actuaba interrumpiendo esta síntesis del ADN y en consecuencia detenía la replicación del virus. Aunque siempre se supo que el fármaco era extraordinariamente tóxico, el primer estudio concluía diciendo que «la relación riesgo/beneficio era favorable al paciente». En el estudio que consiguió que la FDA aprobase el AZT, el único factor que desequilibró la balanza del jurado fue que el grupo de AZT había sobrevivido al grupo de placebo por lo que parecía ser una aplastante mayoría. El triunfo del estudio, el que canceló el problema de la enorme toxicidad fue el hecho de que en el grupo de placebo habían muerto 19 personas, mientras que en el grupo del AZT sólo había muerto 1. Los receptores de AZT mostraban además menor incidencia de enfermedades oportunistas.

Aunque estos datos maravillaron al consejo que aprobó el medicamento, otros científicos insisten en que no significaban nada -por la razón de que estaban recogidos de una manera desordenada y por qué se había «descubierto» prematuramente. Poco después de pararse el estudio, el índice de muertes se aceleró en el grupo del AZT. «Después de un tiempo no hubo gran diferencia entre el grupo tratado y el no tratado», dice el Doctor Brook». «El estudio se realizó de una forma tan poco sistemática que en realidad es como si no se hubiese hecho», dice el Doctor Joseph Sonnabend, uno de los médicos dedicados al SIDA más destacados de la ciudad de Nueva York. El Doctor Harvey Bialy, editor científico de la revista Biotechnology, está pasmado por la baja calidad científica existente en torno a la investigación del SIDA. Al preguntarle si ha observado alguna evidencia de la verdad de las reivindicaciones hechas sobre el AZT de que «prolonga la vida» de los pacientes de SIDA, Bialy ha dicho: «No. No he visto un sólo estudio analizado y expuesto de forma objetiva». Bialy, que también es biólogo molecular, está horrorizado por el uso generalizado del AZT, no sólo por su toxicidad, sino también porque «las atribuciones con las que justifican su uso extendido son falsas». «No puedo imaginarme que puede hacer esta fármaco a parte de enfermar gravemente a la gente que lo tome», dice.

Los hechos científicos sobre el AZT y el SIDA son desde luego, sorprendentes. Irónicamente, se ha descubierto que el fármaco acelera el proceso que se suponía evitaba: La pérdida de células T-4.

No se puede negar que el AZT mata las células T-4 (células blancas de la sangre, vitales para el sistema inmune)», dice Bialy. «Nadie puede discutir eso». El AZT es un nucleótido que destruye en cadena, lo cual significa que detiene la replicación del ADN. Busca y selecciona cualquier célula que esté comprometida con la replicación del ADN y la mata. Esta replicación tiene lugar principalmente en la médula ósea. Esto hace que el efecto secundario más nefasto sea la intoxicación de la médula y por eso se hacen necesarias las transfusiones de sangre. El AZT se ha presentado en el mercado, de forma agresiva y reiterativa, como un medicamento que prolonga la vida de los pacientes de SIDA porque detiene la replicación y difusión del virus VIH entre las células sanas. Bialy dice, sin embargo, que «no hay una clara evidencia de que el VIH se replique de forma activa en un paciente de SIDA, así que si no hay replicación del VIH que detener, lo que hace en su mayor parte es matar células sanas». El científico de la Universidad de California en Berkeley, Doctor Peter Duesberg, llegó a la misma conclusión en un informe publicado en «Proceedings», la revista de la Academia Nacional de Ciencias. Duesberg, que en dicho informe hacía mención a su aseveración de que el VIH no es causa suficiente para el SIDA, escribió: «Aún suponiendo que el VIH fuese la causa del SIDA, seguirá sin ser un objetivo legítimo para la terapia con AZT, porque en el 70-100% de las personas seropositivas, el ADN pro vírico no es detectable y nunca se ha observado su biosíntesis». «Como fármaco quimioterapéutico», explica Duesberg, el AZT mata inhibiendo la división de las células sanguíneas y de otros tipos de células, y es por lo tanto directamente inmunodepresor».

«Las células constituyen un objetivo un millón de veces más importante que el virus, así que, las células serán mucho más vulnerables», prosigue Duesberg, «Muy pocas células, alrededor de una entre diez mil, tienen el virus que contiene el ADN, así que hay que matar un número increíble de células para inhibirlo. Este tipo de tratamiento en teoría podría ayudar si se tiene una infección masiva, lo cual no es el caso del SIDA. Mientras tanto, están administrando un fármaco que acaba por matar millones de linfocitos (células blancas de la sangre). No me entra en la cabeza la manera en que esto puede resultar beneficioso».

Sandra Lehrman, científica de Burroughs Wellcome discrepa: «En realidad no las mata, le basta con cambiar su función. Además, aunque los datos del comienzo decían que sólo estaban infectadas un número escaso de células, los actuales dicen que puede haber un número mayor. Hoy en día tenemos técnicas de detección más sensibles». «¿Cambiar la función?, ¿De qué? ¿De funcionamiento a no funcionamiento? Otro ejemplo más de ciencia mediocre», dice Bialy. «La -técnica de detección sensible- a la que se refiere la Doctora Lehrman es la PCR **Error! Hyperlink reference not valid.**, muy poco fiable como para sacar conclusiones cuantitativas a partir de ella». Cuando se plantean preguntas específicas sobre los supuestos mecanismos del AZT, las respuestas son extensas, contradictorias y plagadas de desconocimientos. Todos y cada uno de los aspectos científicos cuestionados sobre el fármaco son invariablemente contestados con la misma frase general: «El fármaco no es perfecto, pero es todo lo que tenemos hoy por hoy». En relación a la destrucción de las células T-4, la doctora Lehrman dice: «No sabemos el motivo de que las células T-4 aumenten al principio y luego disminuyan. Es uno de los mecanismos del fármaco que estamos intentando comprender». Cuando a los promotores del AZT se les pregunta sobre los aspectos científicos clave del fármaco, ya sea a la NIH, a la FDA, a Burroughs Wellcome o a cualquier organización del SIDA, a menudo se enfadan. Se aferran desesperadamente a la idea de que la droga está «haciendo algo», a pesar de que a esta confesión siguen las irritantes declaraciones habituales de que «hay mecanismos del fármaco y de la enfermedad que no entendemos». Es como si, en el ojo de la tormenta del SIDA, la postura oficial, la autorizada por el gobierno estuviese inmunizada contra la crítica. El escepticismo y el desafío, tan esenciales para el progreso de la ciencia y tan presente en casi todas las áreas del trabajo científico, no son bienvenidos en el debate del AZT, donde sin duda es más necesario que en cualquier otro.

Los efectos tóxicos del AZT, especialmente la depresión de la médula ósea y la anemia, son tan fuertes que un 50 por ciento de los pacientes de SIDA y de ARC son incapaces de tolerarlo y tienen que abandonar el tratamiento. En la carta de aprobación que Burroughs Wellcome envío a la FDA, se dio una relación de los 50 efectos secundarios del AZT, a aparte de los más habituales. Esta lista incluía: Pérdida de la agudeza mental, espasmos musculares, sangrado rectal y temblores.

La anemia, uno de los efectos más comunes del AZT, consiste en la destrucción de las células rojas de la sangre. Según Duesberg, «los glóbulos rojos son la única cosa sin la que no puedes pasar. Sin glóbulos rojos no puedes coger oxígeno». Fred, una persona con SIDA, fue tratado con AZT y sufrió una anemia tan fuerte que tuvo que suspender el tratamiento.

En una entrevista incluida en el libro sobre el SIDA «Sobreviviendo y prosperando con SIDA». Michael Callen describe 5 cómo se siente uno cuando tiene anemia: «Vivo en un estudio y mi cuarto de baño está tan sólo a cinco pasos de mi cama. Yo me tumbaba en ella y me quedaba allí durante dos horas; ¡No podía levantarme y dar esos cinco pasos! Cuando me llevaron al hospital, tuvo que venir alguien a vestirme. Esa tremenda fatiga... Las condiciones de vida eran lamentables... Nunca me había sentido tan mal... Dejé el AZT y la confusión mental, los dolores de cabeza, los dolores en la nuca, las náuseas, todo había desaparecido a las 24 horas».

«Ahora me siento muy bien», prosigue Fred. «Pienso en lo espantosas que eran mis condiciones y calidad de mi vida hace dos semanas, y la verdad es que eso me tenía muy asustado, tanto que para calmarme tenía que tomar pastillas. Estaba tan preocupado... Solía perder el hilo de lo que estaba diciendo en mitad de una frase... En la calle perdía la orientación...».

«Muchos pacientes de SIDA ya están anémicos antes de que se les administre el fármaco» dice la Doctora Lehrman de Burroughs Wellcome, debido a que el VIH puede haber infectado la médula ósea y causar la anemia». Este argumento traiciona un razonamiento estrafalario. Si los pacientes de SIDA soportan problemas como la inmunodepresión, la intoxicación de la médula ósea y la anemia, el hecho de agravar estos trastornos con el AZT ¿Constituye una mejora? «Si, el AZT es una forma de quimioterapia», dice Jerome Horwitz, el hombre que inventó el compuesto hace un cuarto de siglo. «Es cito tóxico y, como tal, provoca intoxicación de la médula ósea y anemia. Existen problemas con el fármaco. No es perfecto, pero no creo que nadie pueda decir que sea inútil. La gente puede vociferar hasta el día del juicio sobre su toxicidad, pero hay que fijarse también en los resultados». Irónicamente, son los resultados los que sentencian al AZT.

Algunos estudios sobre los efectos críticos del AZT –incluyendo el que fundamentó la aprobación de Burroughs Wellcome- han llevado a la misma conclusión: El AZT es eficaz durante unos meses, pero luego su efecto desciende vertiginosamente. Incluso el estudio original del AZT mostró que las células T-4 aumentaban durante un tiempo y luego caían a plomo. Los niveles de VIH disminuían y luego volvían a subir. Este hecho es bien conocido del consejo que votó la aprobación. Como miembro de aquel consejo, el Doctor Stanley Lemon dijo en una reunión de entonces: «No me he quedado tranquilo después de haber visto algunas diapositivas, parece que tras 16-24 semanas -de 12 a 16 semanas, creo-, el efecto parece declinar». Dos años después se planteó una reunión de seguimiento del estudio original de la Burroughs Wellcome para discutir la amplia gama de efectos del AZT, así como las estadísticas de supervivencia. Tal y como recuerda uno de los doctores presentes en la reunión de mayo de 1988, «No hubo un seguimiento del estudio. Cualquier efecto beneficioso había desaparecido al medio año. Todo lo que tenían era algunas estadísticas de supervivencia de un promedio de 44 semanas. El nivel de p24 no resultó como se esperaba y no hubo una mejora persistente en las células T-4».

Los niveles de VIH en la sangre se miden por medio de un antígeno llamado p24. Burroughs Wellcome afirmó que el AZT disminuía el nivel de p24, es decir, que disminuía la cantidad de VIH en la sangre. En la primera reunión con la FDA, Burroughs Wellcome hizo hincapié en la manera en que el fármaco había «disminuido» los niveles de p24; En la reunión de seguimiento no mencionaron el asunto. Al final de la reunión, el Doctor Michael Lange, director del programa de SIDA en el hospital Roosevelt de St. Luke en Nueva York, habló al respecto: «Las alabanzas al AZT se basan en la suposición de su efecto antivírico», dijo dirigiéndose a la Burroughs Wellcome «Pero todavía no hemos visto ningún dato sobre eso... Hay un artículo en The Lancet (una prestigiosa revista médica británica) que dice que tras 20 semanas, más o menos, el p24 reaparece en muchos pacientes. ¿Tienen Vds. datos sobre esto?». No los tenían.

«Lo que cuenta es la línea de estado», resume uno de los científicos representantes de la Burroughs Wellcome, «La supervivencia, la función neurológica, la ausencia de progresión en la enfermedad y la calidad de vida; Todo lo cual mejora. Ya sea por el efecto antivírico o por el efecto antibacteriano, pero mejora».

El Doctor Lange sugirió que el fármaco quizás era eficaz en la forma en que lo es un antiinflamatorio, como lo es una aspirina, y que un fármaco como la Indometacina, podía servir a la misma función sin los efectos devastadores del AZT.

Hoy, uno de los principales investigadores del SIDA, el cual formaba parte del consejo de aprobación, dice: «El AZT ¿Está haciendo algo? Si, algo está haciendo. Pero no existen pruebas de que esté haciendo algo contra el VIH». «Siempre ha habido fármacos que utilizamos sin saber exactamente cómo funcionan», dice el premio Nobel Walter Gilbert. «Lo que primero hay que mirar es el efecto clínico del fármaco y preguntarnos. ¿Está ayudando o no?». «Yo soy una prueba viviente de que el AZT funciona», dice alguien enfermo de ARC tratado con AZT. «Llevo tratándome con él desde hace dos años y desde luego estoy más sano de lo que lo estaba hace dos años. No es que sea una panacea, no es perfecto, pero es eficaz. Está deteniendo la evolución de la enfermedad». «A veces me siento como si estuviese tragando desatascador de desagües», dice otro. «Lo que quiero decir es que a veces tengo problemas para tragarlo. No me gusta la idea de tener que tomar algo que es extraño a mi cuerpo, pero cada seis horas tengo que tragármelo. Hasta que aparezca algo mejor, esto es lo único que hay para mí». «Estoy totalmente convencido de que el que no toma AZT tiene mayor calidad de vida y sobrevive más tiempo», dice Gene Fedorko, Presidente de la «Health Education AIDS Liaison» (HEAL; Coordinadora del SIDA para la Educación de la Salud). «Pienso que es horrible la forma en que la gente es forzada por sus médicos a tomar la droga. La gente viene a nosotros temblando y llorando porque sus médicos les han dicho que morirán irreme-diablemente si no toman AZT. Eso es mentira». Fedorko llegó a esta conclusión, tras años escuchando (en el grupo semanal de apoyo organizado por HEAL) las historias de personas luchando por sobrevivir al SIDA.

«No tomaría AZT aunque me pagasen», dice Michael Callen, cofundador de la coalición PWA de la ciudad de Nueva York, de la Iniciativa de Investigación de la Comunidad, y editor de diversas revistas sobre SIDA. Callen ha sobrevivido al SIDA durante siete años sin ayuda del AZT [9]. «Me han dado mucho la vara por decir esto, pero mi opinión es que utilizar el AZT es como apuntar a un mosquito con una cabeza termonuclear. La aplastante mayoría de los supervivientes a largo plazo que he conocido han elegido no tomar AZT».

Uno de los pacientes que más ha vivido desde el experimento inicial del AZT, de acuerdo con la Burroughs Wellcome, ha muerto recientemente. Cuando murió, había estado bajo tratamiento con AZT durante tres años y medio.

En un estudio de conjunto, resulta que el paciente que más tiempo ha sobrevivido al SIDA ha sido alguien que no estaba bajo tratamiento con AZT y ha sobrevivido ocho años y medio. En un estudio extraoficial sobre supervivientes del SIDA a largo plazo se hizo un seguimiento de 24 pacientes que habían sobrevivido más de seis años a la enfermedad; Sólo uno de ellos había empezado recientemente a tomar AZT. Al principio se decía que el AZT prolongaba la vida. En realidad, no hay pruebas concluyentes de que el AZT prolongue la vida.

«En mi opinión el AZT alarga la vida de la mayoría de las personas que lo toman», dice el Doctor Bruce Montgomery de la Universidad del estado de Nueva York en Sony Brook, quien está completando un estudio sobre el AZT. «No hay demasiados pacientes que sobrevivan durante mucho tiempo, y la verdad es que no sabemos por qué sobreviven. Podría ser suerte. Pero la mayoría de la gente no tiene tanta suerte». «Parece que el AZT ayuda a muchos pacientes», dice el Doctor Bernard Bahari, médico e investigador del SIDA de la ciudad de Nueva York, «Pero es muy difícil determinar si realmente prolonga la vida o no». «Muchos de los pacientes a los que atiendo escogen no tomar AZT», dice el Doctor Don Abrams del Hospital General de San Francisco. «Me ha llamado la atención el hecho de que la supervivencia y la esperanza de vida están aumentando en las personas con SIDA. Creo que eso tiene mucho que ver con la Pentamadina aerosolizada (un fármaco que trata la neumonía pneumocystis carinii).

Está también el denominado efecto plaga: La gente se va fortaleciendo cada vez más cuando una enfermedad afecta a toda una población. Los pacientes que atiendo hoy en día, no son tan frágiles como los pacientes del principio». «El hecho de que mueras o no de SIDA, va en función de lo bien que te atienda tu médico, no del AZT», dice el Doctor Joseph Sonnabend, uno de los principales y más reputados doctores en SIDA de la ciudad de Nueva York; entre cuyos pacientes se incluyen muchos supervivientes a largo plazo, a pesar de no haber prescrito jamás AZT.

Sonnabend fue uno de los primeros en hacer la sencilla observación de que los pacientes de SIDA deberían ser tratados por sus enfermedades y no por su infección de VIH. Varios estudios han llegado a la conclusión de que el AZT no tiene efecto alguno sobre las dos infecciones oportunistas más comunes en el SIDA: La neumonía por pneumocystis carinii (NCP) y el sarcoma de Kaposi (SK). La abrumadora mayoría de los pacientes de SIDA mueren de NPC, pera la cual existe tratamiento eficaz desde hace décadas.

Este año, la FDA finalmente aprobó la Pentamidina Aerosolizada para tratar el SIDA. Un reciente estudio del Memorial Sloan Kettering terminaba con la siguiente observación: Durante 15 meses, el 80% de los pacientes bajo tratamiento con AZT que no recibieron Pentamidina, presentaron episodios recurrentes de pneumocystis. De los que tomaron Pentamidina sólo presentó episodios recurrentes un 50%. «Todas esas muertes del estudio del AZT eran tratables», dice Sonnabend. «No fueron muertes de SIDA, fueron muertes de estados tratables. Ni siquiera hicieron autopsias en ese estudio. ¿Cómo puede uno tener fe en esta gente?».

«Si existe alguna resistencia al AZT entre la población, es la de la comunidad gay de Nueva York», dice un doctor acerca de la aprobación de la FDA, quien ha preferido permanecer en el anonimato. «El resto del país se ha dejado lavar el cerebro y cree que el fármaco es efectivamente tan beneficioso como dicen. Todos los datos han sido manipulados por personas que han conferido demasiadas virtudes al AZT».

«Si el SIDA no fuera una enfermedad tan popular -Una fábrica de dinero y carreras-, esta gente no hubiera conseguido salir adelante con esta ciencia de pacotilla», dice el Doctor Bialy. «En todos los años que he dedicado a la ciencia jamás había visto algo tan atroz». Al preguntarle si era posible que algunas personas hubiesen muerto envenenadas por el AZT y no por causa del SIDA, respondió: «Es más que posible». 17 de agosto de 1989: El gobierno anuncia que 1,4 millones de norteamericanos seropositivos sanos podrán «beneficiarse» del AZT, incluso los que no muestren síntomas de la enfermedad. Nuevos estudios habían «probado» que el AZT era eficaz a la hora de frenar la progresión del SIDA en casos asintomáticos o en las primeras fases del ARC. El Doctor Fauci, líder de la NAIAD, anunció orgullosamente un experimento que se venía realizando desde hacía «dos años» el cual había «mostrado claramente» que la temprana intervención mantenía el SIDA a raya. «Cualquier persona que tenga anticuerpos del VIH y menos de 200 células T-4, debe empezar a tomar AZT de inmediato», dijo. Eso supone aproximadamente 650.000 personas. 1.4 millones de norteamericanos han sido declarados portadores de anticuerpos del VIH, y al final puede que todos necesiten tomar AZT para no enfermar», sostiene Fauci. Al prestigioso periódico no le debió de parecer inusual que no hubiese ninguna copia del estudio y, en su lugar, solo un informal artículo de dos páginas del NIH (Instituto Nacional de la Salud Americano). Cuando SPIN llamó al NIH solicitando una copia del estudio, nos dijeron que «aún se estaba escribiendo»...

Hicimos algunas preguntas con respecto a las cifras. Según la publicación, se habían dividido 3.200 pacientes asintomáticos y de ARC en la primera etapa en dos grupos: Uno de AZT y otro de placebo, y se habían seguido durante dos años. Los dos grupos se distinguían por la cantidad de células T-4: Un grupo tenía menos de 500, el otro más de 500. Cada uno de estos dos grupos estaba dividido a su vez en otros tres: Dosis alta de AZT, dosis baja de AZT y placebo.

En el grupo con más de 500 células T-4, el AZT no tuvo efecto. En el otro grupo se decidió que la dosis baja de AZT era la más eficaz, seguida de la dosis alta.

En resumen, de 900 desarrollaron SIDA un total de 36 en los dos grupos y de los 450 del grupo de placebo lo desarrollaron 38.

«Los pacientes seropositivos son dos veces más propensos a desarrollar SIDA si no ingieren AZT», declaró la prensa. Sin embargo, estas cifras son engañosas. Al preguntar cuantos pacientes en realidad habían cumplido los dos años del estudio, el NIH nos contestó que no lo sabían, pero que le promedio de duración de la participación fue de un año, no de dos.

«La forma en que presentaron las cifras fue muy deshonesta», dice el Doctor Sonnabend. «De haber habido 60 personas en ese experimento, las cifras hubiesen significado algo. Pero si calculamos el promedio de los 3.200, las diferencias entre los dos grupos resultan insignificantes. No es nada. Es hacerlo a la buena de Dios y a ver que pasa. Sin embargo, lo hacen parecer algo importantísimo».

El estudio alardeaba de que el AZT es mucho más eficaz y menos tóxico a un tercio de la dosis que se ha venido utilizando durante los tres últimos años. Esas son las buenas noticias. Las malas son que miles de personas ya han sido bombardeadas con 1.500 miligramos de AZT, quizá incluso han muerto de envenenamiento tóxico y ¿Ahora nos enteramos de que un tercio de la dosis hubiera bastado?

Cuando los efectos del AZT parecen tan vagos, resulta criminal recomendar la extensión de su uso a la gente sana; sobre todo si tenemos en cuenta que sólo un pequeño porcentaje de la población infectada con VIH ha llegado a desarrollar SIDA o ARC.

La Burroughs Wellcome ya ha puesto en marcha las pruebas de AZT en trabajadores asintomáticos en hospitales, mujeres embarazadas y niños; estos últimos lo toman en estado líquido. El AZT líquido es el sobrante de experimentos abortados, y se da a los niños porque puede mezclarse con agua -a los niños no les gusta tragar pastillas-.

Se ha propuesto también dar AZT a personas que ni siquiera tienen anticuerpos del VIH pero que son «vulnerables». «Estoy convencido de que si diésemos AZT a un atleta en perfecto estado de salud, moriría en cinco años», dice Fedorko.

En diciembre de 1988, The Lancet publicó un estudio que ni Burroughs Wellcome ni el NIH habían facilitado a la prensa. Era más completo que el estudio original y el seguimiento de los pacientes era más prolongado. No fue llevado a cabo en los Estados Unidos sino en el Estado francés, en el hospital Claude Bernard de París, y llegaba a las mismas conclusiones sobre el AZT que el de la Burroughs Wellcome, excepto que esta compañía consideró sus resultados como «extraordinariamente positivos», mientras que los doctores franceses llamaron a los suyos «decepcionantes».

El estudio francés encontró, una vez más, que el AZT era demasiado tóxico para ser tolerado en la mayoría de los casos, que no tenía efectos duraderos sobre los niveles de VIH en la sangre y que dejaba a los pacientes con menos células T-4 que al principio. A pesar de que al inicio habían constatado una notable mejoría, su opinión final era que «al cabo de seis meses, estos valores retornaban a los niveles anteriores al tratamiento y que tenían lugar diversas infecciones oportunistas, enfermedades y muertes». El informe del equipo francés terminaba diciendo: «Los beneficios del AZT se limitan a unos pocos meses en los pacientes de SIDA y ARC». Tras unos meses, el AZT era completamente ineficaz.

La noticia de que el AZT es recetado a personas asintomáticas, ha dejado a muchos de los más prestigiosos doctores del SIDA, anonadados y furiosos. Todos y cada uno de los médicos y científicos a los que hemos preguntado son de la opinión de que es muy poco profesional y temerario anunciar un estudio sin datos que examinar, haciendo recomendaciones tan drásticas sobre la salud pública. «Esto no puede estar ocurriendo», dice Bialy, «¡El gobierno está dando a conocer hechos científicos antes de que estos sido examinados! Es lo nunca visto».

«Esto es increíble», dice el Doctor Sonnabend con una voz teñida de desesperación. «Ya no sé qué hacer. Cada día tengo que enfrentarme con una consulta llena de gente pidiéndome AZT. Estoy aterrorizado. Como médico responsable no sé qué hacer. El primer estudio fue ridículo. ES obvio que Margaret Fischl, la persona que ha realizado los dos estudios, no tiene ni la más vaga idea sobre experimentos clínicos. No me fío de ella. Ni de los otros. Sencillamente, no son lo bastante competentes. Hemos sido tomados como rehenes por científicos de segunda clase. Les dejamos escapar con el primer desastre. Ahora, lo están consiguiendo otra vez». «Tomar la decisión de decirle a la gente -Si eres sero-postivo y tienes menos de 500 células T-4, comienza a tomar AZT- es algo de mucha trascendencia», ha dicho un médico de SIDA que ha preferido permanecer en el anonimato. «Conozco docenas de personas, a las cuales he atendido cada pocos meses a lo largo de varios años, que han permanecido en el mismo nivel durante más de cinco años y no han desarrollado ninguna enfermedad». «Me siento avergonzado de mis colegas», se lamenta Sonnabend. «Estoy abochornado. Esta es una ciencia de tres al cuarto. Parece mentira que nadie proteste. Malditos cobardes. El juego se llama –protege tu subvención, no abras la boca-. Se trata de dinero... el pretexto para seguir la línea del partido y no ser críticos, cuando es obvio que hay fuerzas políticas y económicas dirigiendo todo esto".

Cuando Duesberg escuchó las noticias, se asombró especialmente de la reacción del presidente del Gay Men's Health Crisis, Richard Dunne, quien dijo que ahora la GMHC urgía a «todo el mundo a hacerse pruebas» y, por supuesto, todos aquellos que diesen positivo «debían empezar el tratamiento con AZT». «Esta gente se está precipitando a las cámaras de gas», dice Duesberg. «Qué feliz se hubiese sentido Himmler si los judíos hubiesen cooperado así».

LUCRO, PROPAGANDA Y MUERTE

En la medida que las compañías farmacéuticas proporcionan sus nuevas drogas y que las organizaciones del SIDA presionan la idea de "esperanza", los medios de comunicación divulgan la idea de que los inhibidores de proteasa son los responsables de la disminución de las muertes por el SIDA. Incesantes reportes de noticias usan versiones revisadas de la historia reciente para explicar las cifras bajas, como una nueva y súbita tendencia, ignorando la publicación de vigilancia del CDC que muestra claramente cómo la mortalidad por el SIDA ha venido disminuyendo sistemáticamente cada año desde 1983.

La tasa de mortalidad ha sido desde 92% en 1986 a un 23% en 1995, desde mucho antes que los inhibidores de proteasa se pusieran en uso. El descenso al 10% de 1996 es simplemente la continacción de la misma tendencia y está muy influido por el hecho de que más de la mitad de todos los casos reportados para 1996, ni siquiera estaban enfermos. (Reporte de Vigilancia VIH-SIDA, Volumen 8, No. 2, Tabla 13 Tasas de Mortalidad por SIDA).

Los coros de risas y entusiasmo de los reporteros de prensa acerca de los inhibidores de proteasa, nos recuerdan la aparición del AZT hace más de 15 años. El experto en proteasa Dr. Rasnick dice: "Una vez más, todo lo que tenemos no es otra cosa que investigaciones que le cuentan a los reporteros acerca de estudios incompletos que no han sido escudriñados por el proceso de una revisión científica". "Y los investigadores implicados han sido financiados por las compañías que fabrican las drogas en cuestión. No hay justificación para las afirmaciones que provienen de esas fuentes". Las declaraciones de éxito y supervivencia del AZT se basaron en estudios abreviados (menos de 6 meses) financiados por la compañía manufacturera de la droga, que sólo publicó selectivamente aquellos estudios con resultados aparentemente favorables y que habían sido medidos con un resultado final (aumento de los conteos de células T) y de lo cual ya se sabía que tenía un valor cuestionable en las personas. El incontrolable júbilo con los inhibidores de porteasa está basado en estudios sin publicar de las compañías manufactureras, llevados a cabo durante períodos tan breves como semanas y no de meses o años, y usando un resultado final ("carga viral" reducida) que tampoco tiene relación con los beneficios actuales en la salud del individuo.

Mientas la prensa y las revistas oportunistas patrocinadas por los productores de estas drogas, persistan en reportes de mejorías milagrosas que convierten en creyentes al público desprevenido y a los desesperados enfermos de SIDA, sólo el tiempo y la investigación independiente revelarán la verdad acerca de esta última "gran esperanza" de la guerra contra el SIDA.

INCONSISTENCIA DE LA HIPÓTESIS "VIH"/SIDA

Una de las inconsistencias más evidentes de la hipótesis "VIH/SIDA" ha sido la de los niveles extremadamente bajos o inexistentes de actividad bioquímica (viral) por parte del VIH en las personas que padecen alguna de las enfermedades con que se define el SIDA. El significado de la actividad bioquímica en los virus puede entenderse si la comparamos con la actividad bioquímica de los seres humanos. Una persona que cava un hueco, por ejemplo, está comprometida en un alto nivel de actividad mientras realiza esa tarea y el nivel de esta actividad puede medirse en términos del funcionamiento fisiológico, tales como la respiración, los latidos cardíacos y el movimiento; en cambio, una persona que duerme tiene muy poco nivel de actividad y manifiesta bajos niveles de las mismas funciones, además una persona muerta no manifiesta actividad alguna. Igual que una persona duerme, o que está muerta no es capaz de cavar ningún hueco, un virus que está apenas activo o completamente inactivo tampoco puede causar enfermedad.

En el caso del VIH, los científicos han encontrado siempre niveles extremadamente bajos o ninguna actividad bioquímica, aún en personas que se están muriendo de SIDA. Esta falta de actividad viral representa un problema obvio para la hipótesis del VIH; ¿cómo puede causar una enfermedad un virus que esté "muerto" o "inactivo?".

En un esfuerzo por contestar la pregunta de arriba, la mayoría de la prensa y de los médicos del SIDA aceptan la teoría propuesta como si fuera un hecho. Los expertos aseguraron que el VIH era un virus silencioso (lento) que permanecía inactivo (latente) por un período de tiempo antes de volverse activo y causar la enfermedad. Esta teoría del virus lento reinó por más de una década como el "período de latencia" durante el cual había un crecimiento inexplicable –de 12 meses a 30 años- pero el VIH activo tampoco podía ser detectado ni siquiera en pacientes severamente enfermos de SI DA. Montagnier lo calificó como perteneciente a la familia "lentivirinae" y Gallo como "oneovirinae". Toxonómicamente supone un error y una diferencia contradictoria abismales desde el punto de vista de "clasificación de las especies".

Otra paradoja problemática con la hipótesis de que el virus es la causa del SIDA, ha sido la carencia de cantidades significativas de virus en las personas diagnosticadas de SIDA.

Una enfermedad viral requiere de cantidades suficientes de virus para causar la enfermedad en cuestión. En la hepatitis, el resfriado común o la influenza, la respuesta viral que se encuentra es de milones o billones de virus por centímetro cúbico de sangre y en cada una de las células que constituyen el hígado. Por eso es citotóxico, porque intoxica y mata la célula. En el caso del SIDA, raramente se encuentra al virus supuestamente responsable, y cuando se encuentra, es en cantidades insuficientes para causar enfermedad alguna. Además, cuando el VIH se replica no mata a las células hospederas, lo cual quiere decir que el VIH no es citotóxico. Otros virus al causar una enfermedad lo hacen porque son citotóxicos y destruyen las células hospederas cuando se reproducen, cuando proliferan e infectan entre el 30% y el 60% de todas las células blancas. Con el VIH, solamente se han encontrado muy bajas concentraciones del supuesto virus y únicamente en una fracción muy pequeña de las células blancas.

El método estándar para detectar la presencia viral es cultivar el virus, un hecho que no cumple en el VIH. Para cultivar un virus, se coloca una muestra de sangre o del plasma del paciente en un cultivo de células y se deja allí para que se multiplique. Si el virus está presente, crecerá y proliferará; si no lo está, no lo podrá hacer. Este método simple y directo de detección se ha logrado con éxito en todos los virus menos con el VIH. El VIH nunca ha sido visto o encontrado en cultivos; su presencia se ha asumido por la detección de anticuerpos. Pero la presencia de anticuerpos no indica presencia viral; los anticuerpos neutralizan los virus produciendo inmunidad contra la infección. Las pruebas de anticuerpos para el VIH detectan proteínas, tal como la p24, la cual ni siquiera es específica del

VIH. Si las personas que resultan positivas en las pruebas de anticuerpos para el VIH o si las personas diagnosticadas con SIDA, tuvieran cantidades significativas del VIH, no serían necesarios métodos indirectos de detección.

En 1993, los intentos por resolver el misterio de la falta del VIH inspiraron un "nuevo descubrimiento" y los expertos anunciaron que finalmente habían encontrado al VIH "escondido en los gánglios linfáticos". (Nature 1993; 362:355-359 la infección es masiva y progresiva en tejido linfático). Los medios de comunicación y las organizaciones del SIDA anunciaron este descubrimiento hasta que cayeron en cuenta que las partículas retrovirales enviadas por Montagnier a Gallo en 1983 también habían sido extraídas de ganglios linfáticos, y que la cantidad del virus "escondido" encontrada en 1993 era todavía insignificante.

LA CARGA VIRAL

El último esfuerzo por explicar la ausencia del virus y de la actividad viral llegó en 1995 con la teoría de la carga viral. (Nature 1995; 373;123-126 Rapid Turnover of Plasma Virions and CD4 Lymphocytes in HIV-1 Infection). Esta teoría está basada en el modelo matemático que supone que el VIH está vigorosamente activo y presente en cantidades masivas desde el momento mismo de la infección, lo cual contradice la insistencia que se hizo durante una década acerca de la teoría del virus lento. La carga viral acepta que el VIH está siempre presente y activo; el problema ha sido que su presencia y su actividad no pueden medirse por métodos convencionales, y que además los científicos han estado buscando y midiendo lo que no era correcto. La carga viral ha sido celebrada por la prensa como un gran descubrimiento en la investigación del SIDA, y le hizo merecer a su creador el Dr. David Ho, muchos reconocimientos incluyendo el de "hombre del año" de la revista "Times" en 1996. Ho sostiene que billones de VIH se mantienen ocupados atacando al sistema inmunológico cada día, y que eventualmente, después de entre 1 a 15 años de esta batalla microscópica, el virus destruye al sistema inmune permitiendo que el SIDA se desarrolle. Actualmente de 15 años se pasa a considerar 30.

Para llevar a la práctica esta teoría de carga viral, Ho dice que los científicos deben medir al VIH fuera de las células, en lugar de tratar de encontrar células infectadas con el VIH, y para medir la carga viral Ho recomiendo la técnica denominada PCR, utilizada en la actualidad. Pero esta afirmación trae nuevos problemas que deben ser explicados. Resulta que los virus fuera de las células, por definición no son infecciosos y por lo tanto, son incapaces de causar daños, y además la técnica PCR no es confiable y nunca ha sido probada para ser usada como arma diagnóstica. Además, Ho se niega a contestar dos preguntas importantes: ¿si están presentes millones de VIH por qué se necesita usar la PCR para encontrarlos? Y, ¿si la prueba de la PCR es la única forma de detectar al VIH cómo pueden, entonces, los científicos verificar los resultados de la PCR?

La PCR (Reacción en Cadena de la Polimerasa) es una técnica revolucionaria que permite tomar una muestra de sangre que contiene cantidades minúsculas de ADN y de ARN, replicar sus secuencias y crear millones de copias. La revista "Forbes" afirma que la PCR es la versión "biotecnológica de una fotocopiadora Xerox".

El Dr. Kari Mullis, PhD, quien ganó el premio Nobel por la creación de esta innovación dice que "la PCR hace posible encontrar una aguja en un pajar, al convertir la aguja en el tamaño del pajar" y multiplicarla por cientos de miles de veces. La teoría de la carga viral está basada enteramente en los resultados de la PCR. Mientras que la PCR es una nueva herramienta que brinda posibilidades a la ciencia y a la industria, su aplicación en el SI DA ha traído más desorientación que utilidad. En resumen el Dr. Mullis afirma que la PCR no sirve para detectar virus ni contar ningún tipo de éstos.

A nivel del VIH, la PCR detecta y multiplica genes simples y, muy frecuentemente, cantidades ínfimas de material genético del supuesto VIH. El encontrar a dos o tres fragmentos genéticos del total de los doce posibles, no es prueba de que todos los genes, o el genoma completo, que es la huella o mapa bioquímico; el juego completo de cromosomas, estén presentes, ni tampoco de que el VI H esté presente. Una parte de un gen no significa presencia de una partícula viral completa, e inclusive una persona puede albergar en sus células un genoma retroviral completo por toda la vida, sin que nunca salga de allí una sola partícula viral. Los expertos del SIDA reconocen que la mayoría de los genomas del VIH son incompletos; ellos son defectuosos e incapaces de producir partículas virales. Los genomas más defectuosos son engaños; no poseen los ingredientes necesarios para realizar algo fisiológicamente significativo. La FDA no ha aceptado la prueba de PCR para ser usada en el diagnóstico del VIH. El CDC afirma que se "desconoce" la especificidad y la sensibilidad del PCR y que "ésta no es recomendable ni tiene licencia para ser usada en diagnósticos de rutina". En un estudio extenso que compara los resultados de la PCR con los de las pruebas de anticuerpos para el VIH, los resultados de la PCR no fueron reproducibles ni verificables. La concordancia entre la PCR y las pruebas de anticuerpos para el VIH variaron del 40% al 100% con presencia de resultados falsopositivos y falsonegativos, como afirma el Inmunólogo Dr. Roberto Giraldo, en todos los laboratorios en donde se realizó el estudio (AIDS 1992; 6:659 Multicenter Quality Control of PCR Detection of VIH DNA). Un artículo publicado en el "Journal of Biological Chemistry" afirma que en el mejor de los casos, las pruebas de la carga viral miden el "99.8% de las partículas virales no infecciosas", y sugiere que la carga viral sea reemplazada por una prueba que realmente mida los niveles de VIH de la sangre (Journal of Biological chemistry 1997, Marzo 7, pág. 6348-6353). De acuerdo con el Nobel, Dr. Mullis, una prueba cuantitativa de PCR es una "contradicción estúpida" ("Oximoron": combinación de términos contradictorios como el "silencio ensordecedor"). La PCR intenta hacer "copias" como si éstas fueran originales.

Un grupo de investigadores del SIDA de la escuela de salud pública de Johns Hopkins, lamentó recientemente las incongruencias de la carga viral por PCR, describiendo a la prueba como inapropiada, costosa y que produce resultados conflictivos. (Lancet, 350 (9073); 256).

A pesar de que las pruebas de carga viral por PCR no son capaces de distinguir entre virus infecciosos y minúsculos fragmentos genéticos no infecciosos, de no ser capaz de medir virus o niveles de infección, y de no haber sido aprobada para diagnóstico, las pruebas están siendo usadas por los doctores del SIDA para diagnosticar una infección del VIH y como las bases para prescribir tratamientos a largo plazo con los inhibidores de las proteasas, potentes antibióticos y otras medicinas. La PCR es usada frencuentemente para diagnosticar infección por el VIH en recién nacidos y es usada como justificación para tratar a estos niños con AZT. Bactrin y con otras drogas potentes.

Como puede verse en la siguiente tabla, las medidas de la PCR no se correlacionan con los conteos de células T y con las manifestaciones clínicas del SIDA. Nótese que pacientes con estadíos IV de SIDA (los más enfermos), y los cuales tuenen conteos de células T de menos de 100, tienen "cargas virales" que van de 0 a 100,000 y que muchos de los menos enfermos (estadíos II y III) tienen en esta estadía, exactamente las mismas "cargas virales" que los pacientes más enfermos.

¿Por qué no es posible confiar en la carga viral? (Science 1993; 258:1749-1953, Platik et. Al., tabla preparada por H. Bialy PhD).

En la siguiente tabla podrá comprender mejor, de acuerdo a los estadíos, el por qué no se puede confiar en el test de carga viral?

TABLA DE ESTADIO DE LAS CARGAS VIRALES

Número de casos	Estadío clínico de la enfermedad	Células T CD4/ml	"carga viral" TCID/mi
29	Estadío II-III	200-1,000 0	
4	Estadío II-III	200-1,000 5-100	
5	Estadío IV	-100	0
8	Estadío IV	-100	5-100
7	Estadío IV	-100	100-3,000
2	Estadío IV	-100	10,000
2	Estadío IV	-100	100,00

LOS RECUENTOS DE CD4

Desde que el SIDA fue por primera vez reconocido como un Síndrome en 1981, el recuento de los linfocitos CD4, o igualmente llamados Células T (medidas en células por milímetros cúbicos), ha jugado un papel central en el SIDA, no sólo en esquematizar la progresión de la enfermedad, sino también en determinar todo, desde la investigación en medicamentos para guiar el tratamiento, hasta la mismísima definición del SIDA —quien lo tiene y quién no-.

Esto siguió a la observación, hecha en los primeros años de la epidemia, de que las personas con SIDA parecían enfermar más a medida que sus células CD4 disminuían. Con un VIH tan misterioso que nadie ha visto –ocultándose en las células, matando células mediante todo tipo de mecanismos desconocidos, mutando rápidamente-, la célula CD4 sólida y cuantificable, pasó a ser en su lugar un punto de referencia alternativo.

Se pueden ver, pueden observarse, medirse y la esperanza era que los medicamentos de alta tecnología podrían reponerlas y curar la enfermedad. Sin embargo, ahora los investigadores están empezando a cuestionar el nexo absoluto entre los recuentos de CD4 y el SIDA. E incluso la mayoría de los inmunólogos expertos confiesan que están desorientados sobre el papel exacto de las CD4 en el sistema inmunitario humano. La investigación ha demostrado que ciertas personas han permanecido saludables durante años con recuentos muy bajos. Algunas personas que ni siquiera dan positivo al VIH han mostrado recuentos bajos de Células T –suficientemente bajos como para compararlos al SIDA-. Y el colmo llegó en la Conferencia Internacional sobre SIDA del año 2000, donde se revelaron los resultados de estudio Concorde. El estudio, que trataba sobre el uso a largo plazo del AZT en personas VIH positivas pero asintomáticas, concluyó que, aunque el AZT era capaz de aumentar el nivel de células T, aquellos con más células T no estaban más sanos por ello. Hacia el final de la conferencia, casi una década después de que fuera elevado a la cumbre de la influencia inmunológica, el valor de los recuentos de células T fue desechado, en medio de promesas de que le reemplazaría un marcador nuevo y mejor que aún no ha aparecido.

Paradójicamente, el Centro para el Control de Enfermedades (CDC) revisó su definición de SIDA hacia enero de 1993 para incluir los recuentos de CD4. De acuerdo con la vieja definición, una persona no tenía SIDA hasta su primera enfermedad definitoria de SIDA. Sin embargo, mediante la nueva definición, cualquiera que sea VIH positivo y tenga un recuento de CD4 menor de 200, tiene SIDA, independientemente de los síntomas. Un interlocutor de la línea caliente del CDC Nacional AIDS, refiriéndose al informe médico general, explica la lógica al cambiar la definición: gracias a las drogas antivirales y otras terapias, las personas han durado más tiempo sin desarrollar infecciones. Por tanto, la definición fue ampliada en un intento de incluir a todas las personas cuya salud estaba amenazada, debido a que sus recuentos de CD4 habían bajado. El Dr. James Mosley, del Grupo de Estudios de Seguridad en las Transfusiones, explica que encontró algunas personas sanas que tenían recuentos tan bajos como de 200 y propuso que un recuento de 300 debería entrar dentro de los parámetros de un recuento normal. Mosley dijo: "nadie ha mirado de forma particular a personas no infectadas con tasas menores de lo normal. Nosotros las hemos observado durante un período superior a seis años y han tenido problemas de salud que pudieran estar relacionados con la deficiencia inmune, pero que han dado VIH negativos. Todo el mundo asume que un recuento bajo de CD4 significa necesariamente deficiencia inmune. No es cierto".

Los estudios han demostrado que los recuentos de CD4 pueden definir según el sexo, la edad, la raza e incluso, la hora del día. Una estimación establece que el recuento de CD4 puede fluctuar desde un 35 a un 74 % a lo largo de un día. Un estudio demostró el descenso de las células T con la edad. Los niños tienen recuentos T mucho más altos que los adultos. Niños nacidos de madres VIH positivo, han muerto a pesar de que sus células T estaban por encima de 1,000. Otro estudio reciente mostraba que los recuentos de CD4 son marcadamente mayores en mujeres que en hombres y mayores en fumadores que en no fumadores.

Mientras escribía este libro hice el siguiente experimento (es bueno aclarar que nunca he fumado ni he sido alcohólico); de Prueba repetida de conteo de CD4 en un mismo día:

8:00 a.m. Recuento de CD4, resultado: 4 x cm3. Entre el primer conteo y las 12:00 M fumé cerca de 10 cigarrillos e ingirí ¼ de una botella de ron). 12:30 PM. Segundo Recuento de CD4, resultados: 900 x cm3.

CENSURA OFICIAL A LA VERDAD DEL "VIH"/SIDA

Un número de expertos convencionales del SIDA ha expresado su descuerdo con la idea de Ho de un VIH abundante y que se multiplica en forma salvaje. Muchas de sus objeciones han sido publicadas en "Nature", "Lacnet" y en otras revistas científicas. Algunos como el ex investigador gubernamental del SIDA, Dr. Cecil Fox descarta las ideas de Ho por considerarlas una "especulación matemática sin confirmar" (Revista "Rolling Stones", marzo 6 de 1997).

Otros han sido más directos y hacen referencia a esta teoría en un tono sarcástico y hablan así de "una carga viral de fila" (Reappraising AIDS, Vol. 4, Nro. 10, Oct. 1996).

¿Por qué no aprendemos todo lo que se sabe acerca del VIH y el SIDA? ¿Por qué no se encuentra en la televisión o en los periódicos la información que aquí se presenta? ¿Por qué las organizaciones del SIDA que financiamos con nuestros impuestos no incluyen esta información en sus programas de educación?

La mayoría de estas preguntas pueden contestarse al examinar las fuentes de nuestras noticias y de la información acerca del SIDA Los reportes acerca del SIDA vienen del CDC y de los NIH (Institutos Nacionales de Salud), agencias gubernamentales que dependen del dinero de nuestros impuestos. Su constante financiamiento se basa en el concepto de que el SIDA es una amenaza generalizada y en permanente crecimiento para la salud de todos. En consecuencia, la información diseminada por estas agencias debe apoyar estas creencias, antes de ser un reto para ellas.

Como mencioné antes, el CDC no informó que el número de estadounidenses que resultan positivos para el VIH ha disminuido, fue el noticiero de la NBC el que diera a conocer este hecho. La mayoría de las cifras dadas a la prensa por el CDC y los Institutos Nacionales de Salud son construidas con estimados y proyecciones. Cuando estas estadísticas se someten a un análisis crítico, se encuentra que frecuentemente son exageradas, que no tienen ningún fundamento y que son incorrectas.

Los reportes de investigaciones acerca del SIDA generalmente no tienen valor debido a que la discusión acerca del VIH y del SIDA está dominada por las creencias sociales y políticas. El dinero que se recoge por el SIDA, el "sexo seguro", y las pruebas del VIH se han convertido todas en cuestiones aceptadas por la cultura popular y la manera como la prensa presente al SIDA. Los cuestionamientos a estas percepciones populares son usualmente considerados como "muy controvertidos" o "muy peligrosos" para ser reportados. Sutil censura.

La otra información acerca del VIH y del SIDA, nos llega directamente de la industria farmacéutica. En negocios, lo rentable es lo que más importa, y todos los informes de prensa se hacen para garantizar un éxito continuo. Estos informes de prensa raramente son cuestionados o examinados antes de ser reportados como "noticias". Una investigación, que se hiciera en uno de los primeros estudios sobre el AZT, reveló que los efectos tóxicos de éste no habían sido reportados en forma adecuada y que la información había sido manipulada para dar la idea de un resultado favorable, (The AIDS War", Pag. 70 -86, John Lauritse, Pagan Press y Margaret Fietchev, Universidad de Miami) pero, estos hechos acerca del AZT no merecieron ninguna atención por parte de la prensa.

Con frecuencia hemos escuchado noticias acerca del SIDA provenientes de varias instituciones de investigación. Los laboratorios de los Institutos Nacionales de Salud, al igual que los laboratorios de los hospitales y de las universidades de todos los Estados Unidos, están financiados con dineros gubernamentales. Toda la financiación para el SIDA está basada en que ésta esté de acuerdo con la hipótesis del VIH y todos los experimentos y toda la investigación deben confirmar esta hipótesis. Ninguna institución que dependa de dineros gubernamentales puede investigar otra causa para el SIDA que no sea la del VIH, y no se les da dinero a aquellos que hacen un análisis crítico de la hipótesis VIH. El laboratorio del Profesor Peter Duesberg PhD de la Universidad de California en Berkeley, acerca de quien el científico Robert Gallo se refirió como "la persona que más conoce de retrovirus en la tierra", se le suspendió su financiamiento después de que Duesberg cuestionara la hipótesis del VIH de Gallo en un artículo publicado en la revista "Cáncer Research" (Cáncer Research, Marzo 1ro. de 1987; 46:1129-1220).

Todo el financiamiento gubernamental de la investigación del SIDA se basa exclusivamente en que se estudio al VIH, así se llegue o no se llegue con ello a resultados importantes. Muy pocas de las organizaciones del SIDA que se encargan de la educación acerca del VIH y del SIDA evalúan las noticias que difunden. La mayoría de ellas repiten sin examinar los reportes de prensa de las agencias gubernamentales, de la industria farmacéutica y de los laboratorios financiados por el gobierno, excluyendo toda otra información que entre en conflicto con la hipótesis VIH/SIDA.

Aunque la mayoría de estos grupos proveen "advertencias y educación", ninguno examina con objetividad los m ateriales usados en sus programas o permiten la discusión pública de los asuntos aquí señalados.

En la actualidad hay más de 93,000 organizaciones del SIDA en EE.UU., una organización por cada cuatro personas que haya sido diagnosticada de SIDA ("Continuum" Agosto/Septiembre de 1994, Vol. 2, Nro. 4). La mayoría de estos grupos reciben su financiamiento primordial de las agencias gubernamentales y de las compañías farmacéuticas. En 2008, debe haber muchas más.

Después de que examinamos la hipótesis del VIH y otros datos críticos acerca del SIDA, podemos ver que existen muchos defectos e inconsistencias en la información que recibimos. Todavía hay muchas cosas que no pueden ser resueltas con lo que sostienen las explicaciones comunes, las agencias financieras del gobierno o las organizaciones del SIDA.

Para entender y resolver al SIDA, es necesario investigar toda la información científica disponible, aún si dicha información contradice nuestro entendimiento y percepción actuales. En cualquier área, el progreso depende de la habilidad para realizar un análisis imparcial de los hechos, de hacer preguntas críticas y de conducir una investigación objetiva en la búsqueda de respuestas para las preguntas fundamentales.

El haber favorecido las teorías virales y microbiológicas ha retrasado la cura de muchas enfermedades.

Vea la siguiente tabla sobre estas teorías en la próxima página...

HISTORIA SIN ÉXITO DE LAS TEORIAS VIRALES Y MICROBIOLOGICAS

(Léase: "¿Cree usted que el VIH es la causa del SIDA?" 1996
Científicos por la legitimidad de la ciencia, con agradecimientos al
Dr. Peter Duesberg, Miembro de la Academia de Ciencias USA)

ENFERMEDAD	CAUSA PRESUMIDA	CAUSA REAL
Escorbuto: afectó en el Siglo XIX a marineros ingleses	Microbio	Deficiencia de vitamina C

Pelagra: En los Estados Unidos en los años 20	Microbio	Deficiencia de vitamina B
Scrapie/Visna: Afectó a las ovejas en Islandia de los 30 a los 50	Retrovirus	Desorden genético
Sífilis Terciaria: antes de los 50	Treponemas	Envenenamiento por mercurio y arcénico
"SMON": Japón en los 60	Virus	Enterobioformo de Ciba-Geigy
KURU: Nueva Guinea, en los 70	Virus/Prión	Desorden genético
Linforma de Byurkitt: África y Estados Unidos en los 60	Virus de Epstein-Barr	Translocación cromosómica
Enfermedad de los Legionarios Estados Unidos en los 70	Nuevo microbio	Neumonía común
Cáncer: 1970 y 80	Virus/Retrovirus	Malnutrición, toxinas
SIDA 1980 a 2008	Retrovirus	Malnutrición, drogas recreacionales, droga para el SIDA factor VII

¿Se imagina usted, que le hicieron el diagnóstico de una enfermedad fatal sin que le dijeran que dicho diagnóstico está basado en una prueba no confiable y de una idea no comprobada científicamente? ¿Qué además le dijeran que debe tomar drogas muy poderosas sin advertirle que estas drogas destruyen funciones imprescindibles para el mantenimiento de su vida? ¿O que le informaran que padecerá de una cantidad de enfermedades fatales para su vida, dada su condición de VIH positivo, pero que esas enfermedades son curables en las personas que no son VIH positivas?

Para las personas que son VIH positivo o que no son diagnosticadas con SIDA, el conocer todos los aspectos involucrados en el problema es un asunto de vida o muerte. Las decisiones importantes que deben tomar tienen que basarse en informaciones verificable y correctas científicamente. Todos nosotros necesitamos y tenemos el derecho a recibir información honesta acerca del SIDA.

La guerra estadounidense contra el SIDA, que le ha costado a los contribuyentes más de 100 mil millones de dólares e incluye un presupuesto anual de 2 mil millones más, se ha concentrado exclusivamente en la hipótesis no comprobada de Gallo sobre el VIH. Veinte años de estudios e investigaciones dedicados a esta idea no han producido ningún conocimiento significativo acerca del SIDA, no hay tratamientos viables, no hay prevención efectiva, no hay curación ni vacuna. Para crearse una vacuna es preciso antes haber aislado y secuenciado el virus. Por el contrario, hemos construido una poderosa institución oficial sobre el SIDA que controla nuestras noticias e informaciones y que es la base para el desarrollo de industrias multimillonarias que se nutren de una hipótesis no comprobada sobre el VIH.

Es necesario entender qué es el SIDA. El SIDA no es una nueva enfermedad. Es un nuevo nombre o designación. Como lo afirman los Institutos Nacionales de Salud en su definición oficial, "la nominación SIDA es una herramienta de vigilancia". (Reporte del Instituto Nacional de Alergias y Enfermedades Infecciosas e Institutos Nacionales de Salud, 1996, Pag. 3). Estas "herramienta de vigilancia" se usa para localizar y archivar a 29 enfermedades y condiciones previamente conocidas, únicamente cuando ellas se presentan en ciertas personas, algunas de las cuales han resultado positivas a los anticuerpos presumiblemente anti VIH.

La hipótesis de Gallo propone que los problemas de salud asociados con el SIDA se desarrollan como resultado de la infección por el virus VIH. Esta hipótesis acepta que el VIH interfiere, y eventualmente destruye, el sistema de defensas del organismo que lo protege contra enfermedades. Gallo propone que la falta de inmunidad causada por el VIH es lo que va a permitir el desarrollo de una o más de las 29 enfermedades y condiciones, tales como la infección por levaduras, el cáncer, la neumonía, la salmonella, la diarrea, la tuberculosis y/o las infecciones bacterianas a las cuales se les denomina entonces "enfermedades indicadoras de SIDA".

Para explicar cómo el SIDA puede existir sin necesidad de VIH es importante entender que la totalidad de las 29 enfermedades indicadoras pueden presentarse tanto en las personas que resultan positivas como en las negativas al test del VIH. Ninguna de estas enfermedades se presenta exclusivamente en aquellos que resultan positivos, y todas ellas existían desde antes de que se adoptara el nombre de SIDA y desde antes del "descubrimiento" del VIH por el Dr. Gallo.

Para todas las enfermedades se han establecido causas y tratamientos diferentes al VIH. Por ejemplo, es común encontrar infecciones por levaduras en personas con o sin un diagnóstico de SI DA. La causa de la infección por levadura es la misma en ambos casos, un desbalance de la flora normal.

A pesar de que asociamos la palabra SIDA con inmunodeficiencia, a varias de las condiciones enumeradas como enfermedades indicadoras de SIDA, no se les ha reconocido médicamente que estén relacionadas con el funcionamiento del sistema inmunológico. Las condiciones, en particular el sarcoma de Kaposi, el síndrome caquectizante, la demencia, el cáncer cervical y el linfoma, representan el 39% de todos los casos de SIDA en los Estados Unidos. (Int. Arch Allergy Inmmunology.

El Dr. Kary Mullis, Profesor de la prestigiosa Universidad de Berkeley en el Estado de California, Estados Unidos, Premio Nobel de Química 1993, por crear la PCR, (Reacción de la Polimerasa en Cadena) explica en el prólogo al libro del Dr. Peter Duesberg, Profesor de la misma Universidad, en el libro "Cómo se Inventó el SI DA" en cuanto al "VIH"/SIDA, explica que "trabajaba como consultor en *Specialty Labs,* en Santa Mónica, realizando análisis del Virus de Inmunodeficiencia Humana (VIH). Sabía bastante de análisis de cualquier cosa como ácido nucleído, porque había inventado la Reacción en Cadena de la Polimerasa (Polymerase Chain Reaction: PCR) Por eso lo contrataron."

"Por otra parte, el Síndrome de Inmunodeficiencia Adquirida (SIDA) –dice Mullis- era algo de lo que no sabía demasiado. De este modo, cuando me encontré escribiendo un informe sobre nuestros progresos y objetivos para el proyecto patrocinado por los *National Institutes of Health,* me di cuenta de que no conocía la referencia científica para apoyar la declaración que acababa de escribir: "El VIH es la probable causa del SIDA".

" Así que me volví al Virólogo de la mesa del al lado, un tipo serio y competente, y le pregunté por esa referencia. Dijo que no necesitaba ninguna. Yo no estuve de acuerdo. Pese a que es verdad que ciertos descubrimientos o técnicas científicas están tan bien establecidas que sus fuentes ya no se aluden en la literatura contemporánea, ése no parecía ser el caso de la conexión VIH/SIDA. Para mí era muy notable que el individuo que había descubierto la causa de una enfermedad mortal y hasta ahora incurable, no fuese continuamente aludido en las publicaciones científicas hasta que la enfermedad estuviese curada y olvidada. Pero, como pronto aprendería, el nombre del individuo -que sería seguro materia de Premio Nobel- no estaba en boca de nadie."

"Por supuesto, esta simple referencia debía estar en alguna parte ahí fuera. De lo contrario, decenas de miles de funcionarios y reconocidos científicos de diversas procedencias, que intentan aclarar las trágicas muertes de un considerable número de homosexuales y/o consumidores de drogas intravenosas de edades comprendidas entre los 25 y los 40 años, no habría permitido que su investigación se limitase a una estrecha vía de estudio. No todo el mundo pescaría en la misma charca a menos que estuviese completamente verificado que el resto de las charcas estaban vacías. Tenía que haber un informe científico publicado, o quizá varios, que juntos indicasen que el VIH es la posible causa del SIDA. Tenía que haberlo."

"Hice indagaciones —continúa Mullis- usando la computadora pero no encontré nada. Por supuesto, puedes perderte información importante con las búsquedas por ordenadores sólo con no introducir las palabras claves concretas. Para estar seguro de una conclusión científica, lo mejor es preguntar a otros científicos directamente. Esa es una de las cosas para las que sirven esos congresos en lugares lejanos con bonitas playas."

"Como parte de mi trabajo, iba a muchos encue ntros y congresos. Adquirí el hábito de acercarme a cualquiera que diese una charla sobre SIDA y pregunté qué referencias debía citar para esa, cada vez más polémica, declaración: "El VIH es la causa del SIDA"."

"Después de 10 o 15 encuentros en un par de años, empecé a preocuparme cuando vi que nadie podía citarme la referencia. No me gustaba la fea conclusión que se estaba formando en mi mente: la campaña entera contra le enfermedad considerada con creces como la peste del siglo XX estaba basada en una hipótesis cuyos orígenes nadie podía recordar. Eso desafiaba tanto al sentido científico como al común."

"Finalmente, tuve la oportunidad de interrogar a uno de los gigantes de la investigación del VIH y del SIDA, el doctor Luc Montagnier, del Instituto Pasteur, cuando dio una charla en San Diego. Esta sería la última vez en que sería capaz de realizar mi pregunta sin mostrar cólera. Me figuré que Montagnier conocería la respuesta. Así que se la planteé."

"Con una mirada de perplejidad condescendiente, Montagnier dijo: "¿Por qué no cita el informe de los *Centers for Disease Control* (CDC, Centros para el Control de Enfermedades)?" Yo contesté: "No se refiere realmente al tema de si el VIH es o no la probable causa del SIDA, ¿o sí?".

"No", "admitió, sin duda preguntándose cuánto tardaría en marcharme. Buscó ayuda en el pequeño círculo de personas a su alrededor, pero todos estaban como yo, esperando una respuesta más concluyente."

"¿Por qué no cita el trabajo sobre el VIS (Virus de la Inmunodeficiencia Simia)?", ofreció el buen doctor. "También ha leído eso, doctor Montagnier", contesté. "Lo que les pasó a esos monos no me recuerda al SIDA. Además ese informe fue publicado sólo hace un par de meses. Estoy buscando el informe original con el que alguien demostró científicamente que el VIH causa el SIDA en los seres humanos".

"Esta vez, como respuesta, el doctor Montagnier se dirigió hacia el otro lado de la habitación para saludar a un conocido."

"No hemos podido encontrar ninguna buena razón, 20 años después, por la cual la mayoría de la gente sobre la tierra cree que el SIDA es una enfermedad causada por un virus llamado VIH. Simplemente no hay evidencia científica alguna que demuestre que eso es cierto. Tampoco hemos sido capaces de descubrir por qué los médicos recetan una droga tóxica llamada AZT (Sidovudina-Retrovir) a personas que no tienen otro mal que la presencia de anticuerpos al supuesto VIH en su cuerpo. De hecho, no podemos entender por qué ningún ser humano debería tomar esa droga o cualquiera similar, cualquiera que fuese la razón que se adujese."

"Ni el Dr. Peter Duesberg (Profesor de la Universidad de Berkeley, California) ni yo podemos entender cómo ha surgido esta locura, y habiendo vivido ambos en Berkeley hemos visto algunas cosas muy extrañas. Sabemos que errar es de humanos, -concluye el Dr. Mullis- pero la hipótesis VIH/SIDA es un error diabólico."

CAUSAS DE INMUNODEFICIENCIA

La inmunodeficiencia adquirida tiene cuatro causas primarias demostradas médicamente, no contagiosas, que no son infecciosas ni se transmiten a través de la sangre o de productos sanguíneos. Por más de 70 años esas causas han sido descritas en la literatura médica:

-Malnutrición: Hasta 1985, inclusive el Dr. Anthoni Fauci de los Institutos Nacionales de Salud, reconocía que la malnutrición era la causa número uno de inmunodeficiencia en el mundo, particularmente en regiones subdesarrolladas como en África.

-Quimioterapia: Lo primero que destruye la quimioterapia es la médula ósea, precisamente donde se forma el sistema inmunológico. La quimioterapia también es destructiva para el sistema digestivo, interfiriendo así con la capacidad del organismo de absorber y digerir los alimentos, lo cual origina desnutrición. Así se usa en forma breve, la quimioterapia suprime el funcionamiento inmunológico normal, aumenta la susceptibilidad a infecciones bacteria-nas y causa diarrea con amenaza para la vida.

-Abuso de drogas recreacionales: Desde finales del siglo pardo la literatura médica viene reportando los efectos inmunosupresores del abuso de las drogas, los cuales incluyen neumonía, heridas en la boca, fiebre, endocarditis, infecciones bacterianas y sudoración nocturna —condiciones todas que ahora se asocial al SIDA- ("Bull Mem Soc Med Hospitaux de Paris", 3ro ser 1909, Pharmacol Ther **1992, 55:201-277**). No hay un solo caso de inmunodeficiencia adquirida en la literatura médica en el cual el VIH sea el único factor de riesgo, en cada caso de SIDA se encuentran siempre varios probables e identificables factores de riesgo que se sabe pueden lesionar el sistema inmunológico. (Rethinking AIDS, Fre Press Publisher, Dr. Robert Rott-Bertein, cap. 6 y 7; Peter W. Plumley, FSA, Condomanía: ¿Sen-tido común o sin sentido), HEAL) en efecto, el 97% de todos los casos de SIDA en los Estados Unidos se presentan dentro de los grupos de riesgo originales, estando un 94% representado por hombres gay y drogadictos intravenosos.

El uso de las drogas intravenosas es fatalmente supresivo para el sistema inmune, y le va a enfermedades indicadoras de SIDA como neumonías, tuberculosis e infecciones bacterianas. Además, los que usan drogas intravenosas con mucha frecuencia sufren de malnutrición, la causa número uno de inmunodeficiencia en el mundo. Ser gay no causa ni conduce al SIDA. Sin embargo, las drogas (tanto las de receta como las recreacionales) que son usadas en exceso por algunos hombres gay, son médicamente reconocidas como inmunosupresoras. Las drogas recreacionales del tipo del nitrito o "poppers" contienen altas concentraciones de nitritos, compuestos químicos que se sabe son carcinogénicos. Otras drogas recreacionales muy frecuentemente usadas por hombres gay son la cocaina, el "crack", la heroína, el ecstasy, la metanfetamina como el cristal y el "speed", los tranquilizantes de animales como el "special K", y el alcohol. Las infecciones repetidas así como los tratamientos prescritos para la sífilis, la gonorrea, la hepatitis, la clamidia, las infecciones bacterianas, los parásitos y las amebas, se sabe que causan inmunodeficiencia. El uso frecuente y/o prolongado de antibióticos también causa alteraciones inmunológicas.

Hay un número de publicaciones científicas que documentan la correlación entre el uso de drogas y el SIDA. Por ejemplo, dos estudios realizados en 1993 en Estados Unidos y Canadá encontraron que todos los hombres gay con SIDA habían estado consumiendo drogas recreacionales y/o AZT por períodos significativos. (Asher, etc. Al. Natura, London, 1993; 362:103-104; Aschechter, et. Al. Lance, 1993; 341:658-659, AIDS Forschung 1993) AZT, ddL, D4T, ddC y 3TC, son todos quimioterapéuticos que destruyen los sistemas inmunológico y digestivo. Muchas de las drogas indicadas como tratamientos profilácticos para el VIH y el SIDA son peligrosas cuando se usa diariamente en forma continua. Bactrin y Septrim, por ejemplo, son antibióticos a base de sulfonamidas que destruyen la flora intestinal. Sus efectos adversos incluyen náuseas, vómitos, diarrea, anorexia, dolor de cabeza, debilidad, mialgias, artralgias y brotes. Su uso prolongado puede causar deficiencia de ácido fólico lo cual puede llevar a anemia. (Enciclopedia de Medicina de la Asociación Americana de Medicina).

Es importante recordar que:

-La prueba de anticuerpos para el VIH no es específica, no es confiable y reacciona en forma cruzada con anticuerpos que no son anti VIH y con muchos otros microbios.

-La posibilidad de una reacción positiva en una prueba de anticuerpos para el VIH aumenta proporcionalmente con el nivel sanguíneo de otros anticuerpos contra microbios.

-Una vez que una persona resulta positiva, se le prescriben como tratamiento, drogas inmunosupresoras.

-El restante 6% de los casos de SIDA no mencionados acá (incluyendo al SIDA de los hemofílicos y el de los niños) puede también explicarse, con muy buenas evidencias, por causas conocidas de inmunosupresión no relacionadas con el SIDA.

Ningún anticuerpo es causa o predice a una enfermedad; lo que los anticuerpos indican es la presencia de una respuesta inmune normal. La idea de las vacunas tiene como base la formación de anticuerpos para proteger contra enfermedades y no existe evidencia que indique que los anticuerpos anti VIH sean diferentes a los anticuerpos que ayudan.

Las "pruebas para el VIH" fueron desarrolladas y aprobadas sin haber sido verificadas por medio de una "prueba estándar o de oro" independientemente. En la ciencia de la medicina, una prueba estándar de oro indica que el aislamiento viral ha sido utilizado como una forma independiente de establecer la presencia o la ausencia del virus en cuestión. Este proceso es esencial para la autenticidad de una prueba diagnóstica. Sin la prueba estándar de oro, es imposible que un médico o que un científico sepa si una prueba positiva para anticuerpos indica infección o si indica alguna otra cosa.

Nunca se ha comprobado que las pruebas de PCR y de QC-PCR sean adecuadas y específicas para detectar VIH. Ninguna prueba de PCR ha sido jamás verificada por medio del aislamiento viral.

Ni la prueba ELISA, ni la del Western Blott son específicas y presentan reacciones cruzadas contra anticuerpos de muchas enfermedades, de otros retrovirus diferentes al VIH y pueden resultar positivas en muchas condiciones. Esta es la razón por medio de la cual los hombres gay, los drogadictos intravenosos, los hemofílicos y los receptores de transfusiones de sangre muy frecuentemente presentan reacciones muy positivas en estas pruebas. Son personas que han estado expuestas a toda una multitud de antígenos extraños y a agentes infecciosos contra los cuales se han producido también una multitud de anticuerpos.

FITOPATOGENESIS DEL SIDA
(Por el Dr. Roberto A. Giraldo, Inmunólogo)

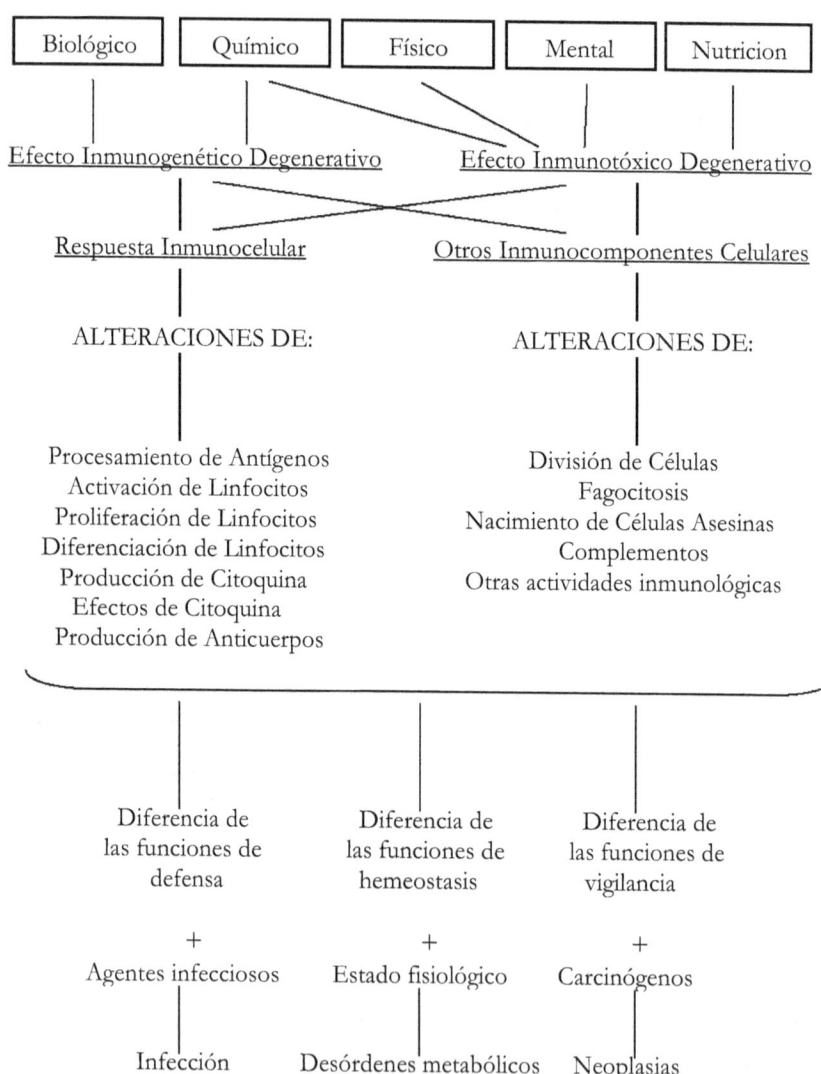

Biológico	Químico	Físico	Mental	Nutricion

Efecto Inmunogenético Degenerativo   Efecto Inmunotóxico Degenerativo

Respuesta Inmunocelular   Otros Inmunocomponentes Celulares

ALTERACIONES DE: ALTERACIONES DE:

Procesamiento de Antígenos   División de Células
Activación de Linfocitos   Fagocitosis
Proliferación de Linfocitos   Nacimiento de Células Asesinas
Diferenciación de Linfocitos   Complementos
Producción de Citoquina   Otras actividades inmunológicas
Efectos de Citoquina
Producción de Anticuerpos

Diferencia de   Diferencia de   Diferencia de
las funciones de   las funciones de   las funciones de
defensa   hemeostasis   vigilancia

+   +   +
Agentes infecciosos   Estado fisiológico   Carcinógenos

Infección   Desórdenes metabólicos   Neoplasias

170

LOS FALSOPOSITIVO

Los investigadores ortodoxos del SIDA aceptan que en la población general, la mayoría de los resultados positivos en las pruebas del VIH, son falso positivos. La matemática de la relación entre la especificidad de la prueba, la prevalencia de la enfermedad y el valor de predicción de la mejor de las pruebas, demuestra que en los grupos de baja prevalencia, casi todos los positivos son falso positivo. En la población general, usando tres pruebas consecutivamente (dos ELISA y un Western Blott) con una especificidad combinada (efectividad) el 99.8%, significa que el 97 de los resultados positivos son resultados falsopositivo.

Las pruebas de carga viral no aíslan el virus y tampoco son apropiadas para el diagnóstico.

Todas las enfermedades relacionadas con el SIDA pueden presentarse en personas que son VIH negativas, ninguna se presenta exclusivamente en que los que son positivos, todas existían desde antes de que se adoptara el nombre de SIDA, y todas tienen causas y tratamientos médicos conocidos, y no relacionados con el VIH.

Linfoma, diarrea, demencia, candidiasis, neuropatía, nauseas, caquexia y muchas otras condiciones asociadas con el SIDA, se sabe que son causadas por la prescripción de medicamentos usados para tratar el SIDA. La profilaxis y la "intervención temprana" son conceptos que pueden ser consecuencias fatales. Tomar AZT o cualquier otro quimioterapéutico como "anti viral" o usa antibióticos potentes como el Bactrim diariamente y por meses o años, es una práctica nueva y potencialmente mortal que no hace aso ni a la advertencia del fabricante, ni a la dosis que se recomienda en el libro de referencia para los médicos de los EE.UU.

Las personas sanas que resultan VIH positivas son mucho más numerosas que las personas VIH positivas que se enferman. Esto es cierto en los EE. UU., en el África, en Haití y en otras partes del mundo donde un gran porcentaje de la población resulta VIH positiva. (Organización Mundial de la Salud, tasas de conversión anual, Dedil Deseptillon, R. Willner, Md, PhD, Peltic Publishing Pag. 39.41). La lectura cuidadosa de la literatura científica muestra como los que "no progresan" comparten un hecho entre ellos: ya sea por voluntad propia o por efecto de las circunstancias, no toman "antivirales" (New England Journal of Medicina 1995; 332-209, Journal of Infectious Diseases 1996; 173:60) ni usan antibióticos en forma continuada (Sobreviviendo al SIDA, M. Callen, Harper-Collins Publishing; Rethinking AIDS, R. Rott Bernstein, PhD, Pag. 361-262; Revista Time, marzo 22 de 1993).

Las personas que resultan VIH positivas se mantienen sanas y aquellos que permanecen vivos y sanos después de años de habérseles diagnosticado SIDA, lo hacen porque nunca son incluidos en estudios y por ser ignorados por los investigadores del SIDA. Otra información que proviene de muchas fuentes diferentes como la del ex director de la Clínica Mayo, de libros o de artículos acerca del número creciente de personas con SIDA, enfatiza en el uso de la untrición y de las vitaminas así como en otras formas de tratamientos naturales, holísticos y no tóxicas para restablecer y frótalecer al sistema inmunológicos.

Los únicos estudios en que se les ha preguntado a los hombres gays con SIDA acerca de la cocaína, los poppers y el speed demuestran que el del 93% al 100% de ellos han usado estas drogas. En la literatura médica hay documentación que data desde principios de siglo XX en donde se muestra el daño que causa el uso de drogas recreacionales. (Ann Int Med. Agosto 1983, 96%; Epidemiology 1992; 3:203, 100% Genética, Febrero de 1995, 93%; JAMA dd 1989; 261:23, 96%, Lancet, Mayo 15 de 1982, 100%, 100% STD Oct/Dic. De 1985, 97%).

En un estudio de drogadictos intravenosos con malnutrición crónica que resultaron VIH positivos y que habían usado heroína por más de cinco años, se encontró que después de tratárseles la malnutrición y de rehabilitarse de la drogadicción, ninguno de ellos desarrollo síntomas o infecciones asociadas al SIDA, después de un promedio de 4.1 años de haber resultado positivos. (Journal Intl AM Medical Health ass 1992; 1:1-8).

Las células T tienen un valor cuestionable como medida de salud y de la función inmunológica. En efecto, la disminución del número de células T no es ni necesario, ni suficiente para que se desarrollen las enfermedades asociadas al SIDA. (Genética 1996 AIDS: ¿Virus or Drug Induced? Pág. 3-22).

Un diagnóstico de SIDA no es una inmutable sentencia de muerte. Es un hecho que los métodos de tratamientos seguros y efectivos, son aquellos que estudian las necesidades y deficiencias específicas para cada individuo y que son capaces de lograr recuperación aún en las condiciones más serias.

TRATAMIENTO ANTIRRETROVIRAL

El resultado VIH positivo depende de quién hace el diagnóstico. La siguiente tabla ilustra algunos de los criterios por medio de los cuales una prueba de Western blott se considera positiva y muestra cómo una persona puede cambiar de positiva a negativa al cambiar de país. Los diferentes criterios para las pruebas del VIH no solamente se refieran a los lugares y a las agencias listadas aquí, sino que los criterios varían de laboratorio en laboratorio y son de libre interpretación. Inclusive un análisis puede resultar positivo o negativo de acuerdo con la preferencia sexual del individuo, con la historia de drogadicción, con el área donde reside o con otros parámetros que se investiguen.

		África	Australia	Reino Unido	USA CDC1	USA CDC2	USA FDA	EU Cruz Roja
Gen GNV	P160 P120 P41	Dos o Cualquiera	Uno o Mas	Uno o Mas	P120/ P160 y P41	P120/ P150 o P41	Uno o Mas	Uno o Mas
Gen POL	P68 P53 P32	Opcional	Tres Cualquiera	P31			P32	Cualquiera
Gen GAS	P55 P40 P24	Opcional	Tres Cualquiera	P24		P24	P24	Cualquiera

A continuación, para ir más al detalle, le ofrecemos lo que informara en 1998 el Dr. Ronald Baker en San Francisco, California.

"El empleo amplio del tratamiento antirretroviral, -explica el Dr. Beker- conocido por las siglas TARSA, ha causado grandes daños y deterioro en muchas personas VHI positivas y enfermos de SIDA. Junto con los tratamientos las personas han comenzado a experimentar cambios anormales metabólicos que parecen estar relacionados con el tratamiento anti VIH. Los llamados efectos secundarios causantes de la muerte de los supuestos enfermos de la supuesta enfermedad denominada SIDA, inusuales han alarmado a muchas personas y afectan de manera adversa a la calidad de vida y potencialmente la salud. En ausencia de cualquier tratamiento capaz de prevenir o revertir estos efectos adversos, varios activistas sobre el tratamiento están preocupados de que las personas VIH positivas decidan no iniciar o abandonar el tratamiento anti VIH, incluso cuando éste sea indicado".

Lo siguiente es un resumen de los efectos secundarios que produce TARSA. Y si el lector analiza profundamente por detalle éstos, comprenderá que estas drogas e inhibidores son definitivamente un veneno.

Los efectos secundarios están relacionados con la distribución anormal de grasa en el cuerpo. Entre los "pacientes" los efectos son conocidos por nombres descriptivos como "panza de proteasa" y "joroba de búfalo". Los cambios más notables visualmente son: 1) un incremento en el tamaño de la cintura (grasa en la parte inferior del estómago y las caderas, afección llamada "panza de proteasa" y "obesidad troncal"), acompañado de pérdida del tejido muscular en los brazos y piernas; y 2) aumento de grasa en la parte superior de la espalda, conocido como "joroba de búfalo", o grasa dorso cervical. Entre las mujeres, los cambios visibles incluyen adelgazamiento cutáneo en los brazos y las piernas y arrugas anormales e incluso severas en la piel facial.

El aumento rápido del tamaño de la cintura y desarrollo de la "joroba de búfalo" fueron los primeros efectos secundarios metabólicos inusuales reconocidos por los pacientes y sus médicos. Los efectos fueron documentados y descritos en 1997 entre personas que llevaban varios meses ingiriendo combinación con un inhibidor de proteasa. Poco después, la Administración de Fármacos y Alimentos de EE.UU. (FDA) publicó una alerta presentando los reportes de médicos que habían diagnosticado diabetes melitus en algunos pacientes que tomaron inhibidores de proteasa, algunos de los cuales también desarrollaron obesidad troncal.

Otras personas que tomaban los inhibidores de proteasas han experimentado elevaciones anormales en su nivel de triglicéridos (hipertrigliceridemia). Los triglicéridos son lípidos (grasa) que a altos niveles (mayor de 1,000) pueden incrementar el riesgo de desarrollar pancreatitis o enfermedad cardiovascular. Algunos pacientes que toman los inhibidores de proteasa también han experimentado elevaciones en nivel de colesterol, mayor de 400, lo cual puede aumentar el riesgo de padecer enfermedades cardíacas y circulatorias. En algunos casos, estos aumentos de colesterol y de triglicéridos ocurren simultáneamente.

En una carta enviada a "The Lancet" fechada el 2 de Mayo de 1998, el autor anota que durante una evaluación de fichas médicas de 124 pacientes que estaban tomando inhibidores de proteasa, se descubrió que el 33% padecía de elevaciones de lípidos tan altas que requerían tratamiento con un medicamento para reducir el nivel de lípidos o necesitaban implementar cambios en su dieta y empezar un régimen riguroso de ejercicios.

Investigadores australianos han documentado aumentos de la grasa en el 64% de pacientes que estaban tomando un inhibidor de proteasa. El estudio también descubrió que puede existir un efecto directo por parte de los inhibidores de proteasa sobre el metabolismo de las grasas, o en otras palabras, que los inhibidores de proteasa son responsables de los trastornos metabólicos.

No existe un tratamiento para prevenir o revertir la redistribución de grasa que resulta en afecciones como la "panza de proteasa", "joroba de búfalo" o "arrugas faciales". Sin embargo, sí existen tratamientos eficaces y normas para la diabetes, hipertrigliceridemia, el colesterol elevado y la enfermedad cardiovascular. Es importante señalar que el TARSA también ocasiona efectos secundarios hepáticos, renales y otros irreversibles. Por eso cuando un paciente de SIDA decide suspender TARSA creyendo que va a mejorar, porque está "indetectable" y se siente bien, en lugar de recuperarse, enferma y podría hasta morir ya que su metabolismo y su sistema inmune han sido dañados definitiva e irreparablemente.

La situación está generando bastante controversia entre los pacientes y sus médicos, sobre el valor de TARSA, especialmente con relación a la calidad de vida. Mientras que los informes sobre los efectos secundarios anormales aumentan, también aumenta la ansiedad del paciente VIH positivo, que se ve enfrentado por una decisión que no tiene respuesta fácil. Algunas personas se han sometido a la liposucción y a la cirugía plástica para mitigar los efectos de los cambios anormales visibles; y ante tales cambios muchos VIH positivos han dejado de seguir los tratamientos anti VIH.

El 6 de mayo de 1998, el Comité del Consejo Antiviral de la FDA votó contra la aprobación de nitazoxanida (NTZ, nombre de la marca Criptas) de Unimed Pharmaceuticals, fármaco elaborado como tratamiento de la diarrea criptosporidial. NTZ es el primer fármaco antiptosporodiosis que ha sido evaluado por la FDA oficialmente, una droga más.

Se ha comprobado la existencia de 366 efectos secundarios clínicos graves o anormalidades de laboratorio de nivel III (moderado) en 216 personas desde el 31 de marzo del año 1998, entre las anormalidades destacan principalmente la elevación asintomática de la transaminasa hepática, que es la enzima del hígado, o del ni-vel de creatinina.

A partir de las 48 semanas del tratamiento, el 32% de las personas que han estado ingiriendo tratamientos de retrovirus e inhibidores desarrollan 3 o más anormalidades de laboratorio que sugieren un trastorno llamado "disfunción próxima renal tubular" (DPRT), que no es más que un trastorno serio en los riñones.

Las anormalidades incluyen la hipofosfatasemia (nivel anormalmente bajo de fosfato), glicosuria, proteínaria (la presencia de glucosa y proteínas respectivamente en la orina) y nivel elevado de creatinina. La severidad de las anormalidades fue por lo general reportada de leve a moderada (nivel I o II). El inicio de este síndrome ocurrió aproximadamente a partir de las 24 a 28 semanas de tratamiento.

He aquí la opinión de varios distinguidos médicos de diferentes partes del mundo, sobre los distintos aspectos, no solamente del SIDA sino de un conocimiento más amplio y riguroso de la vida y del ser humano que permite comprender lo que efectivamente ocurre con el SIDA, este invento "made in USA".

El médico Heinrich Kremer, PhD, ha estudiado aspectos importantes de la biología de la Evolución y en particular ha señalado los elementos para comprender el decisivo papel de las mitocondrias, auténticas bacterias que están viviendo simbióticamente en el interior de cada una de nuestras células. Tiene su propio material genético de ADN y su propio ritmo de división, y son las responsables de formar el ATP, la molécula energética básica que representa más del 90 % de la energía que necesitamos. Las células normales tienen unos pocos cientos de mitocondrias, pero el número crece cuanta más energía necesitan las células para su actividad. Así, las células musculares tienen unas 2 a 4 mil, las nerviosas unas 5 a 7 mil, las hepáticas unas 8 a 10 mil, y los óvulos más de 500 mil. Estas mitocondrias son dañadas por los antibióticos y también por los antivirales, concebidos ambos para impedir la división de las bacterias (bacterioestáticos) y otros para matarlas (bactericidas). Ello tiene por lo menos dos gravísimas consecuencias: a) disminuir la producción de energía, con lo que la persona estará cada vez más débil y acabará muriendo; b) provocar mutaciones en el ADN mitocondrial, mutaciones que son trasmitidas por las madres directamente a sus bebés y que probablemente son la explicación de las nuevas enfermedades infantiles que están detectando los pediatras.

Estos son algunos de los más importantes efectos secundarios que provocan los tratamientos anti-SIDA: vómitos, dolores de cabeza, daños al músculo del corazón, úlceras en el estómago, supresión de la médula ósea, pérdida de la masa muscular, hepatitis, acidosis, desorientación y confusión, deficiencia hepática, ataques epilépticos, pigmentación en las uñas, pancreatitis, neuropatías, artritis insomnio, ansiedad, aumento del ácido úrico, baja de las plaquetas, anemia, úlceras estomacales, dolores abdominales, erupción en la piel, fatiga, daños a la mitocondria, anorexia, daños a los riñones, depresión, lipodistrofia, aumento del colesterol, cambios en la apariencia física, elevación de las encimas del hígado, etc. etc. y hasta muerte instantánea. (Aclaraciones de los laboratorios fabricantes aparecidas en las etiquetas).

FACTORES ESTRESANTES INMUNOLOGICOS

El inmunólgo suizo, Alfred Hässig PhD, explicó cómo el estrés distorsiona las funciones inmunológicas. Por un lado aumenta la actividad de los linfocitos B, por lo que se producen mayor cantidad de anticuerpos y es más fácil dar positivo a los mal llamados "test del SIDA". Por el otro, inhibe la actuación de los linfocitos T, por lo que se frena la decisiva tarea de reciclar el billón de células que se nos muere diariamente. Sobre este material genético muerto que se acumula, pueden proliferar los hongos (Pneumocistis Carini, cándidas...) que afectan a la mayoría de los enfermos etiquetados como "casos de SIDA". Los factores de estrés son básicamente psicológicoemotivos, tóxicos (drogas, medicamentos, poppers,...) nutricionales (alimentos refinados, conservados...), infecciosos y traumáticos. Reducir el estrés ayuda a acercarse de nuevo a una situación de equilibrio. Pero para poder alcanzar el equilibrio debe recurrirse a componentes antioxidantes que solamente las plantas pueden elaborar. Las especias, cúrcuma, curry, y los tés verdes (no fermentados) son dos fuentes fáciles y baratas.

El eminente Inmunólgo, Dr. Roberto A. Giraldo, máster en Ciencias de la Medicina tropical quien posee una larga experiencia de 30 años en esta actividad, luego de una extensa y profunda investigación, define en su libro "AIDS and Stresors" (El SIDA y los Estresantes), cuáles son los causantes de los distintos tipos de estrés que pueden provocar SIDA.

A continuación reproducimos la tabla diseñada por el Dr. Giraldo, Inmunólogo, para explicar su tesis:

DISTRIBUCIÓN, POR GRUPO, DE LAS CAUSALES DE LOS DISTINTOS ESTRÉS Y SUS TIPOS, QUE COLOCAN EN RIESGO DE SIDA A LAS PERSONAS
(Por el Dr. Roberto Giraldo)

ORIGEN DE LOS ESTRESANTES	TIPO DE ESTRESANTE
A) DROGAS USADAS POR HOMBRES GAYS	
-Alcohol y abuso de drogas	Químico
-Semen	Biológico
-STD's (venéreas)	Biológico
-Otras ingestiones	Biológico
-Terapia anti-infecciosa (i.e.AZT)	Químico
-Angustia	Mental
-Nutrición	Nutricional

B) CONSUMIDORES DE DROGAS
-Alcohol y abuso de drogas   Químico
-Infecciones por transmisión sanguínea   Biológico
-Terapia antiínfecciosa (i.e.,AZT)   Químico
-Angustia   Mental
-Malnutrición   Nutricional

C) CONSUMIDORES DE DROGAS Y ALCOHOL
-Alcohol y abuso de drogas   Químico
-Infecciones oportunistas   Biológico
-Terapia anti-infecciosa (e.i. , AZT)   Químico
-Angustia   Mental
-Malnutrición   Nutricional

D) PROSTITUTAS
-Semen   Biológico
-Alcohol   Químico
-STD's   Biológico
-Terapia antiínfecciosa (e.i.AZT)   Químico
-Angustia   Mental
-Mal nutrición   Nutricional

E) NIÑOS NACIDOS DE MADRES DROGADICTAS
-Abuso de drogas (durante la gestación)   Químico
-Infecciones congétitas   Biológico
-Terapia anti-infecciosa   Químico
-Mal nutrición fetal   Nutricional

F) HEMOFILIA
-Sangre y factor VIII
Biológico
-Infecciones oportunistas   Biológico
-Terapia antiínfecciosa (i.e.,AZT)   Químico
-Angustia   Mental

G) PANICO AL SIDA
-Angustia   Mental
-Medicamentos para la prevención   Químico

H) ÁFRICA CENTRAL, CARIBE Y COMUNIDADES SIMILARES
-Mal nutrición   Nutricional
-Infecciones parasitarias   Biológico

179

-Terapia antiínfecciosa	Químico
-Angustia	Mental

I) NEGROS AMERICANOS E HISPANOS

-Angustia	Mental
-Malnutrición	Nutricional
-alcohol y abuso de otras drogas	Químico

J) OCUPACIONAL –RELATIVO AL TIPO DE GRUPO

-Contaminación química	Químico
-Contaminación física	Físico
-Agentes infecciosos	Biológico
-Dietas	Nutricional
-Angustia	Mental

La apretada jornada del ejecutivo agresivo, la responsabilidad de altos cargos y, en general, las prisas y los muchos quehaceres impuestos por la vorágine de la vida moderna, son sólo algunas de las múltiples caras del estrés. Esta reacción del organismo humano, que es la respuesta de adaptación al entorno cambiante y el tributo que por ella paga, activa una serie de reacciones neuroquímicas, endocrinas e inmunológicas que repercuten positiva o negativamente sobre la salud y la enfermedad. Numerosos estudios revelan que las situaciones de estrés importantes pueden afectar seriamente al sistema inmune y precipitar la aparición de trastornos banales, como una infección catarla o una gripe, o incluso procesos graves como un tumor maligno.

Varias investigaciones han demostrado los efectos inmunosupresores de diversas situaciones estresantes agudas en humanos, entre ellas el luto por la muerte de un ser querido, los exámenes académicos y el cuidado de un cónyuge con enfermedad crónica. En estos trabajos se ha evidenciado el impacto del estrés en varios parámetros inmunológicos: descenso de los linfocitos T y B y de las células asesinas, implicadas en la defensa contra las células tumorales y los agentes virales.

Otros estudios desarrollados entre 1997 y 1999 por la Cátedra de Fisiología de la Facultad de Medicina de la Universidad Complutense de Madrid, en colaboración con el departamento de Psicología Médica y Psiquiátrica de la misma facultad, revelaron que los estudiantes de medicina en épocas de exámenes tenían unos patrones de repuesta inmunológica más atenuados y presentaban una mayor incidencia de enfermedades banales, como gripo o resfriados, y en el caso de las mujeres también se registraron más alteraciones en el ciclo menstrual.

MÁS FACTORES ESTRESANTES INMUNOLOGICOS

El semen : Los espermatozoides junto con el semen que los contienen son un "cuerpo extraño" al penetrar otro organismo que no sea el emisor. El semen contiene prostaglandinas. Estas son, por explicarlo de manera sencilla, los guardianes, las escoltas de los espermatozoides. Gracias a ellas uno de éstos puede llegar al óvulo femenino y fecundar. La prostaglandina es un supresor del sistema inmunológico. El útero de la mujer está preparado para defenderse de ellas, pero cuando el semen es recibido por el ano; el recto, que no posee los medios de destruir las prostaglandinas, no puede evitar que este inmunosupresor penetre al sistema sanguíneo, provocando inmunodeficiencia.

Los condones: Los condones a base de latex (de goma) son muy alergizantes y tóxicos.

Los lubricantes: Los lubricantes a base de derivados del benceno son los que realmente son inmunosupresores. Prácticamente todos los lubricantes sexuales tienen "paraben" o "metil paraben" que son derivados del benceno.

SÍNDROME GENERAL DE ADAPTACIÓN; ESTRÉS

Aunque el estrés siempre ha afectado al organismo humano, fue en 1936 cuando Hans Selye, fisiólogo canadiense, de origen austríaco, acuñó el término para describir el síndrome general de adaptación. En 1950, Selye publicó su obra "Stress" que tuvo una gran repercusión en la medicina.

El organismo humano posee unos mecanismos propios que le permiten adaptarse continuamente a las distintas situaciones del entorno cambiante. En esos mecanismos adaptivos intervienen diferentes factores, uno de los más importantes es el eje hipotálamo-hipófisis-adrenal, que regula un gran número de reacciones hormonales en el cuerpo humano y que tienen su expresión en síntomas y signos tanto físicos como psíquicos. Adrenalina y cortisol.

Al activarse el eje hipotálamo-hipófisis-adrenal, el hipotálamo (una glándula neuroendocrina que se sitúa en la base del cerebro) libera endorfinas, hormonas que producen un efecto analgésico para reducir el dolor y proporcionar sensación de bienestar. La hipófisis (alojada debajo del hipotálamo) controla las glándulas suprarrenales (situadas sobre los riñones), que segregan dos hormonas, adrenalina y cortisol. La adrenalina acelera el corazón, regula la tensión arterial y produce agresividad. El cortisol es la hormona que, además de modular el sistema inmunológico o defensivo del organismo, general energía para la lucha o los mecanismos para la huida.

El factor estresante puede producir alteraciones inmunológicas a partir de las conexiones existentes en el sistema nervioso central y el sistema inmunológico.

Sabemos que los órganos lindes, como el timo, el bazo y los ganglios linfáticos, están ricamente inervados por neuronas y que los linfocitos y los leucocitos poseen receptores específicos para neurotransmisores y hormonas clásicas. Además, el sistema inmune puede actuar sobre el sistema nervioso central por medio de otras sustancias, como la timosina y la interleucina, y mediante la síntesis de otras hormonas, como las endorfinas. Por tanto, existe un circuito autor regulador entre el sistema inmunológico y el sistema nervioso central, en el que también interviene el eje hipotálamo-hipofisario-adrenal y el sistema inmunológico.

El estrés se ha asociado claramente con la activación de estos sistemas, que provocan un aumento en la sangre de cortisol y catecolaminas. Y las células del sistema inmune poseen receptores para estas hormonas, lo que implica su papel en la modulación del sistema inmune. Conductas de riesgo.

La relación entre estrés y cáncer y SIDA podría explicarse también mediante la asociación del estrés con conductas de riesgo que pueden modular la respuesta inmune. Las personas estresadas duermen menos horas, siguen dietas alimenticias más pobres, fuman más y consumen alcohol y drogas más frecuentemente que las no estresadas. Estas conductas por sí mismas alteran el sistema inmunológico.

La respuesta de cada persona ante el estrés es muy variada y está en estrecha relación con el tipo de personalidad y el apoyo sociofamiliar. Cuanto más estructurada estén la personalidad y el entorno socio familiar, mayores serán las capacidades del individuo para poder adaptarse al estrés y mantener su equilibrio.

Las alteraciones de la conducta sexual suelen ser uno de los resortes que causan la respuesta de estrés, pues la actividad sexual se convierte en un lujo, ya que mientras el instinto de alimentarse garantiza la supervivencia del sujeto, el instinto sexual preserva la supervivencia de la especie.

De esta manera, el lívido se afecta y se inhibe el deseo sexual. Se ha observado cómo, en épocas, muchas mujeres dejan de ovular y de menstruar, de forma que se evita la gestación. También durante los conflictos bélicos al hombre sufre episodios transitorios de impotencia y esterilidad.

El estrés no es patrimonio exclusivo de ejecutivos y profesionales con altos cargos de responsabilidad. Los especialistas destacan que todos los seres humanos pueden ser víctimas de este trastorno, incluidas las personas que estén en paro laboral, las amar de casa y los niños. Tampoco esta reacción, entendida como trastorno, es privativa de los grandes núcleos de población. Aunque el ritmo de vida acelerado de las ciudades es un potente desencadenante de estrés. Éste también se da, aunque con menor frecuencia, en el medio rural.

El estrés no tiene por qué ser necesariamente negativo, aunque popularmente así se haya entendido y así se maneje coloquialmente. Hay situaciones de estrés que pueden conducir al júbilo, a la alegría o al goce.

Las situaciones desencadenantes del estrés son muy diversas. Las grandes responsabilidades profesionales, una experiencia personal dolorosa, la frustración del trabajador sin empleo, la profunda insa -tisfacción de la vida o la presión de los estudios en el niño y en el joven, pueden ser responsables de la aparición del estrés. Todas las circunstancias que suponen un esfuerzo de

183

adaptación importante son susceptibles de provocar estrés. Pero la aparición de este tras-torno también está acondicionada claramente por el tipo de perso-nalidad.

La relajación entre los sucesos vitales estresantes y la incidencia y supervivencia del cáncer o el SIDA ha sido investigada. El sentimiento de desaliento, desesperanza y depresión podría actuar como factor promotor o desencadenante. Los factores químicos son también factores desencadenantes.

Las conclusiones del Dr. Giraldo son que los estresantes químicos, biológicos, mentales y nutricionales causan la inmunodeficiencia a través de los mecanismos psicológicos y moleculares. Los estresantes inmunológicos son considerados causantes del SIDA.

LA EPIDEMIA DE INMUNODEFICIENCIA

El epidemiólogo escocés Dr. Gordon Stewart mostró cómo la Epidemiología demuestra que no hay epidemia alguna de SIDA. Por esto no se ha cumplido ninguna de las predicciones catastróficas que se hicieron durante los primeros años de los veinte transcurridos. Y como que ya está claro que no se han cumplido en los países occidentales, se sigue alimentando la mentira de una "epidemia de SIDA" insistiendo en que sí la hay en otras partes (cuanto más lejos, mejor; África, Asia....) Pero resulta que en estos continentes se aplican criterios totalmente distintos a los aplicados en Occidente. E incluso en los EE.UU. se puede, desde 1993, considerar un "caso de SIDA" a quien su recuento de "linfocitos T4" de menos de 200, criterio que afortunadamente no se aplica en Europa pero que aumenta la cifra de "casos de SIDA" en Norteamérica.

Estos últimos aspectos fueron detallados por el médico Austriaco Dr. Christian Fiala, que ha publicado su libro "Lieben wir gefährlich" ("¿Vivimos Peligrosamente?"), que también trata sobre la no epidemia de SIDA. Por ejemplo, explica que desde la reunión de Bangui, África Central, en 1985, basta tener dos de tres signos mayores (pérdida de un 10% de peso en un mes, fiebre o diarrea durante un mes) y uno de siete signos menores aún más generales, síntomas que ocasionan varias enfermedades endémicas "caso de

SIDA". Todo ello sin efectuar ninguno de los llamados "test de SI DA".

Pero se ha subrayado repetidas veces por los científicos que estos tests de SIDA, aplicado sobre todo en Occidente, no son en absoluto válidos. El Dr. Hässig señaló que no son unos test si-no, (es decir, que indiquen si se tiene o no determinado tipo de anticuerpos supuestamente específicos ante las supuestas proteínas de la supuesta envoltura del supuesto VIH) sino unos tests "más-menos" (es decir, indican si se tiene mayor o menor cantidad del mismo tipo de anticuerpos). Además explicó que estos anticuerpos que encuentran dichos tests son auto anticuerpos, es decir, anticuerpos frente a proteínas humanas, en particular la actina y la miosina, componentes de las membranas celulares (citoesqueletales). Y que toda persona tiene de forma totalmente natural una cierta cantidad de estos anticuerpos, antiactina y antimiosina, sólo que el umbral de los trest ha sido fijado por encima de esta cantidad normal. El Dr. Kremer ha explicado detalladamente cómo el Dr. gallo diseñó su test según los parámetros de anticuerpos comunes a los homosexuales de las metrópolis estadounidenses. Para ello el Dr. Gallo reprodujo en su laboratorio las características estresantes (antígenos, mitógenos, cortisol...) que sabía presentes en los homosexuales donantes de sangre.

El Dr. Stefan Lanka, PhD, Biólogo Molecular, Virólogo y Doctor en Ciencias Naturales, alemán, también ha descalificado los tests pero desde el punto de vista de que el llamado VIH no existe y el SIDA tampoco. Para ello detalló los pasos a dar en el proceso de aislamiento de un virus realmente existente y de su caracterización, de manera que se conozca exactamente qué proteínas y qué formación genética tiene. Dichos pasos jamás han sido cumplidos por los diseñadores del VIH, por lo que nadie puede afirmar que exista. El Dr. Lanka desmenuzó los artículos publicados en la revista *Science* por el Dr. Montagnier en 1983 y por el Dr. Gallo en 1984 así como las instrucciones contenidas en el último manual estadounidense de virología donde se explica cómo cultivar el supuesto VIH. Ello permitió entrar en los intríngulis de los errores teóricos, de los indicios indirectos y de las trampas prácticas que se aplicaron y que se siguen aplicando para mantener la falacia de la existencia del VIH, fantasma oficialmente presentado, como causante del SIDA, en una rueda de prensa.

El médico ugandés, Dr. Charles Salí ha confeccionado un compuesto natural que llama "Mariandina" y que ha aplicado a más de 17 mil casos con muy buenos resultados, aunque no es un tratamiento contra el SIDA ya que eso llamado SIDA no tiene entidad biológico-patológica propia. Son tratamientos no agresivos para la energía-deficiencia (y sólo en segundo plano a veces para la inmunodeficiencia que se deriva) y para 29 enfermedades que se hallan englobadas bajo la etiqueta de SIDA.

El hemofílico alemán Bernd Hauber ha testificado de su lento proceso hasta comprender primero que se estaba envenenando con los tratamientos oficiales (AZT, Septrin, etc....) y, más tarde, de que era víctima de unos tests chapuza que le dieron positivo, como a muchos hemofílicos de todos los países, debido a que los preparados de factor coagulantes que le fueron administrados durante años contenían más del 99% de proteínas extrañas que generaban una gran cantidad de anticuerpos, con lo que aumentaban las probabilidades de dar positivo a los tests.

PERSONALIDADES QUE NO CREEN EN LA VERSIÓN OFICIAL "VIH"=SIDA

La prueba de que el VIH no exista y no puede causar SIDA, son los propios seropositivos que no han muerto después de quince o veinte años. Los supervivientes de larga duración son seropositivos que no toman la medicación oficial. Aunque hace más de 20 años les dijeron que tenían un virus que les mataría en dos o tres años, ha pasado el tiempo y, llevando una vida más o menos sana y exenta de tóxicos, siguen vivos y sanos, sin contagiar a nadie, obligando a los técnicos oficiales añadiríamos al supuesto "período de latencia" del virus (desde 10, 20, hasta 30 años). Pero también en esta ocasión el lector puede dispones de casos que son de dominio público.

Preste atención: Magic Johnson es el único de todos aquellos famosos que no fueron presentados por los medios periodísticos que sigue sano, vivo y fuerte. ¿Saben por qué? Porque rechazó la medicación al principio, por notar que le sentaba mal. Todos los demás tomaron la medicación y han muerto. Lástima que recientemente se ha dejado atrapar por el propio Doctor Ho y el marketing de sus cócteles venenosos. Mucho tememos que ni su atlética constitución ni su fe en Dios le podrán proteger de los inevitables efectos destructivos a medio plazo.

El doctor Jordi Riba, que es un seropositivo con más de 20 años de diagnóstico, afirmó en un programa del periodista Ángel Casas que no tomaba AZT. Pero no tuvo ningún reparo en aconsejar al resto de seropositivos que ellos sí lo consumieran. El sigue vivo, pero ¿y los que han seguido su medicinal consejo?

Por otra parte, todos los profesionales, incluyendo técnicos, asistentes, trabajadores sociales, y de servicio, que se ocupan del tema oficial deben su empleo de reciente creación a la gran cantidad de inversiones y donativos tanto estatales como privados. Asisten a congresos y reuniones informativas en hoteles de lujo, en maravillosas ciudades o cerca de hermosas playas, patrocinadas por las multinacionales farmacéuticas y gozan de un estatus profesional que no hubieran alcanzado de no ser por el invento del SIDA. De ahí nace el desinterés, e incluso la animadversión, de estos trabajadores de la salud, especialmente los profesionales, por toda otra versión científica disidente que pusiera en peligro su brillante carrera, profesional y económica. Significaría un gran avance en la lucha por acabar rápidamente con el SIDA que estos comités se abriesen a los planteamientos críticos y organizasen debates lo más intensos y plurales posibles.

Vea en el siguiente bloque los nombres de científicos y personalidades que no creen en la versión oficial "VIH"/SIDA.-

Charles A. Thomas, Jr. Ph.D. (Mol. Biologist, Pres. Helicon Fnd., San Diego, CA). Harvey Bialy, Ph.D. (Editor Bio/Technology, New York, NY). Harry Rubin, D.V.M. (Prof. Cell Biology, Univ. Cal. Berkeley, CA). Richard C. Strohman, Ph.D. (Prof. Cell Biology, Univ. Cal. Berkeley, CA). Phillip E. Johnson (Prof. Law, Univ. Cal. Berkeley, CA). Gordon J. Edlin, Ph.D. (Prof. Biochem. & Physics, Univ. Hawaii, HI). Beverly E. Griffin, Ph.D. (Dir. Dept. Virology, Royal Postgrad. Med. School, London, UK). Robert S. Root-Bernstein (Prof. Physiology, Michigan State Univ., East Lansing, MI). Gordon Stewart, M. D. (Emeritus Prof. Public

Health, Epidemiologist, Isle of Wight, UK). Carlos Sonnenschein, M.D. (Tufts Univ., Medicine, Boston, MA). Richard L. Pitter, Ph.D. (Dessert Research Inst., Univ. Nevada System, Reno NV). Nathaniel S. Lehrman, M.D. (Psychiatrist, Roslyn, NY). John Lauritsen (Author 'Poison by Prescription', New York, NY). William Holub, Ph.D. (Biochemist, Live Sciences Inst. New York, NY). Claudia Holub, Ph.D. (Biochemist, Live Sciences Inst. New York, NY). Frank R. Buianouckas Ph.D. (Prof. Mathematics, Cuny, Bronx, NY). Philip Rosen, Ph.D. (Prof. Physics, Univ. Mass. Amherst, MA). Steven Jonas, M.D. (Prof. Preventive Medicine, Suny Stony Brook, NY). Bernard K. Forscher, Ph.D (Ret. Editor Proc. Nat. Acad. Sci., Santa Fe, NM). Kary B. Mullis, Ph.D. (Biochemist, PCR inventor, Consultant, La Jolla, CA.). Jeffrey A. Fisher, M.D. (Pathologist, Mendham, NJ). Hansueli Albonico, M.D. (General Practitioner, Langnau, Switzerland). Robert Hoffman, Ph.D. (Prof. Dept. Pediatrics Univ. Cal. Med. School, San Diego, CA). Timothy H. Hand, Ph.D. (Dept. Psychology, Oglethorpe Univ. Atlanta, GA). Eleni Eleopulos, M.D. (Royal Perth Hospital, Perth, West Australia). Robert W. Maver, F.S.A., M.A.A. (Dir. Research, Mutual Benefit Life, Kansas City, MO). Ken N. Matsumura, M.D. (Chairman Alin Foundation & Research Inst., Berkeley, CA.). David T. Berner, M.D. (Condon, MT). Theodor Wieland, Ph.D. (Max Planck Institut, Heidelberg, Germany). Joan Shenton, M.A. (Meditel, London, UK). John Anthony Morris, Ph.D. (Biochemist, Bell of Atari College Park, MD). Sungchul Ji, Ph.D. (Prof. Pharmacology & Toxicology, Rutgers Univ., Piscataway, NJ).

Vahagn Agbabian, D.O. (Pontiac, MI) Barry R. Alexavich (Cell Biologist, Bristol, CT) David T. Berner, M.D. (Condon, MT) Shelly B. Blam, Ph.D. (Alameda, CA). Lawrence Bradford, Ph.D. (Benedictine College, Atchison, KS). Carl Bradford, J.D. (San Diego, CA). Michael Callen (Author 'Surviving AIDS', Holly-wood, CA) . Melinda Calleira (Pres. Amer. Ass. Science & Public Policy, Los Angeles, CA). Hiram Caton, Ph.D. (Prof. App. Ethics, Griffith Univ., Brisbane, Australia). Dennis Chaney, Ph.D. (Cha-ney Scientific Inc. Burlingame, CA). Michelle Cochrane (Emery-ville, CA). Hywel Davies, M.D. (Cardiologist, Pueblo West, CO). Marlowe Dittlebrandt, M.D. (Portland, OR). Peter H. Duesberg,

Ph.D. (Prof. Mol. Biology, Univ. Cal. Berkeley, CA). Bryan J. Ellison (Author, Berkeley, CA). Michael Ellner (HEAL, New York, NY). Fabio Franchi, M.D. (Trieste, Italy). Trish Fahey (New York, NY). Celia Farber (Writer, New York, NY). Lawrence A. Falk, Jr., Ph.D. (Virologist Abott Labs, Consultant NCI, Chicago, IL). James A. Fimea, Ph.D. (Laguna Beach, CA). Harry Flynn, (Author, Hollywood, CA). William L. Gardner, Ph.D. (Wellesley, MA). Arnold W. Giddens (Shingle Springs, CA). Robert Gra-bowski (Birminghan, MI). Martin Haas, Ph.D. (Dept. Biology Can-cer Center, Univ. Cal., San Diego, CA). Alfred Haessig, M.D. (Emeritus Prof. Immunolgy Univ. Bern, Switzerland). Urs Haldimann (Editor, Swiss Ass. Science Writers, Arisdorf, Switzerland). Neville Hodgkinson (Science Correspondent The Sunday Times, London, UK). John Holmdahl, Ph.D. (Los Angeles, CA). Ross Horne (Montville, Queensland, Austalia). Heinrich Kremer, M.D. (Mueckenburg, Germany). Hans J. Kugler, Ph.D. (Editor Prev. Med. Update, Redondo Beach, CA). Robert Laarhoven (S.A.A.O., Hilversum, The Netherlands). Paul Lineback, M.S. (Eastern Oregon State College). Henk Loman, Ph.D. (Prof. Biophysics, Free Univ. Amsterdam, The Netherlands). Judith Lopez (San Francisco, CA). Maurizio Luca-Moretti, Ph.D. (InterAmerican Medical Health Ass., Boca Raton, FL). William H. McIlhany, I.R.F. (Beverly Hills, CA). Peter McKeever, L.L.B. (London, UK). Michael D. Mellgard (Los Angeles, CA). David Mertz (Dept. Philosophy, Univ. Massachusetts, Amherst). Richard Mitchell, Ph.D. (Assoc. Prof. Sociology, Oregon State Univ, Corvalus, OR). Joseph E. Morrow, Ph.D. (Cal. State Univ. Sacramento, CA). Cindy Orser (Ast. Prof. Bacteriology, Univ. Idaho, Moscow, ID). Hannes G. Pauli, M.D. (Former Director Bern Univ. Med. Faculty, Bern, Switzerland). Paul Rabinow, Ph.D. (Prof. Dept. Anthro-pology Univ. Cal., Berkeley, CA). Jon Rappoport (Author 'AIDS Inc.'). Dennis D. Rathman (Staff Member Lincoln Labs, Lexington, MA). Rodney M. Richards, Ph.D. (Amgen Inc., Thousand Oaks, CA). Judith Riesman, Ph.D. (Author, Arlington, VA). Michael Ristow, Ph.D. (Bochum, Germany). Mel T. Roach (Avatar Research, Tuscon, AZ). Gary Robertson (Broadbeach Waters, Queensland, Australia). Frank Rothschild (Project Dir., Berkeley Project on Bioscience & Society, CA). David F. Salehi, Ph.D. (Lake Dallas, TX). Caspar

Schmidt, M.D. (Psychiatrist, New York). Russell Schoch (Editor California Monthly, Berkeley, CA). Frederic I. Scott, Jr. (Editor American Clinical Laboratory, Baltimore, MD). Udo Schuklenk (Dept. Ethics, Monash Univ., Melbourne, Australia). Jeremy F. Selvey (Los Angeles, CA). David Shugar, Ph.D. (Prof. Biophysics, Univ. Warsaw, Editor Pharmacol. Therap., Poland). Sonja Silva (Los Lunas, NM) . Ernest G. Silver, Ph.D. (Radiation Biologist, Oak Ridge, TN). Lockie M. Swengel (Del Mar, CA). Frederick Tobin, Ph.D. (Gorke, Austra-lia). Jack True (Clayton, GA), La Trombetta (Burzynski Research Inst., Houston, TX). Friedrich Ulmer, Ph.D. (Prof. Math. & Stat., Bergische Univ., Wuppertal, Germany). Michael Verney-Elliot (Meditel, London, UK). Darrell G. Wells, Ph.D. (Emeritus Prof. Plant Sciences, Brookings, SD). Wai Yeung, M.D. (Orinda, CA). Jeanette S. Abel M.D. (Portland, OR). Jad Adams, M.A. (Author 'AIDS; The HIV Myth,' London, UK). Patricia Akeman, R.N. (Goleta, CA). John B. Andelin, M.D. (Mercy Hospital, Williston, ND). Mark Anderson, D.C. (Orlando, FL). James C. Baker, Ph.D. (Santa Rosa, CA). Andrew A. Benson, Ph.D. (La Jolla, CA) . ichard M.A. Berger, DDS (Berkeley, CA). Robert W. Birge, Ph.D. (Berkeley, CA). John S. Blankfort, DDS (San Francisco, CA). Dorothy L. Bosworth, Ph.D. (Carlsbad, CA). Bucker Brawner, DPM (Savannah, GA). Brian E. Briggs, M.D. (Minot, ND). Douglas W. Brown, M.D. (Portland, ME). John B. Burgin, DDS (Crowley, LA). Susan E. Caliri, DD S (Berkeley, CA). Ivor Catt, M.A. (St. Albans, UK). Asit K. Chakraborty, Ph.D. (Omaha, NE), Jack G. Chamberlain, Ph.D. (Berkeley, CA). Colleen Cook, R.N. (Wilmington, DE). Daniel J. Corson, MFA (Seattle, WA), J. Mark Cox, DDS (Midland, TX), tienne De Harven, M.D. (St. Cezaire sur Siagne, France), Richard W. DeLisle D.C. (Leominster, MA), James DeMeo Ph.D. (El Cerrito, CA), Thomas A. Dorman, M.D. (San Luis Obispo, CA), Mohammad Entezampour, Ph.D. (Dept. Biology Univ. North Texas, Denton, TX), Rafael Escribano, Ph.D. (Dept. Span.& Port. Univ. Cal. Riverside, TX), Sami E. Fathalla, M.D., Ph.D. (Damman, Saudi Arabia), Richard A. Fisher (Inter. Acad. Oral Med. & Toxicol., Annandale, VA), Scott D. Flamm, M.D. (San Francisco, CA), Michael R. Fox Ph.D. (Richland, WA), Donato Fumarola, M.D. (Inst. Microbiolia Medica, Bari, Italy), Charles L. Geshekter, Ph.D.

(Dept. History, Cal. State Univ, Chico, CA), Todd Gestaldo, D.C. (Sunnyvale, CA), Edward S. Golub, Ph.D. (Pacific Center for Ethics & App. Biol., Solana Beach, CA), John Hardie, BDS (Dept. Dentistry Vancouver General Hospital, British Columbia, Canada), Robert J. Henderson, D.C. (Locust Valley, NY), Charles A. Hill, M.D. (Houston, TX), Charles Hoff, Ph.D. (Univ. South. Alabama, AL), Mark E. Jarmel, D.C. (Santa Monica, CA), Anne Marie Jeay, Ph.D. (Univ. Nancy II, France), Jens Jerndal M.D. (Lanzarote, Spain), Donald J. Johnson, DDS (Coeur d'Alene, ID), William H. Jordan Jr, Ph.D. (Culver City, CA), Dennis G. Kinnane, DOM (Torrence, CA), Claus Kohnlein, M.D. (Kiel, Germany), Stefan T.J. Lanka, Ph.D. (Radolfzell, Germany), Barry A. Liebling, Ph.D. (New York, NY), Michel Lobrot, Ph.D. (Univ. Paris VIII, Les Lilas, France), Howard C. Mel, Ph.D. (Berkeley, CA), Th. H.L. Michiels, M.D. (Vinkeveen, The Netherlands), James W. Miller, M.D. (San Leandro, CA), R. Munck, M.D. (Ceret, France), Cindy Nelson, M.A. (San Francisco, CA), Raymond W. Novaco, M.D. (Prof. Psychology & Soc. Behavior, Univ. Cal., Irvine, CA), Sam Okware, M.D. (Ministry of Health, Entebbe, Uganda), David J. Orman, M.Sc. (San Diego, CA), George N. Pasto, M.D. (Portland, OR), M. Dennis Paul, MscM (Amherst, NH), Jack Perrine, Ph.D. (Pasadena, CA), John L. Philp, M.D., MPH (Stockton, CA), Peter W. Plumley, FSA (Chicago, IL), Ronald F. Price, Ph.D. (La Trobe Univ., Bundoora, Victoria, Australia), David W. Rasnick, Ph.D. (Alameda, CA), Richard A. Ratner, M.D. (Bethesda, MD), Rogers Reddings, Ph.D. (Univ. North Texas, Denton, TX), Stephen J. Repitor, DPM (Oak Park, MI), Douglas Roise, M.D. (St. Joseph's Hospital, Dickenson, ND), Steven Roman, Ph.D. (San Diego, CA), Cristobal A.P. Sandoval, M.D. (Cuba), Alex Santoro, M.A. (Kansas City, MO), George Sarant, M.D. (Bronx, NY), David R. Schryer, Ph.D. (Hampton, VA), C. Grier Sellers, C.A. (Seattle, WA), James T. Shepherd, M.D. (Port Arthur, TX), John G. Shiber, Ph.D. (Univ. Kentucky, Prestonberg, KY), Irving P. Silberman, O.D. (Hyde Park, NY), Tony Smith, CAGS (New York, NY), James P. Snyder, Ph.D. (Glenview, IL), James K. Stack, LLD (San Francisco, CA), Mark S. Stanley, Ph.D. (Dept. Biol. Sciences, Univ. North Texas, Denton, TX), Ralph R. Stephens, LMT (Cedar Rapids, IA), Joe Thomas, Ph. D. (ICMR – WHO Project on AIDS,

Calcutta, India), Richard A. Tuscher, D.O. (Portland, OR), Jean van Camp, M.A. (New Martinsville, WV), Raul Vergini, M.D. (Predappio, Italy), James H. Warner, LLD (Rohersville, MD), Edward J. Wawszkiewicz, Ph.D. (Chicago, IL), Johathan C. Wells, Ph.D. (Fairfield, CA), Adrian M. Wenner, Ph.D. (Dept. Biol. Sciences, Univ. Cal., Santa Barbara, CA), Manfred Wetter, Ph.D. (Copperbelt Univ., Kitwe, Zambia), Derek A. Wolfe, DBM (North Devon, UK), L.B. Work, M.D. (Monterey, CA), Hung-His Wu, Ph.D. (Dept. Math. Univ. Cal., Berkeley, CA), James Wu, M.D. (Foster City, CA), Stanley J. Zyskowski, Ph.D. (Farmington Hills, MI), Chr. Anti-Com. Crusade (Long Beach, CA), Mark Alampi (Project AIDS Inter., Los Angeles, CA), W.H. Beauman (Chicago, IL), Tom Bethell (Washington, DC), Darren S. Billings (Portland, ME), Lloyd Billingsley (San Diego, CA), David Black (New York, NY), Paul N. Borland (Coal Point, New South Wales, Australia), Douglas Bowes (Sarasota, FL), James Boyle (Alvin, TX), Harvey Braun (Bloomsfield, MI), Ernie Brown (Albuquerque, NM), Elizabeth Burbank (Seattle, WA), Peter J. Buxtun (San Francisco, CA), Colleen Y. Campbell (King City, CA), Eric R. Carle (New York, NY), David Carponter (Continuum, London, UK), Dagmar Carstensen (Washington, DC), Wm. J. Carter (Tucker, GA), John M. Chaplick (Haverhill, MA), Fred A. Cline, Jr. (San Francisco, CA), Annemarie Colbin (New York, NY), Patrick A. Cooke (Dept. Biology, Univ. North Texas, Denton, TX), Paul Coombs (Everette, WA), Bryan J. Coyle (Woodacre, CA), Timothy Cwiek (Philadelphia, PA), Pascal DeBock (London, UK), Douglas J. Didrick (Los Angeles, CA), Tom DiFerdinando (New York, NY), John P. Doyle (Philadelphia, PA), Gil Egger (Geneva, Switzerland), Alfredo Embid (Madrid, Spain), Todd Erickson (Vancouver, British Columbia, Canada), Carl Etterman (Hamtramck, MI), Carlos E. Fonseca (Sao Paulo, Brazil), Robert Friedman (Queens, NY), Arnold W. Giddens (Shingle Springs, CA), Cliff Kali Goodman (New York, NY), Kathy Goss (San Francisco, CA), James A. Grisanzio (Waltham, MA), William I. Grosky (Southfield, MI), Bob Guccione, Jr. (Editor Spin Magazine, New York, NY), Judy Hagbery (Prineville, OR), Tino Harikipoulo (Paris, France), Philip Harris (New York, NY), Byron R. Hartenstine (Muncy, PA), Ann Marie Heffner (Los Angeles, CA), Jane Heimlich (Cincinnatti,

OH), Richard Henriques (London, UK), on & Linda Hiebert (Apo, AE), Hippocrates Health Centre (Gold Coast, Queensland, Australia), James P. Hogan (Pensacola, FL), William T. Holmes (San Diego, CA), Chase Hooks (Irving, TX), Joe Horton (Foresthill, CA), Carroll L. Hoyt (Escondido, CA), Vic Humeniuk (Monterey, TN), I.U.A.A. (Dortmund, Germany), Thomas Izzo (Union City, NY), Brian Jacobs (Ft. Lauderdale, FL), Allen L. Jogerst (Kalamazoo, MI), Christine Johnson (Venice, CA), Douglas B. Johnson (East Lansing, MI), Edna Ileana Johnson (Albuquerque, NM), Creton Kalfoglou (Vienna, Austria), Preston J. Kauffman (Pasadena, CA), Tim Keller (New York, NY), Vladimir L. Koliadin (Kharkov, Ukraine), Al Korostynski (Northhampton, MA), Daniela Kotev (Lakewood, CA), Edward Kowalczyk (Arlington Heights, IL), Philippe Krynen (Kagera, Tanzania), Sylvestre Kupczak (Paris, France), Thomas Kursar (New York, NY), Ilse Lass (Berlin, Germany), Richard A. Laune (Olathe, KS), Lisbeth Lauritzen (Brighton, MA), Fernando Levy (Oakland, CA), Judith Lopez (San Francisco, CA), Dariusz Lakaszynski (Univ. Lund, Sweden), Clemmer Mayhew III (Delray Beach, FL), Raoul Mazzoni (Reseda, CA), Mark McClenaghan (New Westminster, British Columbia, Canada), Mark McNeil (Cincinnati, OH), Nina Menkes (West Hollywood, CA), Ronald E. Milligan (Westminster, CA), Fritz H. Mishler (Willamina, OR), Clark Molstad (Cal. State Univ., San Bernardino, CA), Byron Morgan (Lake Arrowhead, CA), Christopher Morrill (San Anselmo, CA), Ted Morrison (Park Forest, IL), Linda L. Muri (Sudsbury, MA), Leah Neal (Austin, TX), James W. Nugent (Laguna Beach, CA), ean-Paul Ouelette (Daly City, CA), Gerard Pollender (Sherbrook, Quebec, Canada), Gordon Punt (Cotati, CA), Pamela M. Quinn (Hamel, MN), E.A. Racette (New Brunswick, NJ), Molly Ratcliffe (London, UK), Karen Reedstrom (Roayl Oak, MI), Hildegard B. Richter (Sao Paulo, Brazil), Dick Rider (San Diego, CA), Gary Robertson (Arundel Crest, Queensland, Australia), G. Seven Rose (Boston, MA), Pece Salvatore (Bari, Italy), Cornell Scanlan (Sunnyvale, CA), Edward Scanlon (Kansas City, MO), Kawi Schneider (Berlin, Germany), Michelle B. Shwartz (Oakland, CA), Doug Scott (Sacramento, CA), James M. Scutero (New York, NY) , ean Seely (Roseville, MI), John Shaloub (Lyndhurst, NJ), Thomas S. Serrill

(St. Gabriel, LA), Michael D. Sliva (Dallas, TX), David Smith (Berkeley, CA), Toren Smith (San Francisco, CA), Herb Snyder (Lake Shore, MN), Jeremy Stagg (Warragul, Victoria, Australia), Erich Steeg (Daly City, CA), Danny Stout (Los Angeles, CA), Nathan Stout (Yountville, CA), Terrance Leon Sullivan (Los Angeles, CA), Hubert O. Teer, Jr. (Durham, NC), Hames Thompson (Dowling, MI), Charles Thorstenberg (Norman, OK), Ralph Torello (Richardson, TX), John R. Totter (Oak Ridge, TN), James Trabulse (San Francisco, CA), Marianne Ueberschar (Downsview, Onatrio, Canada), Yahshua Walls (Cincinnati, OH), Anita Weissberg (San Francisco, CA), Lois Wells (Brookings, SD), Jody Wells (Continuum, London, UK), John S. Wiggins (Los Angeles, CA), Paul R. Zappala (New York, NY), Mark Zimmerman (Boston, MA), Marvin R. Kitzerow Jr. (Chicago, IL), eorge Milowe, M.D. (Malden, MA), John Voll (Los Angeles, CA), Muchos más se están agregando constantemente a la lista ...

ODISEA DE LOS QUE NO CREEN EN EL "VIH"

El médico valenciano Dr. Enric Costa publicó el libro "SIDA: Juicio a un Virus Inocente", que se apoya en un estudio de campo realizado en hospitales de su comarca y en su propia experiencia en consulta. Los primeros casos que trató y siguió le hicieron cuestionar la supuesta "transmisión sexual" y a partir de ahí la su puesta culpabilidad del VIH. Explica que tras conocerse los artículos de los doctores Lanka y Papadopulos, ya excluía la posibilidad de que el VIH exista en realidad.

A continuación relatamos algunos de los sucesos u odiseas, por darles el nombre adecuado, que han vivido muchos médicos y periodistas que se han enfrentado al poderoso monopolio de la industria farmacéutica que produce las drogas que supuestamente combatirían el supuesto VIH y el supuesto SIDA.

La periodista alglochilena, Joan Sentón, presentó en primicia mundial su libro *Positively False. Exposing the myths. Around HIV and AIDS* (Positivamente Falso. Una exposición de los mitos acerca del VIH y SIDA), basado en los seis reportajes televisivos que desde 1987 ha hecho en torno a los disidentes del SIDA. Precisamente pasó uno de estos videos para mostrar la conducta censuradora y represora que en el congreso de Berlín de 1993 tuvieron los organizadores de la Conferencia Internacional allí celebrada, cuyo servicio de guardaespaldas y de guardias de seguridad contó con la violenta colaboración de grupos de la asociación "ACT-UP" que agredieron físicamente a algunos de los críticos que distribuían documentación.

Rafael Ramos, Clair Walton, Kevin Corbett y James Whitehead representaron a la revista londinense *Continuum* , la más importante en la actualidad en el mundo para conocer los avances de los críticos. Informaron que en particular están llevando una campaña contra el hacerse las pruebas con el lema *"Rechaza y resiste al test del SIDA"*, que está apoyada por las asociaciones HEAL (de Toronto y de New York), GALA (de Londres), TRUTH (de Florida) y CO BRA (de Barcelona). También han dado testimonio de sus casos particulares. Y Clair ha invitado a impulsar un estudio sobre los "vencedores del SIDA" ("sobrevivientes de larga duración", en terminología oficial (Barcelona, España).

El director parisino Djamel Tahi ha realizado el reportaje *"SI DA, la Duda"*, que fue silenciado por TV Española en Octubre de 1996 bajo la presión censuradora de los Dr. Janera, Parras y Clotet, "especialistas oficiales del SIDA" españoles. Ha informado que está preparando dos nuevos reportajes, uno sobre la "no-epidemia de SIDA" y otro sobre la "no fiabilidad de los tests".

El médico nefrólogo argentino, Dr. Eduardo Verzini ha explicado el calvario que ha sufrido a partir de que en 1993 le acusaron de haber transmitido el VIH en su clínica de diálisis renal a casi cuarenta enfermos, y de que varios de ellos ya hubiesen muerto. Se vio obligado a cerrar su clínica y sólo su rigor científico y su voluntad de ayudar a los demás le ha dado la fuerza para resistir la presión descalificadora sufrida. La pelea legal que ha realizado le llevó a lograr una importante victoria penal: el Tribunal de Apelaciones de La Plata sentenció que no se había demostrado impericia ni negligencia alguna, y uno de los miembros del tribunal declaró que en ningún caso se le podía culpar de contagio cuando hay serias dudas científicas de la versión oficial de que el VIH exista y cause SIDA.

Michael Baumgarther, Secretario General de IFAS (International Forum for Accesible Science), informó de la intensa actividad que desarrolla para lograr que, por primera vez, los científicos críticos sean escuchados en el interior de las próximas Conferencias Internacionales oficialistas. Ha informado que las dos organizaciones de personas afectadas que son coorganizadoras de "Ginebra-98", la GNP Global Network of People Living with HIV-AIDS, y la ICW, Inernational Community of Women Living with HIV-AIDS, estaban interesadas en que las voces críticas pudieran expresarse en el interior de la conferencia. Pero, que por el contrario, la de los científicos, IAS, International AIDS Society y la entidad de la ONU encargada del SIDA (ONUAIDS) se oponían a ello.

Juan Luis y Augurio, de AVES (Asociación de Vencedores de los Etiquetados del SIDA) y la de otros vencedores, Milagros, Susana, Rafael, Carlos, Bea, Paco, Rosanna y otros más, españoles, testimoniaron en el encuentro internacional de críticos del SIDA en Barcelona de 1998, que sus experiencias confirman las conclusiones a las que llegó el estudio "Aurora" realizado en USA: "lo que es común a todos los vencedores del SIDA es que, 1) o no tomaron o dejaron de tomar los tratamientos oficiales; 2) cada cual encontró su propia línea de tratamiento alternativos que, eso sí, en todos pasaba por abandonar los malos hábitos de vida; y 3) les dio una gran fuerza el dedicar parte de su tiempo a transmitir su experiencia a otras personas que entraban en el ciclo infernal del que ellos ya estaban fuera".

LA PSIQUE Y LA INMUNODEFICIENCIA

Desde comienzos de los ochenta, está claro para cada inmunólogo, principalmente para el Dr., Anthony Fauci, que encabeza las investigaciones del SIDA en Estados Unidos, que períodos prolongados de estrés son perjudiciales para la salud y pueden llevar incluso a la muerte. En tales condiciones, un exceso de hormonas producidas por causa del estrés provoca que los glóbulos blancos, en especial los que aparecen en los tests de CD4, dejen la corriente sanguínea y se alojen en la médula ósea. Si el estrés persiste, el cuerpo pierde su capacidad de recuperación y las enfermedades tienen vía libre. Las células macrófagas, que rutinariamente dirigen y reciclan el casi incontenible número de 10 billones de células muertas cada día (alrededor del 1% de todas las células del cuerpo), se vuelven incapaces de desarrollar el trabajo adecuadamente, por lo que se ponen en marcha reacciones inflamatorias que crean peligrosos radicales oxidantes tales que las células macrófagas no pueden ya mantener las infecciones bajo control. Este específico fenómeno de estrés mortal puede observarse en el uso consciente que de él hacen los aborígenes de Australia, entre quienes la mayor pena que puede aplicarse a un individuo es precisamente el ostracismo, ya que el ser separado de su clan lo conduce a la muerte.

Del mismo modo, una persona que interiorice la sentencia de muerte que oficialmente significa un resultado positivo del test del SIDA no está haciendo otra cosa que permitir que su psique sea socavada. De esa forma es atrapada por el estresante y potencialmente fatal pánico que le ha sido inducido por las acciones de otros que cobran para sus propios fines. Para esta interiorización era necesario elaborar un test convincente de anticuerpos. ¿Quién creó esta caja de pandora? Pseudovirólogos que usaban convencionales procedimientos aparentemente científicos y que en el pasado ya habían explotado el miedo y el pánico patrocinados por las políticas estatales durante la "guerra del cáncer" iniciada por Nixon en 1971. Los acontecimientos se desenvolvieron con tal rapidez desde los setenta que es bastante fácil olvidarse del reparto del guión. Sin embargo, eran los mismos los que estaban detrás del guiñol y usaban los mismos títeres. Es claro y fácilmente demostrable documentalmente. Fue claro incluso entonces que no había virus causante de cáncer y que los retrovirus supuestamente responsables, ni siquiera existían. ¿Cómo sucedió?

Una ojeada, incluso superficial, a la biología molecular revela que, en lugar de hechos, lo que se encuentra en ella son modelos e hipótesis. Como las polillas por la luz de la bombilla, los oportunistas son atraídos por las teorías de moda que los hacen ricos, famosos y poderosos. No debería entonces sorprender que, sin pérdida de tiempo, David Baltimore en 1970 saltara al tren de la transcripción revertida y en 1975 se encontrase siendo celebrado como un codescubridor y recompensado con medio Premio Nobel. Junto con Fauci jugó a continuación el más innoble y miserable papel "científico" en la "Guerra del SIDA". Lo que en 1970 codescubrió

197

Baltimore fue simplemente el fenómeno de la transcripción revertida del ARN a ADN. Debido a que ello encajaba perfectamente en el entonces reciente concepto de las (previamente artificialmente concentradas) secuencias "virales" endógenas, el modelo de los retrovirus pudo nacer. La actividad del recientemente descubrimiento de la enzima transcriptasa revertida fue pronto hallada en toda sustancia viviente, mostrando así que su solo presencia no era evidencia de virus. Ello hizo también estallar el "dogma central" de la biología molecular que insistía en que la corriente de información genética cómo podía ir en un sentido: el ADN podía producir ARN, pero no al revés. Los retrovirus fueron postulados para explicar la "carcinogenesidad" en los cultivos de células usados en los laboratorios. Se trataba de una sobre exagerada hipótesis que hacia 1977 resultó imposible de continuar sosteniendo al saberse que la transcripción invertida era un proceso común. ¡Puesto que no hay virus alguno, tampoco puede existir el "retrovirus VIH"! Pero en 1982-83 se necesitaba un artificio que explicara la aparente desaparición de un tipo particular de glóbulos blancos provocada por el estrés. Fue la ocasión, esta vez, para Luc Montagnier, un oportunista francés cuyo servilismo (tras un prolongado litigio) acabó por resultarle rentable. Junto con su cómplice ganador del Premio Lasker, Robert Gallo, en su llamado "test de anti -cuerpos" no demostró otra cosa que la existencia de proteínas del estrés producidas en el cuerpo bajo las condiciones antes descritas y en el tubo de ensayo, cuando los cultivos de células son sometidos a presión, según un peculiar procedimiento escogido al efecto.

Las proteínas que ellos usaron para el test del SIDA y luego vendieron al público como si fueran de origen viral, no sólo el biológico, fueron resultado de los glóbulos blancos, sometidos a estrés, usados en el laboratorio. Esto explica, de paso, por qué resultan "positivos" principalmente aquellos de entre los grupos de riesgo que han estado: a) expuestos a estrés inmunológico y tóxico, o b) en contacto inmunológico con tales proteínas por otra fuente. El VIH, que no ha sido nunca aislado ni identificado, cuyas proteínas nunca se han demostrado directamente que existan (como se ha hecho con otros virus), es un invento de la imaginación, un artificio para reforzar la explotación del pánico colectivo. En consecuencia, el test del SIDA no tiene poder predictivo alguno. Nunca ha sido calibrado salvo, por supuesto, por los efectos devastadores para el sistema inmunológico que provoca su sentencia de muerta una vez interiorizada.

Se debe ser consciente de todo esto a fin de cuestionar, y curar, las enfermedades definitorias del SIDA y los problemas psicológicos conexos. Los disidentes del SIDA han tratado de aportar explicaciones alternativas pero, haciéndolo, sólo han conseguido ayudar a consolidar el concepto del SIDA debido a las reacciones intransigentes de los oficialistas. Ahora están siendo reemplazados por analistas de SIDA, que esperan poder finalmente desenmascarar la patraña del SIDA. Pero, por supuesto, sólo con la ayuda de los afectados. El gran problema no lo constituyen las complacientes fórmulas científicas -los Montagniers, Baltimores, Faucis, Weisses y Gallos- de este mundo de los amos políticos, sino aquellos que, para asegurar su propio poder político y económico, malversan el humanitario deseo de ayudar. Puede verse por todas partes a dónde ha llevado tanta perversidad: lamentos de que no hay salida de estas crisis globales sin que evidentemente se produzcan desastres catástrofes. Si uno cree o se deja impresionar por esto, acaba por caer inmediatamente en la trampa del pánico. Si se piensa en los más de 100 mil estudios científicos escritos acerca de un virus que no existe y en las hordas de investigadores que lo fabricaron, queda claro que hay suficientes capacidades y poder cerebral que deberían quedar disponibles para resolver unos cuantos de los muy reales problemas que el mundo debe afrontar sin recurrir a la brutalidad o a la violencia institucional, o a la discriminación de minorías y razas, o a los asesinatos en masa, y sin SIDA.

Se demostrará que el SIDA ha sido un punto de inflexión en la historia tras un período de profunda pérdida de confianza que llevó a la purga definitiva de un mal gratuito. Nada uno tanto nuestras culturas como el SIDA, el VIH y la Coca Cola, pero no puede tomarse el pelo a la gente eternamente. El camino será pedregoso, incurriendo en grandes pérdidas de credibilidad en las instituciones y leyes existentes. No ha de olvidarse, sin embargo, que incluso ahora hay estructuras positivas y dignas, así como gente decente y honesta.

Los suficientemente desafortunados que han sido diagnosticados con anticuerpos, son los que están cargando sobre sus espaldas el fardo del actual desastre llamado SIDA. Ellos no deben perder el tiempo. Deben preguntar sobre el virus, exigir ver fotografías del VIH aislado o alguna prueba directa de sus proteínas y de su ARN o ADN, e incluso si es que los retrovirus existen siquiera. Averiguar quiénes mueven los hilos detrás de la escena en el CDC, el EIS, el NIH, en Capitol Hill y demás sitios. Son ellos los que han llevado al trauma del SIDA a los supuestos enfermos a la fuerza de insistir como hechiceros con sus sortilegios. Sólo entonces actuarán en beneficio de ellos mismos. Deben comenzar formulando preguntas a quienes propagan los pronunciamientos oficiales sobre el SIDA. No deben olvidar preguntar acerca de la toxicidad de los medicamentos, especialmente las sulfonamidas como el Septrim.

LOS RETROVIRUS

Los retrovirus fueron postulados como especies de microorganismos que causaban la transcripción revertida, lo cual era totalmente razonable al inicio de los años setenta como hipótesis de trabajo. El error consistió en elevar la hipótesis a dogma. Las pri-meras técnicas de detección genética dieron alguna credibilidad a la existencia de una entidad que sería transmitida de una célula a otra, lo que fue desafortunado porque también se vio posteriormente que era erróneo. Suceden errores de este tipo siempre que la tecnología pone al alcance de la utilización general un procedimiento experimental nuevo que impulsa a un ejército de investigadores a la producción masiva de datos experimentales, descuidando el significado biológico que su trabajo pueda tener, si es que tiene alguno. Aún peor es el hábito de hacer un número interminable de reajustes de la teoría original, lo que distorsiona completamente la hipótesis original. La ciencia rigurosa exige que se haga un radical replanteamiento cuando esto ocurre. Y si, como sucede en el caso del SIDA, no se hace, siguen avanzando en la mayor confusión unos planteamientos fundamentalmente erróneos, y llevan al desastre.

Para un observador perspicaz podría haber sido claro ya que 1973 que era insostenible la hipótesis de trabajo que adscribía a un retrovirus el fenómeno experimentalmente observado de la transcripción revertida, cuando se supo que dicha transcripción revertida era cualquier cosa menos un fenómeno escaso. Como máximo en 1980 dicha hipótesis debería haber sido abandonada por todos. De hecho, las extraordinariamente, artificiales y circunscritas condiciones en las que podía inducirse transcripción revertida en los laboratorios debería haber alertado a cualquiera acerca de la extrema improbabilidad de que tales condiciones exclusivamente de laboratorio tuvieran significado alguno para los fenómenos que ocurren de manera natural. Aún más, cuando no fue posible mostrar la existencia de ningún retrovirus, por ejemplo siendo capaces de aislarlo y caracterizarlo, y de demostrar su transmisibilidad. Estos fracasos, obviamente por falta de intentonas, deberían haber bastado para arrinconar todo el enfoque. Puede resultar difícil de creer que todos los mapas que pretenden representar un retrovirus completo, incluido el VIH, son tan sólo compilaciones de pedazos y piezas puestas juntas por sus antores y mayor gloria de sus creencias. Ni *in vitro* ni *in vivo* se ha probado que exista ningún retrovirus ni su ARN en su totalidad.

Una dificultad complementaria para la hipótesis VIH/SIDA es que nunca ha sido posible demostrar que las observaciones experimentales atribuidas a los retrovirus sean exógenas a las células utilizadas en los experimentos, es decir, que vengan del exterior de la célula. En realidad, toda la evidencia disponible apunta a lo opuesto, es decir, a que son endógenas (inherentes, interiores) a las propias células. Parte de la evidencia consiste en que la llamada actividad retroviral sólo se ha podido inducir experimentalmente en un tipo determinado de células, mientras que se supone que el VIH infecta en el cuerpo a muchos tipos distintos de células. Las dos aseveraciones son claramente incompatibles. Toda la teoría se vuelve aún menos plausible cuando se tiene presente que las concentraciones "retrovirales" son siempre extremadamente bajas, por lo que se precisa una gran cantidad de material celular de los "pacientes" para poder señalar que hay algún "virus replicante". A propósito, ésta es la base de la afirmación de que el VIH tiene una muy baja tasa de inefectividad. Una explicación mucho más racional es que hay en absoluto hay virus alguno.

La historia proporciona un desgraciado precedente de esta forma de investigación. A fines del siglo XIX e inicios del XX se realizó una larga serie de experimentos con animales de laboratorio altamente endogamizados. Bajo condiciones estrictamente circunstanciales desarrollaban mayor susceptibilidad a enfermas que animales no endogamizados. Se "olvidó" la frase "altamente endogamizados" y se hicieron generalizaciones sobre infectividad viral que se mostraron erróneas pero de las que la medicina sigue presa hasta nuestros días.

Análogamente, se está realizando hoy en día experimentos con cultivos celulares en vez de hacerlos con animales completos, y ello por la sencilla razón de que así se aceleran enormemente dichos experimentos. La desventaja es que esto limita la experimentación a sólo una de entre unas pocas líneas celulares que siempre son cancerosas, porque únicamente crecen continuamente en el laboratorio. La historia se repite: se generaliza para la conducta de células normales los resultados obtenidos con unas células altamente anormales.

Estas células pueden incorporar dentro de su propio ADN trozos de ADN extraño que se añaden a los cultivos de crecimiento (proceso de integración que también pueden realizar, aunque más lentamente, las células normales). Las células que han incorporado ADN manifestarán, como es obvio, las características que codifiquen dicho ADN, lo cual es interpretado como que un virus ha entrado en acción cuando no ha ocurrido nada por el estilo. A partir de ahí es fácil darse cuenta de la aparición de la extraña noción "ADN infeccioso", y de la errónea conclusión de que en el proceso está implicado un virus según el convencional significado de esta palabra. Sin embargo, todo el argumento se colapsa cuando se demuestra que se puede hacer que el ADN no-viral también actúe así, tanto *in vitro* como *in vivo*. Si ocurre que el ADN utilizado es el ADN que arbitrariamente se ha definido como ADN del VIH o una parte de él, entonces lógicamente la célula que ha incorporado este ADN se comportará como si hubiese sido infectada por el supuesto VIH.

¿Qué es normalmente llamado virus sino un trozo de ADN envuelto por una cobertura proteica a fin de que el ADN pueda ser transmitido de una célula a otra? Un pedazo de filamento de ADN no puede hacer esto por sí sólo, pues estaría expuesto a la degradación enzimática o sería mezclado con otros componentes. Además, ¿cómo podría identificar su célula diana?, ¿cómo podría alcanzar-la?, ¿cómo podría entrar en ella sin un mecanismo específico que lo permitiese?

Nadie necesita ayuda para comprender que replicar (es decir, clonar) algo en un tubo de ensayo y después detectar este algo (es decir, ADN clonado molecularmente) en un lugar en el que previamente se le ha clonado, es un argumento circular, luego no es ningún argumento en absoluto. Pero ocurre que las tautologías son parte indispensable de la retro virología, como se explicó antes al abordar la falacia inherente a los tests de anticuerpos para el VIH.

Las reglas que demuestran la existencia del VIH (y de los retrovirus en general) no han sido nunca cumplidas por aquellos que las inventaron, así como nunca han sido válidas. Esto hace ahora más fácil comprender por qué muchas personas sienten la necesidad de preguntar lo que significa el, en principio bastante evidente, término "aislamiento": sinónimo adecuado podría ser "puro" o "libre de contaminantes". Claramente tienen una preocupación en su mente cuando se dan cuenta de que el término aislamiento ha sido utilizado en retrovirología de la forma enunciada por "Alicia en el País de las Maravilles": "Significa lo que yo digo que significa".

Hasta la invención del SIDA, los retro virólogos constituían una pequeña minoría y eran felices aceptando acríticamente cada uno de las fantasías de los otros. Podían ir tocando violines para mayor alegría de sus corazones, tranquilos sabiendo que "los retrovirus son los menos peligrosos de todos los virus". Científicos bien intencionados y crédulos, así como aspirantes a virólogos, periodistas y, a través de ellos, público en general, fueron hipnotizados por la incomprensible jerga de los retro virólogos, en la creencia de que la enorme mesa de los datos acumulados sobre el VIH y los retrovirus de alguna forma significaba algo. En realidad, puede demostrarse que cada propiedad atribuida al VIH, y a los retrovirus en general, pertenece a las células utilizadas en los experimentos de cultivo. En ningún momento ha habido base alguna sólida para creer que estas propiedades y componentes tengan nada que ver ni con los virus en general ni con el VIH en particular.

Ninguna partícula del VIH ha sido nunca obtenida pura, libre de contaminantes. Nunca se ha probado la existencia de una pieza completa del ARN atribuido al supuesto VIH, ni del ADN transcrito.

PODERES POLÍTICO-ECONOMICOS DETRÁS DEL SIDA

Detrás de este monstruo creado por grandes intereses de la química, la bioquímica y anexos, denominado "VIH"SIDA", se mueven y están los grandes poderes políticos y, principalmente, económicos de una multimillonaria industria de enormes y extensos tentáculos de tanta influencia que hasta el propio gobierno de los Estados Unidos ha declarado el día 1 de Mayo de 2000 que "el SIDA es una amenaza para la seguridad de la nación y para el resto del mundo". Reportes de inteligencia dicen que la "epidemia" en Asia puede desestabilizar la zona. Los supuestamente enfermos de SIDA creen que el Presidente de los EE. UU. no ha exagerado, ya que los que mueren no solamente son los pobres sino los miembros de la clase media y alta. Agrega el gobierno de los Estados Unidos que un cuarto de la población de Sudáfrica morirá de SIDA en los próximos años y la ONU informó, casi al mismo tiempo, que las personas infectadas están aumentado en Europa Oriental, Asia y especialmente en la India. El Presidente Clinton quiso aumentar la cantidad de dinero que el país gasta en programas para el SIDA doblando la cifra a 2 mil millones de dólares. Muchos políticos influyentes señalan que este plan del Presidente no tenía que ver con la salud sino con la política. Indudablemente que los intereses económicos, son los reales, no los mencionados por los políticos que estaban a favor o en contra de esta proposición gubernamental.

La ONU informó que en 2004 en el mundo había 38 millones de infectados por el SIDA. Sin embargo en 1999 había declarado que existían 32 millones VIH positivos que nunca habían presentado síntomas de enfermedad (SIDA). ¿Cómo se entiende esto?

Todos sabemos que la falta de defensas causantes por la ausencia de anticuerpos, son el resultado de la mala alimentación, el estrés, la miseria, el consumo de agua no potable, el consumo de drogas recreacionales y fármacos y la aplicación de antibióticos debido a la continua infección de enfermedades venéreas., como gonorrea, sífilis, etc., y que precisamente las áreas del planeta más afectadas por este fenómeno son las que se encuentran donde indicó la ONU: Europa Oriental, Asia y África. La solución no está en invertir millones de dólares en crear drogas mortíferas que aliviarían la "epidemia del siglo", como muchos se han encargado en denominar, sino en reparar los fenómenos antes mencionados, (sociales, de salubridad, higiene y alimentación).

La revista POZ de Septiembre de 1999 publicó la siguiente tabla, que presenta claramente las ganancias que proporciona a los productores de las drogas "contra el SIDA".

Debemos señalar que a los "pacientes" no se les indica por los doctores una droga de las enumeradas a continuación, sino que, en la mayoría de los casos combinan tres de ellas, y hasta más, el ya conocido Cóctel. Como ejemplo, un "paciente" al que se le indiquen en el tratamiento tres de estas drogas, proporcionaría una ganancia mínima promedio anual entre $24,000.00 y $35,000.00 (US$). Si multiplicáramos estas cifras por los 38 millones de infectados de SIDA que, según la ONU, existen en el mundo, las ganancias mínimas promedio de las compañías farmacéuticas ascenderían a $1,230,000,000,000.00.

Informe 2001

Producto/presentación	Nombre comercial/EMN	Precio mercado mundial ($ USD/ unidad)
NRTI		
Zidovudina (AZT)	**Retrovir/Glaxo Wellcome**	
100 mg frasco x 60 cáp.		69,0
Lamivudina (3TC)	**Epivir/Glaxo Wellcome**	
150 mg frasco x 60 tab.		153,0
Didanosina (ddl)	**Videx/Bristol Myers Sq.**	
100 mg frasco x 60 tab.		76,2

Zalcitabina (ddC)	Hivid/ Roche	
0,75 mg frasco x 100 tab.		153,0
Abacavir	Ziagen/ Glaxo Wellcome	
300 mg frasco x 60 tab.		202,2
ESTAVUDINA (D4T)	Zerit/Bristol Myers Sq.	
40 mg frasco x 60 cáp.		170,4
Zidovudina + Lamivudina(AZT + 3TC)	COMBIVIR/ GlaxoWellcome	
150/300 mg fco x 60 comp.		873,0
NNRTI		
Nevirapina (NVP)	VIRAMUNE/Boehringer-Ingelhein	
200 mg frasco x 60 tab.		196,8
Efavirenz (EFV)	SUSTIVA/ Dupont Pharmaceuticals	
200 mg frasco x 90 cáps.		243,0
Delavirdina (DLV)	RESCRIPTOR/ Pharmacia Upjohn	
200 mg tabletas		0,78/tab
IP		
Ritonavir (RTV)	NORVIR/ Abbott-Laboratories	
100 mg frasco x 60 cáps.		155,4
Indinavir (INV)	CRIXIVAN/ MERCK & Co. Inc.	
400 mg frasco x 180 cáps.		271,8
Nelfinavir (NFV)	VIRACEPT/ AGOURON	
250 mg frasco x 270 tab.		334,8
Amprenavir (APV)	AGENERASE/ GLAXO WELLCOME	
150 mg cáp. Gelatina blanda		0,82/cáp.
Saquinavir (SQV)	INVIRASE/ HOFFMAN LA ROCHE	
200 mg frasco x 270 cáp.dura		189,0

Lo deplorable y doloroso de este gran negocio multimillonario es que está basado en el consumo de drogas que, lejos de aliviar, mejorar o "curar" una supuesta enfermedad, sólo contribuye a hacer más ricos a los ya adinerados personajes enrolados en este jugoso negocio y a enfermar realmente hasta llevar a la muerte a los "pacientes de SIDA" y, por supuesto, hacer que los pobres sean cada día más pobres.

Estas drogas son las más populares, entre otras conocidas: Inhibidores de la transcriptasa revertida. Nucleósidos análogos (NRTI); AZT, 3TC, Videx, Hivid, Zerit, Convivir y Ziajen.

Inhibidores de la proteasa (IP); Invirase, Fortovase, Crixivan, Norvir, Viracept y Agenerase.

Inhibidores de la transcriptasa inversa, Análogos de los no nucleósidos (NNRTI); Viramune, Rescriptor, Stocrin.

Todos los prospectos de las drogas recomendadas para el VIH/ SIDA, así como en los anuncios, que por millones se pueden ver en las más prestigiosas revistas de todo tipo en el mundo entero y prensa en general, los propios creadores y distribuidores de estas terribles drogas, en la mayoría de los casos, escritos con letras pequeñas, explican los efectos secundarios que las mismas provocan en quienes las usan. Basta ser simplemente ligeros observadores para darnos cuenta de lo terrible que resulta el uso de éstas. Cabe preguntarse ¿vale la pena cambiar el estilo de vida, de alimentación, etc., y no consumir tales drogas tóxicas?

Las guías de tratamientos antirretrovirales contra el supuesto VIH para adolescentes y adultos fueron desarrolladas por el "Panel on Clinical for Treatments of HIV Infections" formado a iniciativa del Departamento de Salud y Servicios Humanos (DHHS) y por la "Henry Kaiser Family Foundation". Estos tratamientos son los llamados cócteles. Dicho panel, teniendo en cuenta los casos a los que los cocteles no les han dado resultado efectivo, ha ideado un nuevo tratamiento; algo así como una bomba de mayor poder destructivo.

A continuación presento la tabla de posibilidades de tratamiento para pacientes en los que no han funcionado las combinaciones indicadas por los médicos:

POSIBILIDADES DE TRATAMIENTO
PARA PACIENTES CUYA COMBINACIÓN NO HA
FUNCIONADO

Si el principal cóctel era:

El nuevo cóctel podría ser:

Viracept + 2 Inhibidores nucleósidos de la Transcriptasa revertida (NRTIs, por sus
siglas en inglés)

5 combinaciones
2 nuevos NRTs + Norvir
2 nuevos NRTs + Crixivan
2 nuevos NRTs + Viracept + Saquinavir
2 nuevos NRTs + Saquinavir + Norvir
2 nuevos NRTs + NNRTI. + Norvir
2 nuevos NRTs + NNRTI + Crixivan

Norvir + 2 NRTs

3 combinaciones
2 nuevos NRTs + Saquinavir + Norvir
2 nuevos NRTs + Viracept + NNRTI
2 nuevos NRTs + Viracept + Saquinavir

Crixivan + 2 NRTs

4 combinaciones:
2 nuevos NRTs + Saquinavir + Norvir
2 nuevos NRTs + Viracept + 1 NNRTI
1 NRT + 1 NNRTI + 1 Inhib. de Proteasa

Saquinavir + 2 NRTs

3 combinaciones:
2 nuevos NRTs + Norvir + Saquinavir
2 nuevos NRTs + NNRTI + Cirxivan
1 NNRTI + 1 NNRTI + 1 Inhib. de Proteasa

2 NRTs + Inhiidor no Nu-
cleósido de la transcriptasa Reversa (NNRTI, sus
iniciales en inglés)

1 combinación
2 nuevos NRTs + 1 Inhib. de Proteasa

2 NRTs

4 combinaciones
2 nuevos NRTs + 1 Inhib. de Proteasa
2 nuevos NRTs + Norvir + Saquinavir
1 nuevo NRTs + 1 NNRTI + 1 Inhib. De
Proteasa
2 Pis + NNRTI

1 NRTI

3 combinaciones:
2 nuevos NRTIs + 1 Inhi. de Proteasa
2 nuevos NRTIs + 1 NNRTI
1 nuevo NRTI + NNRT + 1 Inhib. de Proteasa

EFECTOS SECUNDARIOS MÁS COMUNES QUE SUFREN LOS CONSUMIDORES DE ANTIRRETROVIRALES

INHIBIDORES DE PROTEASA

Saquinavir (Invirase o Fortovase): Diarrea, vómitos, nauseas, acidez estomacal, dolor en el pecho, fatiga, aumento de las enzimas del hígado.

Retronavir (Norvir): Decaimiento, dolor abdominal, pérdida de apetito nauseas, diarrea, vómitos, aftas en la boca y en la lengua, pérdida del paladar, aumento de las enzimas en el hígado, deficiencia renal.

Andinavir (Crixivan): Cálculos renales, dolor en el riñón, aumento de las enzimas en el hígado, dolor abdominal, nauseas.

Nelfinavir (Viracept): Diarrea, Nausea.

Amprenavir (Agenerase): Diarrea, nauseas, vómito, dolor en el pecho, erupción en la piel, aftas en la lengua y boca, fatiga.

ANALOGOS NUCLEOSOS

AZT (Retrovir): anemia, disminución de un tipo de glóbulo blanco en la sangre, dolor abdominal, pérdida de apetito, estreñimiento, dificultad al respirar, dolor en el pecho, dolor muscular, nauseas, vómito.

3TC (Epivir): Diarrea, nausea, pérdida de apetito, falta de aire, depresión, insomnio, problemas nasales, dolor en el pecho.

D4T (Zerit): Neuropatía periferal, pancreatitis, dolor abdominal, nauseas, vómitos, diarrea, dolor en el pecho, erupción en la piel, insomnio, pérdida de apetito, aumento de las enzimas en el hígado, pérdida de un tipo de glóbulo blanco en la sangre.

DdC (Hivid): Neuropatía periferal.

DdI (Videx): Neuropatía periferal, pancreatitis, diarrea,

Abacavir (Ziagen): Nausea, diarrea, pérdida de apetito, insomnio, hipersensitivitis (reacción).

Adefovir (Preveon): Cálculos renales/toxicidad.

Dela virdine (Rescriptor): Erupción en la piel, neutropenia, aumento de los niveles de amileno.

Efavirenz (Sustiva): Problema del sistema nerviosos central (falta de aire, insomnio, dolor en el pecho, malestar físico, ansiedad) erupción en la piel, nauseas.

Conocido es por todos que muchas medicinas, que realmente curan, producen ciertos efectos secundarios, pueden ser tolerados o superados por los enfermos pero, ¿puede considerarse medicina a una droga que lejos de curar produce efectos secundarios tan severos que hasta pueden causar la muerte? ¿Es la prescripción de las llamadas drogas para el SIDA realmente la ética de la medicina?

La Real Academia de la Lengua Española define la medicina así: **"Arte y ciencia de prevenir y curar las enfermedades"**. Una de las prevenciones estriba en una adecuada alimentación y estilo de vida.

SÍNTOMAS DE ENFERMEDAD

Todas las enfermedades relacionadas con el SIDA pueden presentarse en personas que son VIH negativas, ninguna se presenta exclusivamente a aquellos que son positivos, todas existían desde antes de que se adoptara el nombre de SIDA, y todas tienen causas y tratamientos médicos conocidos y no relacionados con el supuesto VIH. Linfoma, diarrea, demencia, candidiasis, neuropatía, nauseas, caquexia y muchas otras condiciones asociadas con el SIDA, se sabe que son causados por la prescripción de medicamentos usados para tratar el SIDA.

La profilaxis y la intervención temprana son conceptos que pueden traer consecuencias fatales. Tomar AZT o cualquier otro quimioterapéutico como "anti viral", o usa antibióticos potentes como el Bactrim diariamente, por meses o por años es la práctica nueva y potencialmente mortal que no hace caso ni a la advertencia del fabricante, ni a la dosis que se recomienda en el libro de referencia para los médicos de los Estados Unidos y otros países.

Las personas sanas que resultan VIH positivas son mucho más numerosas que las personas VIH positivas que se enferman. Esto es cierto en los Estados Unidos, en África, en Haití y en otras partes del mundo donde un gran porcentaje de la población resulta VIH positiva. La lectura cuidadosa de la literatura científica muestra como los que "no progresan" comparten un hecho entre ellos: ya sea por voluntad propia o por efecto de las circunstancias, no toman antivirales ni usan antibióticos en forma cotidiana.

Las personas que resultan VIH positivas se mantienen sanas y aquellos que permanecen vivos y sanos después de años de habérseles diagnosticado SIDA, lo hacen porque nunca son incluidos en estudios y por ser ignorados por los investigadores del SIDA. Otra información que proviene de muchas fuentes diferentes como la del ex director de la Clínica Mayo, de libros o de artículos acerca del número creciente de personas con SIDA, enfatiza en el uso de la nutrición y de las vitaminas así como en otras formas de tratamientos naturales, holísticas y no tóxicas para restablecer y fortalecer al sistema inmunológico.

Los únicos estudios en los que se les ha preguntado a los hombres gay (homosexuales) con SIDA acerca de la cocaína, los poppers y el speed demuestran que el 93% al 100% de ellos han usado estas drogas. En la literatura médica hay documentación que data desde principios del siglo XX en donde se muestra el daño que causa el uso de drogas recreacionales.

En un estudio de drogadictos intravenosos con malnutrición crónica que resultaron VIH positivo y que habían usado heroína por más de cinco años, se encontró que después de tratárseles la malnutrición y de rehabilitarse de la drogadicción, ninguno de ellos desarrolló síntomas o infecciones asociadas con el SIDA, después de un promedio de 4.1 años de haber resultado positivos.

Las células T tienen un valor cuestionable como medida de salud y de la función inmunológica. En efecto la disminución del número de células T no es ni necesario, ni suficiente para que se desarrollen las enfermedades asociadas al SIDA. Un diagnóstico de SIDA no es una inmutable sentencia de muerte. Es un hecho que los métodos de tratamientos seguros y efectivos son aquellos que estudian las necesidades y deficiencias específicas para cada individuo y que son capaces de lograr recuperación aún en las condiciones más serias. A partir de ese momento comienzan a desaparecer los síntomas de enfermedad.

MEJORIA DEL ENFERMO CON USO DE DROGAS "ANTI-SIDA"

Larga y detallada ha sido la explicación sobre los efectos fatales que provocan en las personas el consumo de los antirretrovirales que se recetan a los enfermos de SIDA. Estas drogas son fatales a corto o mediano plazo porque precisamente provocan lo que supuestamente deben combatir: inmunodeficiencia.

Muchas personas preguntan ¿por qué cuando un enfermo de SIDA, realmente enfermo, cuando comienza el uso de los cócteles "antirretrovirales", mejora su salud? El Dr. Roberto A. Giraldo, Inmunólogo del Cornell Medical Center de la Universidad de New York, explica las varias razones.

1.-Los inhibidores de proteasas, como su nombre lo dice, inhiben todas las proteasas del cuerpo humano, necesarias en el metabolismo de un sin número de proteínas. Una de las proteasas inhibidas son las necesarias para liberar las llamadas roteínas del estrés.

Los inhibidores de proteasa tienen, pues, una acción anti estrés o anti respuesta al estrés. Esta es la razón por la cual las "cargas virales" que no son más que resultados de respuestas al estrés, descienden con los inhibidores de proteasa.

2.-Los antirretrovirales inhiben a muchos organismos y paráistos comunes en el enfermo de SIDA. Esta acción antibiótica hace que el enfermo con infecciones oportunistas, mejore.

3.-Efecto placebo. El solo hecho de estar tomando una medicina que la persona cree que es milagrosa para el SIDA tiene un efecto beneficioso o placebo. Hay múltiples estudios en medicina que muestran cómo los peores venenos cuando se toman con una creencia diferente, tienen un buen efecto. El efecto placebo es la demostración de que, al menos en los seres pensantes, el poder de la mente es increíblemente grande.

A pesar de todos los efectos aparentemente beneficiosos de los antirretrovirales, ellos inhiben el metabolismo de ácidos nucleicos y de proteínas de todos los sistemas corporales y por esta razón es que sus "beneficios" son transitorios y tarde o temprano la persona que los toma comienza a manifestar múltiples complicaciones y muere. Los defensores del supuesto VIH dicen que no mueren por ellos sino porque el VIH muta, se hace resistente y mata a la persona, pero de esta explicación no existe prueba ni demostración objetiva científica, es sólo una especulación que se ha tornado en ley o mito.

Muchas víctimas, que han comprendido los daños que los antirretrovirales les causan y desean buscar rutas alternas para el mejoramiento de su salud o que, han comprendido la realidad que están luchando contra un virus fantasma, han dejado repentinamente el uso de los cócteles. Pero ¿qué sucede entonces? Al suprimir la inhibición celular, todos los parásitos y organismos que no han podido ser eliminados por el sistema inmune y que están en el cuerpo, no pueden ser combatidos por los linfocitos ya no inhibidos y entonces comienzan a aparecer múltiples infecciones oportunistas que podría llevar a la muerte al individuo. Esta es la razón por la que es muy importante no comenzar nunca a tomar los antirretrovirales, es un carro del que ya no se puede bajar.

"VIH" NEGATIVO Y SIDA

El Dr. Robert Roth-Bersteins, PhD, Profesor de la Universidad de Michigan, USA, realizó un largo y amplio estudio en la literatura médica universal. Descubrió que los casos de SIDA, VIH negativos, no son una novedad y que se han estado informando acerca de ellos desde 1986. Desde el año 1990, se han verificado casos de VIH negativos durante extensos períodos (6 meses a varios años) empleando ELISA, Western Blott y PCR. Los pacientes habían desarrollado cantidades bajas de CD4, Sarcoma de Kaposi, candidiasis sistémica, tuberculosis sistémica, trombocitopenia y otras infecciones oportunistas.

En la literatura médica, se pueden encontrar también, ya desde 1872, casos que encajan exactamente en la definición del SIDA que ha hecho el CDC de los Estados Unidos, mucho antes de cuando se supone surgió el supuesto VIH.

La cantidad de casos VIH negativos es significativa. Hasta 1989, el CDC informó que el 5% de todos los pacientes de SIDA en los EE.UU. a los que se había sometido a pruebas de detección del supuesto VIH daban negativos. Desde 1989 el CDC no ha proporcionado más cifras al respecto.

La existencia de SIDA en los VIH negativos demuestra que el supuesto virus no es la causa necesaria de la inmunodeficiencia.

ACERCA DE LOS VIRUS

Según el Dr. Stefan Lanka, PhD, Doctor en Ciencias Naturales, Biólogo Molecular y Virólogo alemán, que ha aislado varios virus, explica que un virus es una forma celular de organismo, no posee la capacidad bioquímica para autorreproducirse y necesita células vivas para autorreplicarse con su ayuda.

Un virus consiste únicamente en unas cuantas proteínas, su material genético y, a veces, lípidos.

El material genético de un virus dado, ya sea ADN o ARN (fácilmente distinguible) siempre tiene la misma longitud y es extraído de los virus aislados y distribuido por tamaños mediante la técnica Gel-Electrophoresis.

Un virus dado, para probar su existencia, tiene que –en primer lugar- ser fotografiado. Para lo que no se necesita fijación química y su seccionamiento ultra fino ya que los virus son estables y pueden ser fotografiados directamente. Incluso en la sangre, donde se dice que está probada la presencia de millones de VIH por mililitro, utilizando el test "carga viral", no hay ninguna foto de tan entidad.

El SIDA es un inadmisible diagnóstico artificial. Tal construcción no puede ser explicada en términos clínicos. Uno sólo es capaz de explicarlo y entenderlo cuando observa y estudia detenidamente las reglas de construcción de sus inventores.

EL TRATAMIENTO QUE LA CIENCIA MODERNA PUEDE OFRECER

Cuando los detractores de la "Carta Abierta del Presidente de Sudáfrica" que la revista *Nature* publicó el 27 de Abril de 2000, escriben que "El SIDA no será derrotado o detenido sin el acceso al mejor tratamiento que la ciencia moderna puede ofrecer", con toda seguridad se refieren al AZT para las seropositivas embarazadas y a los cócteles para el resto, que es lo que administra en los hospitales occidentales, no en Sudáfrica. Pero, por un lado, en febrero de este año, la prensa española publicó que los cócteles fracasan en más del 50% de los casos, la misma información que la prensa norteamericana ya dio en septiembre de 1997. O sea que ni oficialmente se considerada que los cocteles sean mejor tratamiento que los ningún coctel. Y se confirmaría que estos tratamientos en realidad son perjudiciales si se hiciesen verdaderos ensayo placebo, es decir, si se comparase cualquiera de los antivirales que se aplican con un producto inocuo –placebo-. Pero sólo en el cuadro del SIDA se llama "ensayo placebo" a la comparación no con un auténtico placebo sino con otro u otros antivirales, con lo que siempre la comparación se hace entre medicamentos muy tóxicos. Estos son procedimientos establecidos.... por los propios especialistas oficiales de SIDA

Por otro lado, el tratamiento con cócteles desconoce cuestiones claves de la ciencia moderna. Entre otras, que: la transcripción revertida es un proceso reparador que tiene lugar en toda la actividad celular normal; el estrés persistente desestabiliza la inmunidad, disminuyendo la inmunidad celular y actuando la humoral; los linfocitos T4 se subdividen en los Th1 y los Th2, y que estos últimos prácticamente no se encuentran en sangre, por lo que no aparecen en los célebres recuentos de T4; los T4 tienen un ritmo circadiano, por lo que por la noche hay muchos más que pos la mañana; además, en situación de estrés, los T4 se retiran de la sangre; la PCR sólo puede multiplicar trozos de ADN con pocos cientos de letras genéticas; los medicamentos de síntesis química son oxidantes, por lo que aumentan el estrés oxidativo; los antivirales y los antibióticos atacan a las mitocondrias encargadas de producir la molécula energética básica, ATP; las recientes investigaciones sobre el gas tóxico nítrico, NO, en las células humanas, y el estrés nitrosativo que produce el exceso de NO y poppers, antibióticos, analgésicos, conservantes...; los inhibidores de proteasas artificiales no son eliminables por el cuerpo, y el constante aumento de su concentración al ir tomando más pastillas hace que actúen bloqueando el funcionamiento celular y orgánico; el AZT es fosforilizado en una parte

215

tan pequeña que, incluso aceptando las hipótesis oficiales, su uso es inútil (en realidad, es contraproducente, como desde 1994 está demostrado por el informe Concorde y su prolongación), etc.

Los mejores tratamientos que la ciencia moderna puede ofrecer son los basados en prevenir y tratar el estrés oxidativo y el estrés nitrosativo. La primera parte es reconocida incluso por los propios doctores Montagnier y Gallo, que recomiendan dar antioxidantes... aunque persisten en que se administren los antivirales y los supuestos preventivos, todos ellos oxidantes, entre otras propiedades perjudiciales.

CONSEJO DE SALUD A LAS FUTURAS MADRES

Si hace poco que está en embarazada quizá le recomienden que se haga la prueba del VIH como parte de un lote de cuidado prenatal estandarizado. En Inglaterra, recomendar la prueba del VIH a las mujeres embarazadas es ahora un procedimiento prenatal estándarizado. La prueba del VIH es muy inexacta, no ha sido todavía científicamente probada, y debería ser rechazada por los siguientes motivos:

1.- Todos los fabricantes de estas pruebas incluyen la siguiente o similar indicación en sus equipos de pruebas: "Hasta el momento, no existe ningún estándar reconocido para establecer la presencia o la ausencia de anticuerpos de VIH-1 y VIH-2 en la sangre humana".

2.- El motivo de esta indicación es porque la prueba del SIDA no mide la presencia de un virus. Las pruebas del SIDA han sido diseñadas para detectar niveles de actividad de anticuerpos en sangre. La actividad de anticuerpos en el torrente sanguíneo es un suceso normal en los seres humanos, pero está siendo malinterpretado en la prueba del SIDA como indicador de la presencia del supuesto VIH.

3.- Como resultado de esta mala interpretación, individuos sanos están siendo erróneamente diagnosticados como seropositivos. Desde que esta información salió a la luz, más de 60 diferentes condiciones médicas han sido registradas como posibles causas de una falsa lectura del supuesto VIH positivo. Estas condiciones incluyen la gripe, la vacuna gripal, la malaria, la vacuna del tétanos, la hepa-

216

titis A y B, los pinchazos de hepatitis, el uso de drogas, fármacos o alcohol, infecciones víricas recientes e incluso el propio embarazo. Recibir un diagnóstico falso, pero totalmente devastador de positividad al VIH, llevará a su médico a recomendarle una carrera de fármacos anti-VIH, conocidos como inhibidores de proteasas o anti-retrovirales, estos fármacos son altamente tóxicos. Tienen la capacidad perfectamente documentada, de perjudicar a la madre y también de deformar severamente e incluso de provocar la muerte del feto.

4.- Los niveles actuales de gasto en fármacos para el SIDA en el mundo occidental son descomunales. También lo son los beneficios que recogen los fabricantes de fármacos contra el SIDA. Como resultado, la información contenida en este texto es completamente ignorada por el organismo médico ortodoxo. Lamentablemente, esta no es una reacción inesperada. La persecución de beneficios a expensas de la salud, el continuo empleo salvaje de procedimientos médicos con grietas, la administración de fármacos peligrosamente tóxicos a madres embarazadas, la despreocupación por la crisis de miles y miles de personas erróneamente diagnosticadas, y el rechazo del organismo médico ortodoxo a escuchar la evidencia contraria, o a admitir negligencia médica, siguen todos ellos la misma punta que siguió el, una vez respetado, medicamen-to llamado talidomina. No permita que ni usted ni tu hijo se conviertan en otra desgarradora estadística médica.

IGNORANCIA MÉDICA
SOBRE LOS TRATAMIENTOS

Según explica el Dr. Angel Gracia, PhD, el 90% de los médicos que tratan pacientes con SIDA ignoran las resoluciones tomadas en los Congresos Científicos y las leyes oficiales federales que dicta la FDA, Agencia Federal de Drogas y Alimentos de los EE. UU., concepto que comparte el Dr. R. Giraldo, otros especialistas. Además, los médicos que recetan los combos ignoran dónde está publicada la secuencia del ARN del virus que dicen es la causa del SIDA. Y la ignoran porque esa secuencia no ha sido publicada en ninguna re-

217

vista científica. Igualmente ignoran, entre otras cosas, fechas trascendentales como las siguientes.

En la XIII Conferencia Internacional sobre el SIDA efectuada el 30 de Julio del 2000 en la ciudad de Durban, Sudáfrica, se decidió aplicar la Terapia Intermitente debido a la falta de adherencia de los pacientes de SIDA a las medicinas tóxicas -combos, o cócteles antirretrovirales, saturados de efectos secundarios perjudiciales- y el ataque que hacen los combos al ADN mitocondrial de las células de cualquier tipo de parénquina (tejidos óseos, hepático, muscular...), impidiendo su reproducción imprescindible, por ejemplo, para tener células CD4, o defensas naturales. Todo lo cual hizo que los "especialistas" decidieran darle vacaciones a los cócteles (Holliday to the cocktail), para que el Sistema Inmunológico, por su cuenta, tenga la posibilidad de aumentar sus defensas y poder derrotar a las enfermedades oportunistas que causan la iatrogenia provocada por los médicos que recetan los cócteles y que acaban asesinando a los pacientes. Según los "Expertos" la adherencia debe ser del 95% para que los tóxicos cócteles puedan actuar destruyendo y matando. Adherencia es la capacidad del paciente para seguir lo "inseguible"; tomarse puntualmente los venenos que les recetan, y ¡sin fallas!, todos los días... durante toda su vida... hasta que mueren... porque, hasta el día de hoy, ni una sola persona se ha curado con esos cócteles antirretrovirales. Eso sí, los que se enganchan en la adherencia, que son menos del 5% viven rabiando y maldiciendo esos "medicamentos".

En Febrero 6 del 2002, en la ciudad de Chicago, EE.UU., se efectuó la VII Conferencia anual de Retrovirólogos, donde se decidio que "quien sea positivo a la prueba del SIDA, y no tenga síntomas de SIDA, no debe ser sometido a tratamiento". Existían más de 34 millones de personas positivas a esa prueba que no padecen de SIDA y viven felices, ya que no toman los venenosos cócteles que iatrogénicamente recetan los médicos. Sin embargo se sigue condenando a muerte a toda persona que tenga la desgracia de resultar positivo a una prueba falsa e inventada sólo con propósitos comerciales (el 100% de los mortales seríamos positivos si la prueba se hiciese de acuerdo a los procedimientos indicados en el kit, según el Dr. Roberto Giraldo, verdadero especialista en la materia).

El 27 de Abril de 2001, la FDA, máximo organismo en la autorización de la venta pública de cualquier tipo de medicamento o alimento, entre ellos los antirretrovirales, o combos cócteles, le dio tres meses a las Transnacionales Farmacéuticas para que retiraran del mercado las propagandas escandalosamente mentirosas y engañosas, que venden la idea de que con esos tratamientos tóxicos la gente vive feliz y puede hacer alpinismo, montar en bicicleta, o graduarse de "doctores" felizmente rodeados de toda la familia. Es verdaderamente vergonzoso que la FDA siga permitiendo que esas industrias continúen publicando sus avisos mentirosos después del 27 de Julio de 2001 y no haya hecho nada al respecto, aún en 2004.

LOS VIRUS Y EL
SISTEMA SANADOR DEL CUERPO

"Los virus son un invento de los médicos para justificar su ignorancia", dijo el sabio Doctor Enrique Tejera, PhD, el día que cumplía noventa años de edad, cuando un grupo de periodistas fue a felicitarle. Enrique Tejera fue el fundador del SAS, Ministerio de Sanidad y Asistencia Social de Venezuela, así como del Instituto Nacional de Higiene. Fue el descubridor de la tierra venezolana que dio origen al antibiótico conocido como Terramicina que, junto con la penicilina y la Estreptomicina iniciaron una nueva era terapéutica mundial. "En cuando el galeno –decía Tejera- no tiene diagnóstico exacto de un paciente, por más exámenes que haya ordenado, siempre tiene el recurso de: "ese problema es causado por un virus que anda por ahí...", mal de muchos consuelo de tontos".

El ser humano es una entidad vida complejísima y potentísima. El cuerpo de cada una y uno de nosotros tiene unos cien billones de células, y en cada células tienen lugar a cada instante diez mil reacciones bioquímicas que se influyen las unas a las otras; también ocurren numerosos fenómenos eléctricos y electromagnéticos; y ahí actúan además los múltiples aspectos nutricionales, medioambientales (geopatías, polución, ondas....), laborales, psicológicos, emotivos, mentales, anímicos, espirituales, etc.

Todos estos factores influyen en cómo estamos y en cómo nos sentimos, en cómo funciona nuestro corazón y nuestra presión sanguínea y, en particular, en cómo actúan nuestras defensas. Lo que ocurre en cada momento en cada trocito de cada uno de nosotros es mucho más complejo que el laboratorio más rico y el ordenador más potente del mundo. Y, además, esta increíble complejidad siempre tiende a actuar en el sentido de la vida... si se lo permitimos, claro. Por esto ya hay científicos y médicos que hablan de que igual que tenemos un sistema respiratorio o un sistema circulatorio, también tenemos un sistema sanador o auto curativo, el cual funciona automáticamente siempre que se le deje (manteniendo para ello el equilibrio, por ejemplo, durmiendo de noche y todas las horas que sean necesarias). Basta recordar cómo se nos curan los rasguños y las heridas, o bien observar cómo se concibe y crece un bebé, para empezar a sentir la inmensa fuerza vital que está en nosotros.

Dicho sistema sanador mantiene un equilibrio (llamado homeostático) entre las desviaciones catabólicas (aquellas situaciones en las que nuestro cuerpo consume más energía que la que forma) y anabólicas (aquellas situaciones en las que formamos más energía que la que producimos por las mitocondrias (bacterias simbióticas de nuestras células) en forma de moléculas de ATP (adenosin trifosfato).

Cada día se nos muere aproximadamente un uno por ciento de nuestras células (es decir, un billón de células o un peso equivalente que oscila en torno al medio kilo). El sistema auto generativo hace que estas células que generamos por mitosis (división celular) sobre todo por la noche, mientras dormimos.

Puede simplificarse la complejidad de nuestras funciones inmunitarias diciendo que tienen dos mecanismos: la inmunidad humoral, que está basada en los linfocitos B, encargados de generar anticuerpos, y la inmunidad celular, que tiene su principal actor en los linfocitos T.

La más importante función inmunitaria es reciclar el billón de células que se nos muere diariamente, eliminando los restos de estas estructuras internas "propias alteradas", y los principales responsables de esta función son los linfocitos T. Es tarea adicional la eliminación de las estructuras externas no propias".

La inmunidad está integrada en el mecanismo de dirección neuroendocrina del cuerpo. Por esto una situación de estrés puntual ayuda a nuestra sobrevivencia, por ejemplo, descargando la adrenalina necesaria para superar un peligro. Pero una situación de estrés persistente rompe el equilibrio homeostático induciendo a un cambio catabólico, o sea que se pasa a consumir más energía que la que se es capaz de formas; activa la formación de radicales libres de oxígeno y de óxido nítrico, lo que induce una información crónica de todo el cuerpo y; desestabiliza las funciones inmunitarias en un doble sentido. Uno; inhibir la inmunidad celular, luego en particular no se podrá reciclar el billón de células muertas y se iría acumulando materia orgánica propia muerta (sobre la que pueden proliferar los hongos Pneumocystis Carinni, -el que se ha demostrado recientemente que es un hongo, y no un protozoo-, Cándidas, Cryptococcus, Aspergillus...,) liberándose proteínas celulares cuya concentración irá aumentando y, dos; activa la inmunidad humoral, por lo que los linfocitos B producirían más anticuerpos, generándose procesos autoinmunes en particular contra las propias proteínas convertidas en peligrosas a partir de un cierto grado de concentración, por lo que cada vez habrá más autoanticuerpos. Estas consecuencias del estrés crónico son todas y cada una peligrosas y pueden llevar a la muerte.

Es estrés celular es una respuesta frente a estímulos de estos cinco tipos: psicoemotivos, tóxico (drogas, metadona, poppers, medicamentos de síntesis química), infecciosos, nutritivo o traumático. Y es probable que también sea un factor de estrés el intercambio de proteínas humanas (transfusiones de sangre y de hemoderivados –gammaglobulina, factor VIII,...-, intercambio de jeringuillas, coito anal...) u otras proteínas (vacunas...) Si uno o varios de estos factores actúan durante un cierto tiempo, la persona entrará en una situación de estrés persistente o crónico.

Algunos de los elementos sociológicos y técnicos que completan esta aproximación al SIDA son: 1) el proceso constante de aumento de productos químicos, radiactividad, ruido, prisa, tecnologización del embarazo y el parto, separación nietos abuelos, competitividad en los estudios y el trabajo, y otros ipsores estresantes -además de los mencionados antes- posteriores a la Segunda Guerra Mundial, ayuda a comprender la aparición de nuevos problemas individuales o colectivos de salud veinte años después; 2) las condiciones en que en los años setenta vivía la fracción de homosexuales que se dejó llevar a una vida poco equilibrada en el cuadro del "Movimiento de Liberación Gay" facilita comprender que fuesen las primeras víctimas de lo que acabó llamándose SIDA. Que los hemofílicos se inyectasen hemoderivados con el 99% de proteínas extrañas y los heroinómanos, drogas adulterantes, permite entender que una parte de ellos pudiesen ser llevados por razones clínicas al engranaje de SIDA. Y los casos de SIDA diagnosticados médicamente hasta abril de 1984, podían y pueden explicarse sin necesidad del supuesto "retrovirus VIH" que el Dr. Gallo presentó entonces al mundo; 3) que los llamados "tests del SIDA" sólo detecten un nivel de unos antoanticuerpos no específicos que todas las personas tienen en una cantidad mayor o menor y que, por lo tanto, no sean en absoluto fiables, permite explicar los casos de personas que, perteneciendo o no a los llamados grupos de riesgo, han dado positivo a los tests aplicados masivamente desde 1985 y; 4) los antivirales tipo AZT-Retrovir, entre otros, impiden la división celular y, además, atacan las mitocondrias (cosa que también hacen los antibióticos, como por ejemplo el Septrim), y que los antivirales tipo Indinavir-Crixivan bloquean la actividad celular y orgánica. Esto permite comprender el estrés crónico tóxico que reciben los "seropositivos" y "enfermos de SIDA", y que se suma al estrés psico-emotivo al que se ven sometidos desde que esperan el diagnóstico de muerte que representa es resultado VIH positivo.

La esencia de la felicidad, la salud y el crecimiento humano radica en escoger satisfacción personal, donde otros escogerían sufrimiento. Lo que usted vale como ser humano, puede ser verificado por otros, usted vale porque usted piensa que vale, pues si usted depende de otros para su valor, es el valor de otros el que está verificando.

La mayor parte de los seres humanos piensan más en tratar de mejorar la sociedad donde viven, que en tratar de mejorarse ellos para hacer mejor esa sociedad.

Cuando más alterada sea la vida de una persona más probabilidades tiene de contraer una serie de trastornos físicos, oscilando desde la influenza hasta la leucemia, el cáncer o el supuesto SIDA.

En un estudio de inmunología realizado por el Dr. R. W. Barthrop en 1975, se demostró que personas que habían enviudado recientemente mostraban un conteo menor de células T, que son las encargadas de combatir las infecciones en el organismo humano. Actualmente se ha comprobado que nuestro cerebro envía señales neurológicas a las áreas receptoras en los órganos donde radica la inmunidad, el timo, el bazo y el tuétano óseo, y esto es lo que determina la habilidad del cuerpo para combatir las enfermedades infecciosas.

Por el contrario, el ser humano puede fortalecer sus defensas a través de mecanismos puramente psicológicos, tales como la sugestión, la hipnosis e incluso la risa. Tras la hipnosis, por ejemplo, una serie de problemas dermatológicos, resistentes al tratamiento médico, han desaparecido ante el embate del sistema inmunológico.

La actitud de las personas muchas veces afecta el resultado de un tratamiento. En estudio reciente la mitad de los voluntarios que recibieron instrucciones en técnicas de relajación para bajar la presión arterial, en un período de tiempo breve, obtuvieron resultados positivos mucho antes que la otra mitad de voluntarios, a quienes se les informó que obtendrían una baja de presión al cabo de varias sesiones. En conclusión, la presión sistólica del primer grupo bajó siete veces más rápido que la del segundo grupo, o sea, que la influencia de la mente en algunos tipos de curas psicosomáticas es considerable, lo cual es algo que debemos tener muy presente al confrontarnos con esa corriente tan en boga de querer resolverlo todo a base de "pastillas".

Si los seres humanos hubiéramos nacido para tomar pastillas los árboles producirían pastillas.

Recordemos que nuestro cerebro es una excelente máquina con capacidad para regular todo lo que ocurre en nuestros organismos. Por ello es muy importante, cuando se adquiere conciencia de que del VIH no está probada su existencia y que, por ende, éste no puede ser el causante del SIDA, cuando nos convencemos de que con un estilo de vida adecuado podemos ser personas sanas, todo lo hemos logrado, si en base a ello somos positivos, disfrutamos de la vida con alegría, y entendemos que verdaderamente nuestro cerebro y nuestro organismo son una industria perfecta y capaz de ordenar y crear las defensas que nos mantendrán sanos mental, emocional y físicamente, habremos triunfado y vencido muchas mentiras, las mentiras que nos aniquilan psicológica y mentalmente porque hemos creído en ellas ciegamente sin pensar.

Todo aquello que contribuya a eliminar el estrés crónico permitirá que el sistema sanador recupere su actividad, y nuestra convicción y nuestra mente juegan el papel primordial y decisivo para que seamos sanos.

Una buena salud no es el resultado de sólo un buen hábito. Hay cuatro cosas que son esenciales: 1) una dieta balanceada que debe enfatizar en los alimentos esenciales, 2) un uso razonable de hierbas que maximicen el funcionamiento de nuestro cuerpo hasta su máxima potencialidad; 3) un uso razonable de las vitaminas y otros suplementos nutricionales para llenar los vacíos de la dieta y 4) ejercicio diario para mantener el cuerpo en buena condición, flexible, y funcionando de buena manera y que a su vez estimula y refuerza el sistema inmunológico.

Recuerde amigo lector, el VIH no ha sido probado que existe y el SIDA es el conjunto de un grupo de enfermedades harto conocidas desde hace más de 50 años. El mal está en la mala alimentación, en el estrés, en el miedo, en la inseguridad, en la sentencia psicológica de muerte que representan las frases: "usted es VIH positivo" o "usted tiene SIDA".

¿POR QUÉ LAS CIFRAS SOBRE EL SIDA NO TIENEN SENTIDO?

He aquí el texto completo de la entrevista al Dr. Robert Maver por Jim Trabluse, miembro de Rethinking AIDS.

El Dr. Maver tiene una información sorprendente sobre el aspecto estadístico de la hipótesis del VIH/SIDA, que es la única área que sostiene a la poco convincente ciencia en este asunto.

Texto en la próxima página:

Estamos entrevistando al Dr. Robert Maver, FSA, MAA. Bob Maver es uno de los fundadores de nuestro Grupo. Proviene Ud. del mundo empresarial, ¿no?

Correcto. Mi cargo era de Vicepresidente y Actuario de Grupo en una compañía de seguros líder.

Para aquellos que no conocemos este oscuro pero impresionante campo, ¿qué es un actuario?, y, ¿qué clase de aprendizaje se requiere para convertirse en uno?

El actuario es una profesión relativamente menor, aunque importante para la industria de seguros. Los actuarios son los que realizan el trabajo estadístico y el fondo estadístico para proyectar cuando y cuán a menudo sucederán determinados acontecimientos, -por ejemplo, la probabilidad de quedarse inválido, la probabilidad de morir, siendo la probabilidad de vivir lo opuesto a aquellas-. Estamos metidos en el diseño de pólizas, en el diseño de productos de seguros, y, lo más importante, les ponemos precio.

Permítame aclarar eso. Un actuario calcula riesgos para tasas de mortalidad para varios propósitos. ¿Es correcto?

Sí, y tenemos que relacionar todo ello con el mundo financiero. Nos concierne mucho el valor actual del riesgo futuro.

Por lo que comprendo, a un CPA le lleva entre dos y tres años graduarse, y entonces tiene que pasar una serie de exámenes que llevan, creo, dos fines de semana completos o algo así. ¿Cuál es el aprendizaje de un actuario -simplemente para principiantes, nivel primario-?

Es, de alguna manera, riguroso. Pasamos una serie de diez exámenes para conseguir una designación profesional de la FSA; siglas de la Fellow in the Society of Actuaries [Miembros de la Sociedad de Actuarios]. Los diez exámenes comienzan con matemáticas bastante tradicionales; por ejemplo, el primer examen es de cálculo, el segundo es de probabilidad y estadística, el tercero es de análisis numérico y teoría del interés. Después, entramos en las matemáticas más esotéricas de la industria del seguro, donde de nuevo estamos combinando los conceptos de valor actual que le son familiares al mundo financiero -el valor actual de los tipos de interés en el futuro, por ejemplo-, pero esto lo combinamos con lo que llamamos contingencias de la vida, la probabilidad de vivir o morir en un año determinado. Podría decir que al actuario le lleva probablemente ocho años de media, quizá más, el pasar esta serie de exámenes.

Si yo fuera un epidemiólogo del CDC, ¿cuántos años de aprendizaje tendría?, y ¿sería tan riguroso como el aprendizaje del actuario?

Actualmente, debería tener un título de Doctor en Medicina, si fuera uno de los mejores epidemiólogos del CDC; tu historial podría estar más especializado, específicamente en el área de epidemiología, por supuesto, y las estadísticas que tienen que ver con ella. Pero, podría decir que tendrías un grado de licenciado en cuatro años, como un actuario; los míos estuvieron ocupados en matemáticas aplicadas. Sin embargo, debería decir que un epidemiólogo del CDC tendría otros cuatro años de educación, por supuesto, para obtener el nivel de Doctor en Medicina.

Y los actuarios realizan esto: aritmética, cálculos, complejos análisis de base de datos informatizada, todo, con la idea de destinar primas en dólares para diversos estudios de estadísticas de riesgo. Esto es -tiene que tener un cálculo de probabilidad muy fino al final-, ¿no es cierto?

Correcto.

Por tanto, Ud. está realmente en el mundo. Ahora, profesionalmente. Ud. es uno de esos actuarios, y además sus credenciales empresariales le han conducido a la cabeza de todo un departamento de actuarios de la Mutual Benefit Life. Y ¿la Mutual Benefit Life es una de las diez primeras del país en tamaño?

En el tiempo que trabajé para ellos, estaban entre las quince primeras. Había catorce billones de dólares de activos.

Y, esencialmente, el departamento de actuarios estaba capacitado para decidir sobre la asignación de primas. Los ejecutivos usan esa información para llegar a una conclusión, ¿es cierto?

Sí, y mi área específica de responsabilidad era el aspecto del seguro grupal, con el que los lectores estarán familiarizados; son los beneficios que obtienen de sus empresarios.

Así que está Ud. tratando con ello como un ejecutivo en esos asuntos, y llega el SIDA. Y tiene que hacer lo que todos los buenos actuarios hacen. Tiene que ir y examinar las cifras y decidir cuáles son los riesgos para la compañía de seguros, asegurar estas cosas, o incluso afrontar la contingencia que pueda acontecer. ¿Es correcto?

Es una excelente descripción. Realmente captó nuestra atención a mitad de los 80s.

Y estuvo obteniendo proyecciones -en el momento en el que recopilaba información, ésta era de que iba a haber un millón de muertes en un lapso de cinco o diez años, y su departamento era responsable de ir y descubrir lo que realmente estaba sucediendo, cuál era el riesgo, y lo que les iban a constar las personas que estaban por entonces en sus pólizas de seguros. ¿Correcto?

Eso es correcto.

Bien, así es que como se vio involucrado en el asunto, ¿no es cierto? Empezó a mirar las cifras. ¿Porqué no se toma unos minutos y nos cuenta exactamente cuál fue el orden de sucesión de los acontecimientos, así nuestros oyentes profanos pueden tener una idea de donde se estaba metiendo?

La Sociedad de Actuarios establece varios modelos para ayudar al actuario en prácticas en una compañía. Establecen esos modelos para ayudarle a proyectar para su propia compañía cuál va a ser el impacto de las reclamaciones por SIDA en el futuro. Cada modelo que examiné sugería que teníamos una terrible, terrible catástrofe, una epidemia terrible en nuestras manos -una que iba a extenderse mucho más allá de la población inicial de riesgo-; una que debería llevarnos a reexaminar todas nuestras reglas sobre seguros; y una que realmente pintaba un cuadro tenebrista del sector de actuarios, en el sentido de que uno tendría quizás que hacer, de inmediato, ajustes en los tipos, implicando incrementos de primas, para prepararnos para tal epidemia.

Déjeme interrumpirle aquí brevemente. Eso significa que las implicaciones eran que esas compañías de seguros tenían que hacer, una de dos -o incrementar sus reservas y recortar los beneficios, o incrementar sus primas y deshacerse de clientes- en el caso de que todo esto sucediese. O incluso arriesgarse a la bancarrota si no tuviesen el capital suficiente, al tener demasiadas reclamaciones por SIDA. ¿Es correcto?

Sí. Bien, especialmente entre las filas del punto de vista del grupo asegurador. La naturaleza de un contrato de un grupo asegurador es que se tiene que renovar cada año. Se tiene que establecer anualmente el tipo que se estima correcto para el futuro. No es un con-trato vitalicio. Por tanto realmente estábamos considerando decisiones como, "¿Hay áreas del país donde no podremos suscribir por más tiempo ciertos productos, debido a la difusión prevista?".

Y esto también tuvo un efecto político colateral inesperado, ¿no es así?, en lo concerniente a la comunidad gay.

Oh, absolutamente, absolutamente. Inicialmente, por supuesto, allí era donde estaba la epidemia cuando comenzamos a observarla, y uno tenía que ser muy cuidadoso con toda clase de leyes relacionadas con los seguros, diseñadas para proteger a nuestros asegurados. Hay ciertas clases de seguros que puedes o no puedes hacer, para definir mejor el riesgo. Pero, volviendo a su pregunta original. Esencialmente, lo que encontré cuando examiné esos modelos fue que los datos que teníamos no eran ni mucho menos consecuentes con los modelos a los que estaba mirando. Esto es, los modelos hacían prever un número de casos de sida para el año 1988, y yo al revisarlos en 1989 pude ver lo bueno que era el modelo, y francamente, el modelo era malísimo.

¿«Malísimo» significa un diez por ciento de error, un cinco por ciento? ¿Qué tipo de aproximación debería tener un buen modelo?

Bien, contestaré la pregunta de la siguiente manera. El modelo se desviaba en más de un cincuenta por ciento. No tenemos que entrar aquí en gradaciones ajustadas, sobre lo que es un buen modelo y lo que no lo es. Sabemos que fue un mal modelo.

Fue un mal modelo; no hay duda sobre ello. Pero si observase una variación de un cinco o un seis por ciento, no sería necesariamente un mal modelo, ¿Verdad?

No, no. Estaría bien.

Sin embargo, estamos hablando de un cincuenta por ciento. Ahora, ¿quién diseñó los modelos? ¿Fueron actuarios, fue el CDC, o fueron los datos que se proporcionaron y con los que ustedes trabajaron?

Los datos vinieron del CDC. En algunos casos fueron actuarios que tomaron esos datos tratando de extrapolarlos, proyectándolos hacia el futuro. Sin embargo, había ciertas asunciones básicas que los actuarios no estaban bien equipados para cambiar, podríamos decir. Te daré un ejemplo de una asunción crítica que encontré cuan-do examiné los modelos -y por supuesto lo que haces cuando te enfrentas a un modelo que no reproduce la realidad es mirar y ver ¿qué asunciones se habían hecho?, y ¿es posible que algunas de esas asunciones sean, de hecho, incorrectas? Quizá haya lugares dónde ni siquiera se percaten de que han hecho asunciones. La primera cosa que advertí, la asunción de que todos los modelos utilizados para futuras reclamaciones por SIDA, era que el 50% de las personas que tenían el VIH, el virus que se alega causa del SIDA, se conver-tirían en casos de SIDA en período de diez años. Esta es una asun-ción, una asunción crítica -cualquiera que tuviera el VIH, no ya en un cierto grupo de riesgo, cualquiera con el VIH va a desarrollar SI DA en diez años. Decidí investigar en qué estaba basado esto. Se-guramente debía haber una población que había sido estudiada para llegar a esta clase de asunción, y de hecho la había. Sin embargo, la población que había sido estudiada era una de San Francisco, con el denominador común de padecer todos la hepatitis B.

¡En serio! Las proyecciones se realizaron sobre una población muy limitada y específica.

Sí. Y por si fuera poco, era una población de hombres homo-sexuales que tenían la hepatitis B, tenían varias enfermedades ve-néreas, tenían citomegalovirus, virus Epistein-Barr, un cúmulo completo de problemas, además del VIH; considerémoslo así. Y la cuestión inmediata que vino a mi mente fue ¿es éste un modelo ra-zonable para toda la población que contrae el VIH, o un modelo para una población que tiene claramente muchos, muchos otros riesgos?

Entonces, ¿cuál fue el siguiente paso?, tras entender esto.

Mi siguiente paso fue el procurarme alguna educación en el campo médico, como cuáles fueron las razones por las que deci-dimos que el VIH causaba SIDA. Esta fue otra asunción que para mí se había tomado bastante rápidamente. Me percaté que con-siderando el grupo que fue estudiado, de hombres con VIH que además desarrollaban SIDA a los tres años, uno podía plantear la cuestión, ¿qué pasa con todos los otros virus que también estaban presentes? ¿Por qué hemos decidido que es el VIH? Esta se tornó la cuestión crítica, porque me condujo a una serie de artículos y foros bastante interesantes, y todo apuntaba a la conclusión de que sugerir que el VIH conduciría siempre al SIDA era una hipótesis, en el mejor de los casos, poco convincente.

¿Fue entonces -al informarse sobre el Grupo, o al ayudar a for-mar el Grupo- cuando se encontró con Duesberg y oyó de otros disidentes?

Sí, de hecho el primer artículo que leí fue uno de Peter Dues-berg en Cáncer Research, allá por -creo que lo publicó en 1987. Contenía muchos argumentos que tenían sentido, en términos de mantener una mente abierta con respecto a cuestionar cómo el VIH es, de hecho, la causa del SIDA.

Déjeme adelantarme un poco. El efecto neto en términos de beneficios, en términos de la compañía para la que trabajaba, ¿Qué fue lo que pasó a raíz de esto? ¿Fue capaz de reducir el pánico en la sala de juntas y cambiar sus reservas y demás? ¿Puede describir el proceso? o ¿resultó tan controvertido que le indispuso con algunos de sus colegas?

Bien, es ciertamente una noción controvertida sugerir que el VIH no es la causa. Sin embargo, no es controvertido en absoluto sugerir que el VIH es sólo una pequeña porción del cuadro del SI DA. Supuse que la esencia de mi investigación estaba en escarbar en la base de datos del CDC, introducirme en los registros del ordena-dor, donde ellos listan, en cada caso de SIDA que se haya registrado con el CDC en los Estados Unidos, puede que hasta 50 datos que describen ese caso. Lo que si pude hacer a raíz de esto fue tran-quilizar a la compañía de con el hecho de la epidemia está muy, estrictamente limitada a ciertos grupos de alto riesgo, especialmente grupos relacionados con el abuso de drogas.

Déjeme interrumpirle aquí, ahora. Peter Duesberg es de la opi-nión de que, biológicamente hablando, las drogas pueden causar el daño. Ahora usted está correlacionando estadísticamente el abuso de drogas con el SIDA, ¿correcto?

Sin objeciones.

Tenemos dos aproximaciones diferentes que verifiquen, o al menos indiquen abuso de drogas. Por abuso de drogas, ¿se entiende un tipo específico de abuso, o es cualquier abuso de drogas a largo plazo? ¿Hay una alta correlación? ¿Es de uno a uno, o cual es?

Bueno, en los datos que miré del CDC, registraron el abuso de drogas intravenosas. Lo que fui capaz de destapar, escarbando en los propios datos, fue que la amplia, muy amplia mayoría de aque-llos casos caracterizados por el CDC como SIDA heterosexual están, en realidad, relacionados en alguna forma con el abuso de drogas por vía intravenosa.

Ya veo. Fue un poco sigiloso por parte del CDC el no comunicarlo de esa manera. ¿O no lo sabían? ¿Aducen realmente ignorancia sobre la relación con las drogas?

Sospecho que eso es difícil de contestar.

Bueno, saltémonos la vertiente política. Ahora, usted descubre esto; su compañía ya podía realizar sus ajustes. ¿Fueron Uds. la primera compañía en hacerlo, o la industria de seguros, al completo, descubrió todo esto más o menos al mismo tiempo?

Creo que la industria está operando sobre la premisa de que VIH es igual a SIDA, y esto a pesar de que la vasta mayoría de la población con VIH no ha desarrollado el SIDA. El grueso de la industria de seguros cree que llegarán a desarrollar SIDA -que el VIH es el equivalente-.

Entonces ahí es donde están ahora. ¿Su compañía de seguros, en aquel momento, tomó esa postura, o realmente disminuyeron sus reservas, o como sea que las llamen, para beneficiarse de esta nueva información que Ud. había desarrollado?

No. Sus reservas no disminuyeron. Sólo utilizó la información para entender mejor la naturaleza del riesgo que estábamos asegurando.

Aquí también hay un elemento político, de no querer inflamar a la comunidad gay, o a aquellos que pensaran que saber esas cosas era crítico. ¿Es posible que esto formara parte de la ecuación en el nivel ejecutivo?

Bien, ciertamente uno tiene que ser cuidadoso.

Para terminar, quiero preguntarle lo siguiente: ¿qué pasará en los próximos dos años?, ¿qué hará que la verdad salga a la luz?, y ¿tiene Ud. alguna esperanza en que se produzca algún tipo de cambio, o es demasiado tarde para eso?

Bueno, continúo manteniendo esperanzas de un cambio, y creo que ocurrirá habiendo ciencia correcta. Creo que tenemos que encontrar una organización lo suficientemente valiente para hacer estudios que deberían haberse hecho hace muchos, muchos años. Como ejemplo hay algunas teorías viables -una de las cuales es la de Peter Duesberg, otra es la de Bob Root Bernstein- sobre lo que puede causar el SIDA. Esas son teorías que se pueden probar en modelos animales, y podría tener esperanzas en avanzar con esos modelos animales y en tener esas pruebas hechas, así podríamos ya desestimar esas teorías o confirmar que, de hecho, sí, son correctas.

Algunos de nuestros suscriptores, que escucharán esta cinta, son VIH positivos, y realmente no tienen ninguna otra clase de problema de salud, nada -de verdad eso es todo-. Y están asustados. Dado que esto es completamente cierto, ¿qué posibilidad tienen de desarrollar algo remotamente parecido al SIDA, simplemente por tener ese virus y nada más?

Por la investigación que he realizado, me parece que es prácticamente imposible. Serían los primeros casos registrados de SIDA en la historia por tener sólo VIH.

Creo que esto es realmente un fantástico alivio para las personas que tienen miedo, y a cuyos doctores les gustaría darles AZT como profilaxis. Gracias, Robert Maver.

Contacto: Se puede contactar con Robert Maver en el 11341 Hemlock Court, Overland Park, MO 66210. Su número de fax es 913-451-1035.

LOS DOCTORES ROBERT GALLO Y LUC MONTAGNIER

Es simplemente una estafa científica y social su fama. Pero hay cierta diferencia entre ambos. El doctor Montagnier es un mediocre que nunca dijo que su retrovirus fuese causa del SIDA. Precisamente por ello, ya en 1990 planteó su hipótesis de los cofactores, puesto que el VIH es incapaz por sí solo de matar célula alguna, es necesario que haya otro factor. (¿Un micro plasma? En su último libro dice que es el micro plasma el que produce transcripción inversa...) que actúa al mismo tiempo sobre la misma célula. Y en el reportaje "Sida: la duda", dirigido en 1996 por Djamel Tahi, declara que la transmisión heterosexual no se ha confirmado en Occidente. Resumiendo: el doctor Montagnier, aunque afirmó haber aislado en 1983 un nuevo "retrovirus" y sigue beneficiándose de ello, quita importancia al papel del supuesto VIH en tanto la supuesta explicación del SIDA. En cambio, el doctor Gallo primero intentó colar como virus del SIDA (donde mataría células) el mismo "retrovirus" VLTH-1 que había presentado en vano como causante de leucemia (donde multiplicaría células). Luego, el doctor Gallo robó el "virus" del doctor Montagnier y tomó la iniciativa de presentarlo como la causa del SIDA en una multitudinaria conferencia de prensa el 23 de Abril de 1984, sin que previamente hubiese aparecido ni un solo artículo científico suyo que pudiese ser analizado por otros investigadores; es más, ni siquiera hubo una reunión entre científicos de distintos centros que avalase la "sensacional noticia".

El doctor Gallo actuó así porque el *New York Times*, el día anterior, publicó un artículo en primera plana en el que el director de los CDC (Centers for Disease Control, que fueron quienes dirigieron el invento del SIDA) daba a conocer que los CDC apoyaban al "virus francés" mientras que los NIH (National Institutes of Health, para los que trabajaba el doctor Gallo) respaldaban al "virus americano".

Convocar una rueda de prensa y convertir en verdad social que el "virus del doctor Gallo" era la causa del SIDA fue una maniobra para zanjar el enfrentamiento entre las dos principales instituciones sanitarias de los EE.UU. Y que esa maniobra fue al máximo nivel, lo ratifica que el mismo día los NIH registrasen la patente de un test del doctor Gallo aún por confeccionar, con lo que se aseguraban millones de dólares en royalties.

El doctor Gallo es un gánster científico que ha sido condenado por mala conducta profesional por una comisión del Senado de los EE. UU., por lo que tuvo que dejar de trabajar en una institución pública como son los NIH y ahora "investiga" en un centro privado que le ha construido directamente la industria farmacéutica...

En resumen... resulta muy difícil para mí inclinarme defintivamente a un extremo o al otro de las dos hipótesis que se manejan en cuanto a la invención VIH/SIDA. Una; que haya sido realmente un fraude científico o en cambio una muy sutil, forma meticulosa y diabólicamente fraguada para exterminar la población "sobrante" en el planeta, es decir un problema poblacional.

En el año 2008 le fue concedido el Premio Nobel al Dr. Montagnier por el descubrimiento del "VIH", paradójicamente el autor del presente libro en el año 2009 no había encontrado aún documentacien científica que demuestre el aislamiento y secuencia genética, por ende, prueba científica de la existencia del invisible

VIH, ni siquiera las que debían publicar los trabajos del Dr. Montagnier o Dr. Gallo.

LOS POSTULADOS DE KOCH

Dr. Robert Koch, Médico bacteriólogo alemán (vivió de 1843 a 1910). En 1882 descubrió el bacilo de la tuberculosis (Bacilo de Koch); en 1883 descubrió el bacilo del cólera asiático (Bacilo Coma). Premio Nobel de 1905.

Los científicos y especialistas que apoyan la invención de que el supuesto VIH es la causa del SIDA ignoran y violan los postulados de Koch. Pregúntele a su médico o a quienes insisten en esta afirmación si con el VIH se han seguido los postulados de Koch. Pregunte: ¿Dónde se publicó la secuencia del "VIH"? ¿Dónde está este trabajo científico? ¿En qué revista científica se demuestra, según los postulados de Koch, que el VIH existe o causa SIDA?

Postulados de Koch:

Para que una enfermedad se considerada transmisible debe cumplir requisitos. Estos requisitos fueron enunciados por Robert Koch, basados en sus experimentos con el Bacillus anthracis y han sido comprendidos y aceptados como regla científica universalmente.

Postulados:

1.- El microorganismo debe estar presente en todos los individuos con la misma enfermedad.

2.- El microorganismo debe ser recuperado del individuo enfermo y poder ser aislado en medio de cultivo.

3.- El microorganismo proveniente de ese cultivo debe causar la misma enfermedad cuando se lo inocula a otro huésped.

4.- El individuo experimentalmente infectado debe contener el microorganismo.

La mayoría de las bacterias y virus que causan enfermedad en el humano se ajustan a los postulados con excepciones, a saber: Mycobacterium Leprae no cumple con el segundo enunciado de Koch.

Fin

INDICE